Beruf und Familie – Passt!

W0035561

Nicole Beste-Fopma ist Journalistin und Mutter von vier Kindern. 2011 gründete sie mit LOB für berufstätige Mütter und Väter das erste deutschsprachige Magazin zum Thema Vereinbarkeit von Beruf und Familie.

Nicole Beste-Fopma

BERUF UND FAMILIE PASST!

So finden Eltern den richtigen
Arbeitgeber

Campus Verlag
Frankfurt/New York

MIX
Papier aus verantwor-
tungsvollen Quellen
FSC® C089473

ISBN 978-3-593-50831-3 Print
ISBN 978-3-593-43802-3 E-Book (PDF)
ISBN 978-3-593-43823-8 E-Book (EPUB)

Umschlaggestaltung: *Zeichenpool, München
Satz: Oliver Schmitt
Gesetzt aus: Minion und DejaVu
Druck und Bindung: Beltz Grafische Betriebe GmbH, Bad Langensalza
Printed in Germany

www.campus.de

INHALT

Vorwort 7

Beruf und Familie – Passt! 11

Kapitel 1

Mein Leben, mein Arbeitszeitmodell 17

Was Sie für sich klären sollten 20

Arbeitszeitmodelle für mehr Vereinbarkeit 31

Kapitel 2

Wenn beide beides wollen 47

Das sollten Sie als Paar vorab klären 50

Kinderbetreuung: Darauf kommt es an 60

Die verschiedenen Möglichkeiten der Kinderbetreuung 68

Pflege von Angehörigen zu Hause oder im Heim? 81

Kapitel 3

Die Suche kann beginnen 93

Audits, Siegel, Auszeichnungen und was sie aussagen 94

Kapitel 4

Hochglanz und Realität 107

Die Stellenanzeige 109

Der Internetauftritt 112

Unternehmensblog oder Corporate Blog 118

Unternehmenspublikationen 119

Unterwegs im Web 2.0 122

Bewertungsplattformen und Familienfreundlichkeit 125

Offlinerecherche 128

Kapitel 5

Optimal aufgestellt für die Bewerbungsphase 133

Das eigene Profil im Netz 134

Teilzeit statt Vollzeit 137

Telearbeit 141

Kapitel 6

Vom Bewerbungsschreiben zum Vorstellungsgespräch 149

(Vor)urteile stimmen – oder auch nicht 150

Das Anschreiben 156

Der Lebenslauf 161

Das Vorstellungsgespräch 164

Das Bewerbungsgespräch – zweite Runde 179

Kapitel 7

Auf der Karriereleiter nach oben 182

Ziel: Vorstandsetage 184

Das dicke Fell 187

Mütter an die Macht 190

Führungskraft und Vaterschaft 198

Spezialfall Führung in Teilzeit 201

Topsharing – geteilte Spitze 204

HR-Partner nutzen 207

Kapitel 8

Durchstarten in Phase drei 215

Risiken und Nebenwirkungen 216

Reife Leistung – Womit Ü40er auftrumpfen können 217

Zurück auf Start 220

Ü40er müssen sich anders bewerben 224

Alles wird gut! 225

Literatur 228

Danksagung 231

Register 232

VORWORT

»Um ein Kind großzuziehen, braucht man ein ganzes Dorf«, lautet ein afrikanisches Sprichwort. Das gilt auch in unserer westlichen Gesellschaft. Wer Kinder hat und gleichzeitig berufstätig ist beziehungsweise beides in seiner Lebensplanung vorsieht, ist auf Unterstützung angewiesen – Unterstützung von dem Partner oder der Partnerin, von der Familie und Freunden und auch vom Arbeitgeber, den Kollegen und Vorgesetzten.

Noch ist unser Arbeitsleben stark von traditionellen Familienbildern geprägt, in denen der Vater das Geld verdient und die Mutter zu Hause Kinder und Haushalt versorgt und maximal in Teilzeit etwas »dazuverdient«. Der Vater muss sich weder um die Kinderbetreuung kümmern noch um den gefüllten Kühlschrank. Wird ein wichtiges Meeting abends um 18 Uhr angesetzt, hat er kein Problem damit, dass die Kita bereits um 17 Uhr schließt. Er muss auch kein Notfallprogramm organisieren, wenn ein Kind krank ist.

In unserer Gesellschaft hingegen unterliegt das Rollenverständnis von Mann und Frau, von Mutter und Vater gerade einem grundlegenden Wandel. Frauen sind heute besser ausgebildet und legen großen Wert auf Selbstständigkeit und Unabhängigkeit. Aus der aktuellen *Brigitte*-Studie »Mein Leben, mein Job & ich«, durchgeführt im März und April 2017, geht sehr deutlich hervor, dass junge Männer und Frauen sich hinsichtlich ihrer Einstellungen gegenüber der Übernahme von Verantwortung im Job und der beruflichen Weiterentwicklung, aber auch der Bedeutung von Job und Bildung nicht mehr unterscheiden. Männer wie Frauen arbeiten, um finanziell flexibel zu sein. Beide arbeiten, um ihren Lebensunterhalt zu verdienen (Männer zu 83 Prozent, Frauen zu 78 Prozent), und Männern (76 Prozent) wie Frauen (71 Prozent) ist es wichtig, sich beruflich stetig weiterzuentwickeln.

Eine Entwicklung, die so noch nicht in den Köpfen der Führungsverantwortlichen vieler Unternehmen angekommen ist. Hier halten sich beharrlich die Vorurteile gegenüber jungen Frauen und Müttern. Noch immer müssen sie gegen Klischees wie »Frauen ist Familie wichtiger als Karriere« ankämpfen. Ein Vorurteil, das sich so nicht belegen lässt. Danach gefragt, wie wichtig ihnen unter anderem Kinder für die Zufriedenheit mit der eigenen Lebenssituation sind, rangiert der Kinderwunsch bei den jungen Frauen laut der *Brigitte*-Studie 2017 nur noch auf Platz 5. Wesentlich wichtiger ist den jungen Frauen ihre Arbeit. Auch wollen 48 Prozent der Frauen Karriere machen. Nur unwesentlich höher liegt mit 53 Prozent der Prozentsatz der Männer, die das wollen. Hinzu kommt, dass in vielen Unternehmen Schwangere und Mütter noch immer, wenn auch nicht offen, diskriminiert werden. Christina Mundlos, Soziologin und Gleichstellungsbeauftragte in Langenhagen, beschäftigt sich schon seit vielen Jahren mit dem Thema »Mutterschaft«. In ihrem Buch »Mütter unerwünscht« lässt sie Mütter zu Wort kommen, die davon berichten, während der Schwangerschaft zur Kündigung gedrängt worden zu sein. Anderen wurde ihre Stelle während der Elternzeit gestrichen. Wieder andere konnten zwar in das Unternehmen zurückkehren, ihnen wurden aber Tätigkeiten weit unter ihrer Qualifikation zugeteilt. Allesamt Berichte, die auch mir in den vergangenen Jahren, seit ich mich mit der Vereinbarkeit von Familie und Beruf beschäftige, begegnet sind. Auch höre ich immer wieder von jungen Frauen, denen in Bewerbungsgesprächen die Frage nach ihrer Familienplanung gestellt wurde, und von Müttern, bei denen es im Bewerbungsgespräch nur um die Kinderbetreuung ging – obwohl beide Fragen so laut Gesetz nicht gestellt werden dürfen.

Es geht aber auch anders. Denn ich höre auch immer wieder von Arbeitgebern, bei denen die Vereinbarkeit kein Problem ist. Arbeitgeber, die Mitarbeiterinnen eingestellt haben, obwohl diese schwanger waren. Arbeitgeber, die ihren Mitarbeiterinnen jede Flexibilität ermöglichen, damit diese nach der Elternzeit so schnell wie möglich wieder einsteigen. Arbeitgeber, die Väter geradezu dazu ermutigen, mehr als die zwei Partnermonate Elternzeit zu nehmen.

Mit diesem Ratgeber möchte ich Sie dabei unterstützen, das für Sie und Ihr Lebens- und Familienmodell geeignete familienbewusste Unternehmen zu finden. Die Idee zu dem Ratgeber kam meiner ehemaligen Kollegin Lydia Hilberer und mir schon vor vielen Jahren. Beide haben wir vor unserer Selbstständigkeit viele Jahre als Angestellte von Konzernen und mittelständischen Unternehmen gearbeitet und kennen somit die Aufgaben und die damit verbundenen alltäglichen Herausforderungen als berufstätiger Elternteil ebenfalls sehr gut. In den vergangenen Jahren haben wir uns aufgrund unserer journalistischen Tätigkeit und als Seminarleiterinnen mit zahlreichen Menschen sehr intensiv über das Thema unterhalten und festgestellt, dass es sehr vielen sehr ähnlich geht. Wir wissen, wie wichtig die Rahmenbedingungen und das Klima unter Kollegen und Mitarbeitern sind, damit Vereinbarkeit gelingen kann. Wir wissen aber auch, dass eine familienbewusste Unternehmenskultur nur dort funktioniert, wo sie von allen Führungskräften auf allen Führungsebenen getragen wird. Nach wie vor ist die Diskrepanz zwischen der Wahrnehmung einer familienbewussten Unternehmenskultur von Seiten des Arbeitgebers und die von Seiten der Arbeitnehmer groß. Während 44 Prozent der Arbeitgeber von sich behaupten, eine familienbewusste Unternehmenskultur zu haben, sind lediglich 24 Prozent der Arbeitnehmer davon überzeugt. So das Ergebnis der aktuellen Studie »Familienfreundliche Unternehmenskultur«.

In diesem Ratgeber geht es aber nicht darum zu zeigen, was alles *nicht* geht. Vielmehr möchte ich zeigen, *was* alles geht. Ich will Mut machen und praktische Hilfestellungen, Tipps, Anregungen, Informationen und Vorbilder geben. In unserer Arbeit haben wir stets ganz bewusst einen positiven Ansatz verfolgt und das tue ich noch immer.

Aber das allgemeine Interesse und auch der Fokus auf die Vereinbarkeit von Familie und Beruf dürfen nicht zu der Annahme verleiten, im Berufsleben drehe sich alles nur noch darum. Unternehmen und ihre Mitarbeiterinnen und Mitarbeiter sind nach wie vor dazu da, Geld zu verdienen. Die harten Fakten einer Stelle – wie Qualifikation, Berufserfahrung, Persönlichkeit, Gehalt und Karriereaussichten – sind daher immer noch ausschlaggebend dafür, ob Sie sich bewerben können beziehungsweise wollen und auch dafür, ob Sie eine Zusage bekommen. Die weichen Faktoren wie »Work Life Balance« oder eben die »Vereinbarkeit von Familie und Beruf« sind aber mindestens genauso wichtig. Nämlich dann, wenn Sie Kinder haben beziehungsweise wollen und gleichzeitig im Beruf aktiv und erfolgreich sein möchten. Denn ein Arbeitsleben, das sich an traditionellen Mustern orientiert und darin keine Ausnahmen zulässt, macht nur die Wenigsten glücklich. Vorgesetzte, die absolut kein Verständnis dafür aufbringen, dass Sie nur in den Ferienzeiten Urlaub nehmen können oder dass es für Sie wichtig ist, Ihr Kind im Krankheitsfall auch mal mit ins Büro nehmen zu können, führen aller Wahrscheinlichkeit nach irgendwann einmal dazu, dass Sie sich nicht mehr wohlfühlen. Sie werden sich hin- und hergerissen fühlen zwischen Kindern und Job. Nicht wenige führt das in die Überlastung, die sich irgendwann auch auf die Leistungsfähigkeit und Lebensfreude auswirkt.

Mein Tipp: Lassen Sie es gar nicht erst so weit kommen. Suchen Sie Ihren Arbeitgeber sorgfältig aus. Dieses Buch kann Ihnen dabei helfen.

BERUF UND FAMILIE – PASST!

Viele Mütter, die länger als ein halbes Jahr in Elternzeit waren, wären gerne früher wieder in den Beruf eingestiegen, so das Ergebnis einer Studie im Auftrag des Bundesministerium für Familie, Senioren, Frauen und Jugend (BMFSFJ). Auch zeigen Untersuchungen immer wieder, dass Mütter gerne mehr Stunden arbeiten würden. Aufgrund der Herausforderungen, die eine Vereinbarkeit von Beruf und Familie mit sich bringt, sind sie aber gezwungen, in Teilzeit zu arbeiten.

Junge Väter möchten sich mehr an der Erziehung ihrer Kinder beteiligen, als dies noch zu Zeiten ihrer Väter der Fall war. Dieser Wandel zeigte sich bei den Männern bereits in der ersten großen Väterstudie aus den 1990er Jahren. Zwei Drittel der Väter sahen sich schon damals mehr als Erzieher denn als Ernährer. Die Trendstudie der Väter gGmbH aus dem Jahr 2012 und auch die Väter-Studie »Nur Mut, Väter!« von A. T. Kearney haben diese Entwicklung bestätigt: Immer mehr Männer kümmern sich auch nach der Geburt aktiver um ihre Kinder als frühere Vätergenerationen. Statt die Karriere in den Mittelpunkt ihres Lebens zu stellen, legen diese Väter den Fokus auch auf ihr Privatleben, ihre Partnerschaft und ihre Kinder.

Heutige Mütter und Väter streben eine Partnerschaft auf Augenhöhe an, in der beide sich gleichgestellt um die Familie und die eigene Karriere kümmern. Gemeinsam handeln sie Karriereschritte und Familienzeiten aus. Wie ausgeprägt der Wunsch nach Unterstützung für eine bessere Vereinbarkeit von Beruf und Familie ist, zeigte der »Monitor Familienleben 2014« des Instituts für Demoskopie Allensbach. 61 Prozent der Bevölkerung halten es dieser Untersuchung zufolge für wichtig, dass Eltern mit Kindern unter drei Jahren in Zukunft so unterstützt werden, dass beide Partner berufstätig sein können. Und mehr als 90 Prozent der unter 40-Jährigen sind der Meinung, dass sich sowohl die Mutter als auch der Vater um die Kinder kümmern sollen.

Doch das traditionelle Familienbild im Unternehmen wandelt sich auch dann nicht automatisch, wenn Unternehmen den weiblichen Nachwuchs umgarnen und den Weg nach oben freihalten. Denn solange dieser weibliche Nachwuchs keine Kinder hat, passt er vortrefflich in die traditionellen Strukturen. Spätestens wenn Kinder ins Spiel kommen oder – und das kommt auf immer mehr Berufstätige zu – zu pflegende Angehörige, passt es in diesen Unternehmen aber definitiv nicht mehr. Als ein Stichwort sei hier der Anwesenheitsmythos genannt, was so viel heißt wie: Nur wer viel Zeit am Arbeitsplatz verbringt, spät abends noch E-Mails verschickt und auch im Urlaub immer erreichbar ist, erbringt die größte Leistung fürs Unternehmen. In solch einer Struktur als berufstätige Mutter oder berufstätiger Vater für die Arbeitsergebnisse gewürdigt zu werden, Karriere machen zu können oder einfach nur seinen Job gut zu machen, ist schwierig. Selbst der herausforderndste und spannendste Job kann zur Frustfalle werden, wenn das Klima und die Rahmenbedingungen nicht passen. Nicht zuletzt zeigen zahlreiche Studien, dass das Emporkommen von hoch qualifizierten Frauen in die Toppositionen überwiegend an der Vereinbarkeit von Familie und Beruf scheitert und weniger an deren Prioritäten und mangelndem Machtbewusstsein. So gaben 58 Prozent der in der 1. Frankfurter Karrierestudie »Karriereperspektiven berufstätiger Mütter« befragten Frauen an, dass die Vereinbarkeit von Familie und Beruf ihr bisher größtes Karrierehemmnis war.

»Mama gesucht! Teilzeit oder Freelancer«

Vor einiger Zeit sorgte eine Stellenanzeige für Furore. Ein Münchner Agenturchef auf der Suche nach guten Mitarbeitern rief in einer Stellenanzeige explizit Mütter dazu auf, sich bei ihm zu bewerben. In seinem Aufruf in den sozialen Medien schreibt er, dass es eine der Einstellungsvoraussetzungen sei, ein Kind zur Welt gebracht zu haben. Denn er ist der festen Überzeugung, »Mamas sind stressresistenter, gut vernetzt, oft bestens ausgebildet und können mit Kindern sowie Kindsköpfen umgehen.« Und er ist nicht der Einzige, der um die Qualitäten von Eltern weiß. Es gibt sie, die Unternehmen, für die Mütter keine Herausforderung sind. In denen der Status »Mutter« kein Karrierehemmnis ist.

Unternehmen, die auch Männern länger als zwei Monate Elternzeit zugestehen. Sie sogar dazu motivieren, indem sie eine längere Elternzeit einem »Karrierebaustein« gleichstellen. Unternehmen, die um die besonderen Fähigkeiten von Eltern wissen und diese für sich nutzen (wollen).

Daher empfiehlt es sich, den Arbeitgeber nach seiner Eignung für die Vereinbarkeit von Familie und Beruf zu prüfen und ihn gegebenenfalls sogar danach auszusuchen. Die Zeit dafür ist so günstig wie nie: Getrieben durch den demografischen Wandel und den damit verbundenen Rückgang der Erwerbsbevölkerung werben deutsche Unternehmen im »War for Talents« verstärkt mit ihrem familienbewussten Angebot. Längst haben sie verstanden, dass vielen Beschäftigten eine Vereinbarkeit von Familie und Beruf oftmals wichtiger ist als das Gehalt oder andere Boni wie Eckbüro oder Firmenwagen. Gleichzeitig drängt mit der Generation Y eine Generation auf den Arbeitsmarkt, die selbstbestimmtes und sinnhaftes Arbeiten auf Augenhöhe fordert. Eine Generation, die hoch motiviert ist und über eine hohe Problemlösungskompetenz verfügt. Um diese zu entfalten, brauchen sie aber Gestaltungsspielraum und ein Umfeld, welches sie als Menschen wertschätzt. Neben neuen, agilen Formen des Zusammenarbeitens braucht es eine Unternehmenskultur, die auch den Bedürfnissen und Verpflichtungen von Eltern gerecht wird und mit entsprechenden Angeboten darauf reagiert.

Fachkräfte (m/w) dringend gesucht!

Aktuellen Prognosen zufolge werden dem deutschen Arbeitsmarkt bis 2020 1,8 Millionen qualifizierte Fachkräfte fehlen. Auch wenn der Fachkräftemangel noch nicht flächendeckend ist, gibt es laut der Agentur für Arbeit in einzelnen technischen Berufsfeldern sowie in einigen Gesundheits- und Pflegeberufen bereits Engpässe. Besonders für Fachkräfte mit Berufsausbildung und Spezialisten mit Weiterbildungsabschluss treten diese auf – deutlicher noch, als dies bei Akademikern der Fall ist. Betroffen sind alle: kleine und mittelständische Unternehmen ebenso wie große Konzerne. Bereits heute führt das sinkende Angebot an Fachkräften, gepaart mit dem steigenden Bedarf an Arbeitskräften zunehmend zu einem Wandel auf dem Arbeitsmarkt – weg von einem Arbeitgebermarkt hin zu einem Arbeitnehmermarkt. Nicht die Arbeitgeber suchen sich die

Arbeitnehmerinnen und Arbeitnehmer, sondern die Arbeitnehmenden suchen sich die Arbeitgeber aus. Viele Unternehmen sind bereits auf den Zug »Familienfreundlichkeit« aufgesprungen. Die Bedeutung des Themas »Vereinbarkeit von Familie und Beruf« für Arbeitgeber und Arbeitnehmer haben unter anderem die Studien des Bundesfamilienministeriums gezeigt: 2012 gaben 90 Prozent der Arbeitnehmerinnen und Arbeitnehmer zwischen 25 und 39 Jahren mit Kindern an, dass ihnen familienfreundliche Angebote wichtiger sind als das Gehalt. Und mehr noch: Bereits 27 Prozent der Arbeitnehmer haben sogar bereits den Arbeitgeber gewechselt, weil sie familienfreundlichere Angebote wollen. Gut ausgebildete Fachkräfte vor allem in technischen und in IT-Berufen können sich die Jobs aussuchen. Unternehmen versuchen, sich durch Employer Branding und Personalmarketing gegen ihre Konkurrenz im sogenannten »War for Talents« durchzusetzen.

Familienbewusstsein als Wettbewerbsvorteil

Wie wichtig Unternehmen in Deutschland die Familienfreundlichkeit ist, zeigt sich in der wachsenden Anzahl von Unternehmen, die sich ihr Familienbewusstsein auditieren lassen – sei es durch das Audit Beruf und Familie der Hertie-Stiftung oder das Siegel »Familienfreundliches Unternehmen« der Bertelsmann Stiftung oder durch »Lokale Bündnisse für Familie« – aber auch in der steigenden Mitgliederzahl in Netzwerken, die sich mit der Vereinbarkeit befassen, allen voran das Unternehmensnetzwerk »Erfolgsfaktor Familie« der Deutschen Industrie und Handelskammer (DIHK) mit mittlerweile 6 550 Mitgliedsunternehmen. Diese Entwicklung zeigt sich auch in Untersuchungen. So gaben 77 Prozent der Unternehmen im Rahmen des »Fortschrittsindex 2017 – Erfolge auf dem Weg zur NEUEN Vereinbarkeit« an, dass Familienbewusstsein für ihr eigenes Bestehen wichtig oder sehr wichtig sei. Das ist ein deutlicher Anstieg gegenüber 2006. Damals lag der Wert noch bei 47 Prozent.

Familienbewusstes Verhalten hat sich für die deutschen Unternehmen zum Wettbewerbsvorteil entwickelt. Aber trotz aller positiver Entwicklungen in der deutschen Unternehmenslandschaft gibt es auch Unternehmen, für die Familienbewusstsein ein Feigenblattthema ist. Man wirbt zwar damit, aber wirklich angekommen in der Kultur ist es noch nicht. Diese gilt es als Bewerberin oder Bewerber zu identifizieren. Denn wenn Sie wissen, worauf Sie achten müssen, werden Sie schnell erkennen, dass den richtigen Arbeitgeber zu finden kein Glücksfall ist, sondern lediglich eine logische Folge strategischen Vorgehens.

Familienbewusstsein ist wirtschaftliches Kalkül, keine Sozialleistung

Machen Sie sich aber auch eine Tatsache immer wieder klar: Familienbewusstsein zahlt sich nicht nur für die berufstätigen Eltern und pflegenden Angehörigen aus. 74 Prozent der Arbeitgeber glauben, dass ihr Familienbewusstsein sich betriebswirtschaftlich auszahlt.

Wie teuer es Unternehmen kommen kann, wenn sie ihre Angestellten nicht bei der Vereinbarkeit von Familie und Beruf unterstützen, zeigt eine repräsentative Studie des Fürstenberg Instituts. Ihr zufolge haben 84 Prozent der Arbeitnehmer in Deutschland Probleme bei der Vereinbarkeit von Beruf und Familie. Das Hamburgische Weltwirtschaftsinstitut (HWWI) hat daraufhin errechnet, welche Einbußen durch nicht realisierte Produktion in Deutschland 2010 aufgrund von Leistungsminderung am Arbeitsplatz (unter anderem hervorgerufen durch Probleme bei der Vereinbarkeit von Beruf und Privatleben) entstanden: 364 Milliarden Euro. 2011 stieg die Zahl derjenigen, die Probleme am Arbeitsplatz haben, von 60 auf 84 Prozent.

Auch die Forschungen des FFP (Forschungszentrum FamilienPolitik) Münster zeigen, dass sich Investitionen in familienfreundliche Angebote auch betriebswirtschaftlich rechnen. So sinken die Fluktuation sowie die Fehlzeitenquote und die Krankheitsquote – letztere sogar um 22 Prozent –, während die Mitarbeitermotivation, Produktivität, aber auch die Qualität und Anzahl der Bewerberinnen und Bewerber sowie die Kundenbindung steigen. Laut Fortschrittsindex 2017 steigt die langfristige Rendite sogar auf bis zu 40 Prozent, wenn grundlegende Elemente der neuen Vereinbarkeit in der Personalpolitik – wie individuelle Angebote, Nutzung der Digitalisierung oder die bewusste Einbeziehung von Vätern und Pflegenden – umgesetzt werden. Familienfreundlichkeit ist daher für Unternehmen kein Zeichen wohltätigen Engagements. Es ist rationales, wirtschaftliches Kalkül. Das sollte man sich immer wieder vor Augen führen, wenn man sich als berufstätige Mutter, berufstätiger Vater oder als Hochschulabsolvent mit mittel- oder langfristigem Familienwunsch auf die Suche nach dem passenden Arbeitgeber macht. Es geht nicht darum, dass jemand Ihnen einen persönlichen Gefallen tut, wenn er oder sie Ihnen flexible Arbeitszeiten anbietet oder die Möglichkeit, in Notfällen von zu Hause aus zu arbeiten. Dieser Arbeitgeber hat vielmehr erkannt, dass er Gefahr läuft, auf Ihr Talent, Ihre Kenntnisse und Ihre Erfahrung irgendwann einmal verzichten zu müssen, wenn er Ihnen die Vereinbarkeit von Familie und Beruf nicht erleichtert. Sie können daher selbstbewusst in die Bewerbungsphase einsteigen. Sie sind kein Bittsteller.

* Familienbewusst oder familienfreundlich? Noch werden diese beiden Wörter synonym verwendet. Allerdings gibt es einen kleinen, aber sehr feinen Unterschied. Familienbewusstsein geht über Familienfreundlichkeit hinaus. Denn Familienbewusstsein bedeutet, sich des Nutzens klar zu sein. Familienfreundliche Unternehmen haben oftmals den Nutzen noch nicht erkannt und erwarten Dankbarkeit von Seiten der Mitarbeiterinnen und Mitarbeiter. Da dieser feine Unterschied aber noch nicht im Vokabular aller Verantwortlichen angekommen ist, verwende auch ich beide Begriffe synonym.

KAPITEL 1
MEIN LEBEN, MEIN ARBEITSZEITMODELL

Die Suche nach dem geeigneten familienbewussten Arbeitgeber beginnt bei Ihnen. Jede Mutter, jeder Vater, jedes Paar hat andere Voraussetzungen und somit andere Anforderungen an den künftigen Arbeitgeber. Man könnte daher auch sagen: Vereinbarkeit beginnt am Küchentisch. Was nichts anderes bedeutet, als dass Sie sich schon vor der Geburt des Kindes erst über Ihre eigenen Ansprüche bewusst werden müssen und sich dann mit Ihrem Partner oder Ihrer Partnerin an einen Tisch setzen sollten und überlegen, wie Sie Ihre Ansprüche miteinander kompatibel machen.

Sollten Sie noch nicht mit Ihrem Partner oder Ihrer Partnerin über die Aufteilung der Aufgaben gesprochen haben, seien Sie beruhigt. Es ist nie zu spät! Auch können Sie gewiss sein, dass Sie damit nicht alleine stehen. Viele Paare schlittern mehr oder minder blindlings in die Vereinbarkeit. Sie freuen sich auf das Baby und haben ja auch allerhand vorzubereiten. Sie verbringen etliche Abende im Internet, um den richtigen Kinderwagen zu finden. Sie klappern für den sichersten Autositz samstags den kompletten örtlichen Einzelhandel ab und legen für eine besonders große Auswahl auch mal 100 Kilometer auf der Autobahn zurück. Aber mit der konkreten Arbeitsteilung rund ums Windelwechseln, die Kinderbetreuung und den Arbeitsalltag setzen sich die wenigsten detailliert auseinander.

Sollte der Nachwuchs noch nicht unterwegs, ja die Familienplanung noch gar nicht in Angriff genommen sein, sieht es mit der Absprache oft noch dürftiger aus. Während der nächste Sommerurlaub auf Teneriffa akribisch recherchiert und geplant wird, werden über die Arbeitsteilung in der Familie im Voraus höchstens grobe Vorstellungen ausgetauscht. Dabei kann man durch eine kluge Absprache möglicherweise einige Familienurlaube zusätzlich finanzieren.

Noch ist in Deutschland das 1- zu 1/2-Modell das gängigste, was heißt: Der Mann und Vater arbeitet Vollzeit und die Frau und Mutter halbtags. Das heißt aber nicht, dass dieses Modell auch für Sie das richtige ist. Machen Sie sich also zunächst einmal klar, was Sie wollen. Wie wichtig ist Ihnen der Beruf? Wie viel Zeit möchten Sie für die Familie und wie viel für den Beruf aufwenden? Können Sie sich vorstellen, dass andere Betreuungspersonen Ihre Kinder erziehen? Wohnen Ihre Eltern oder Schwiegereltern in der Nähe und sind ganz wild darauf sind, ihr(e) Enkelkind(er) zu betreuen? Können auch Sie sich das vorstellen? Dann brauchen Sie schon mal keinen Arbeitgeber mit einer firmeneigenen Kita. Es könnte aber hilfreich sein, dennoch einen Arbeitgeber zu haben, der flexible Gleitzeit anbietet. Mit Kindern ist fast jeder Tag spannend. Nie weiß man, was passiert und ob nicht doch gleich das Telefon klingelt und der Sohn oder die Tochter abgeholt werden muss.

Wer ausschließlich vormittags arbeiten will, braucht weniger Flexibilität. Leider ist die Auswahl der spannenden Jobs in Teilzeit (noch) begrenzt daher könnte für die- oder denjenigen ein Jobsharingmodell interessant sein. In diesem Modell teilen sich zwei Angestellte eine Position. Erste Unternehmen suchen sogar schon gezielt nach Jobsharern. Darunter große Unternehmen wie Metro, TÜV Nord Group oder Novatis Pharma, aber auch kleinere wie Inros Lackner SE oder Sevenval Technologies. Alle auch zu finden auf der Webseite von www.tandemploy.com.

Wenn Sie Karriere und Kinder vereinbaren wollen, ist es sinnvoll, nach einem Arbeitgeber zu suchen, für den das nichts Abwegiges ist. Denn es gibt sie – die Arbeitgeber, die so flexible Arbeitszeiten anbieten, dass sogar eine Führungsposition mit Familie vereinbar ist oder die sogar die Führung in Teilzeit oder ein Topsharing ermöglichen. Denn machen wir uns nichts vor: Ein gemeinsames Kind ist etwas Wunderbares, aber es ist und bleibt anstrengend. Auch dann, wenn die Kinder »aus dem Gröbsten raus sind«. Noch anstrengender wird es, wenn beide beides wollen – Familie und Beruf. Nur wenn Sie und Ihr Partner an einem Strang ziehen, können die Herausforderungen, vor die die Vereinbarkeit von Familie und Beruf einen jeden stellt, gemeistert werden. Beantworten Sie daher für sich die untenstehenden Fragen (siehe Checkliste). Ganz wichtig: Auch Ihr Partner oder Ihre Partnerin muss sich diese Fragen stellen. Am besten jeder für sich. Denn nur wenn

Sie genau wissen, was Sie wollen, können Sie diese Position auch im Gespräch mit Ihrem Partner oder Ihrer Partnerin vertreten und fundiert begründen.

Viele Mütter, insbesondere wenn sie in Teilzeit arbeiten, sind der Auffassung:»Ich arbeite nur für die Kinderbetreuung!« In vielen Fällen stimmt das, ist aber eine einseitige Sicht der Dinge und kurzfristig gedacht. Denn: Um ein Kind in die Welt zu setzen, braucht es zwei. Folglich arbeiten beide, um unter anderem die Kinderbetreuung und die Haushaltshilfe bezahlen zu können. Zum anderen zahlen Mütter und Väter, auch wenn sie Teilzeit arbeiten, in ihre Rente ein. Ein nicht zu unterschätzendes Argument. Außerdem bleiben Sie, auch wenn Sie Teilzeit arbeiten, beruflich am Ball und können später viel einfacher wieder in Vollzeit einsteigen – viel einfacher als eine Wiedereinsteigerin, die sich viele Jahre ausschließlich um die Familie gekümmert hat.

Sie sind alleinerziehend? Umso wichtiger, mit dem anderen Elternteil eine klare Regelung zu finden. Das Gesetz hat festgelegt, dass geschiedenen Müttern (oder Vätern) nur noch in Ausnahmefällen Unterhalt zusteht, sobald das jüngste Kind das vierte Lebensjahr erreicht hat. Wie vielen alleinerziehenden Müttern es wichtig ist, ihren eigenen Unterhalt und den der Kinder zu verdienen, zeigt der deutlich höhere Prozentsatz der Vollzeit erwerbstätigen alleinerziehenden Mütter gegenüber dem Prozentsatz der Vollzeit erwerbstätigen Mütter in Paarbeziehungen. Aber alleine für die Kinder verantwortlich zu sein und Vollzeit erwerbstätig, ist extrem kräfteraubend. Umso wichtiger zu wissen, was man will, um daraus Forderungen gegenüber dem anderen Elternteil ableiten zu können.

Was Sie für sich klären sollten

Checkliste: Diese Fragen sollten Sie sich stellen
- Wie wichtig ist mir der Beruf?
- Wie definiere ich Karriere?
- Wie wichtig ist für mich Karriere?
- Bin ich bereit, für die Kinderbetreuung meine beruflichen Pläne notfalls zu ändern?
- Welche finanziellen Einbußen kann ich hinnehmen?
- Wie stelle ich mir unser zukünftiges Familienleben vor?
- Wie wichtig ist für mich Freizeit? Hobbys/Interessen? Freunde?
- Wie viel Energie habe ich?
- Wie viel Schlaf brauche ich?

Wie wichtig ist mir der Beruf?

Können Sie sich vorstellen, für ein paar Jahre im Job zu reduzieren? Erst wieder durchzustarten, wenn die Kinder aus dem Gröbsten raus sind? Viele, insbesondere Mütter, stellen fest, dass ihnen der Beruf nicht mehr so wichtig erscheint, wenn das Kind erst einmal auf der Welt ist. Zumindest in den ersten Monaten. Aber Achtung, vielen fällt nach einiger Zeit als Hausfrau und Mutter die Decke auf den Kopf. Es gilt daher, eine gute Balance zu finden. Eine, die für Sie, aber auch Ihren Partner und für Ihr eigenes beziehungsweise Ihr gemeinsames Lebenskonzept stimmig ist. Denn eines ist klar und gilt für alle Mütter und Väter: Ist das Kind erst mal auf der Welt, führt es in aller Regel die Prioritätenliste ganz weit oben an.

Wann dann der ideale Zeitpunkt für einen Wiedereinstieg sein wird, definieren Mütter und Väter unterschiedlich. Für die einen ist er gekommen, wenn die Kinder in die Grundschule gehen, für die anderen, wenn die Kinder auf die weitergehende Schule wechseln. Und wieder andere wollen erst dann wieder richtig loslegen, wenn die Kinder ganz aus dem Haus sind. Selbst wenn Sie dann noch Karriere machen wollen, gibt es das für Sie passende Modell. Der demografische Wandel und der damit verbundene Fachkräftemangel werden dazu führen, dass zukünftig auch ein Wiedereinstieg oder gar eine Karriere 40plus, also eine erste Führungsposition mit über 40 Jahren, möglich sein werden.

Risiken und Nebenwirkungen einer längeren Familienzeit

Je länger man aus dem Beruf aussteigt, desto schwieriger wird der Wiedereinstieg und desto größer ist die spätere Lohnlücke. Wer länger als vier Jahre nicht in seinem Beruf gearbeitet hat, gilt als ungelernt, auch als Akademiker. Sollten Sie also längere Zeit aus dem Job aussteigen wollen, könnte es sinnvoll sein, sich entweder während dieser Zeit weiterzubilden oder sich ehrenamtlich zu engagieren. Das erleichtert den Wiedereinstieg ungemein.

Statistiken zur Lohnungleichheit zeigen, dass Mütter, je länger sie aus dem Beruf aussteigen, immer weniger verdienen. Frauen mit einer kindbedingten Erwerbsunterbrechung von weniger als einem Jahr verdienen im Schnitt 20 Prozent, Frauen, die zwischen einem und drei Jahren unterbrochen haben, 27 Prozent weniger und bei Frauen, die über drei Jahre nicht erwerbstätig waren, sind es sogar 36 Prozent weniger. Das hat zum einen damit zu tun, dass viele in Teilzeit zurückkehren. Dagegen ist erst mal nichts einzuwenden. Tatsache ist aber leider immer noch, dass für Teilzeitjobs ein schlechterer Stundenlohn gezahlt wird als für den gleichen Job in Vollzeit.

Ähnlich sieht es bei den Männern aus. Noch gibt es keine Statistiken, die zeigen, dass Männer nach einer familienbedingten Unterbrechung weniger verdienen. Aber Untersuchungen weisen immer wieder nach, dass Männer, die mehr als die obligatorischen zwei Partnermonate, oder »Vätermonate«, wie sie im Volksmund auch gerne genannt werden, genommen haben, Einbußen in ihrer Karriere befürchten und viele auch tatsächlich hinnehmen müssen.

Die Folge insbesondere für die Frauen ist oftmals: Altersarmut. Wer lange nicht in die Rentenkassen einzahlt, bekommt am Ende weniger raus. Wer also aus dem Beruf aussteigen möchte, sollte sich hier mit seinem Partner/seiner Partnerin ein finanzielles Konzept überlegen. Natürlich rechnet niemand damit, dass die Partnerschaft scheitert, aber es ist beruhigend, wenn das Finanzielle dann schon mal zu einem Großteil geregelt ist.

Vertrag gegen Altersarmut

Die Versorgerehe hat längst ausgedient. Der Gesetzgeber sieht vor, dass geschiedene Mütter wieder erwerbstätig sein können, sobald das jüngste Kind das dritte Lebensjahr vollendet hat. Dasselbe gilt selbstverständlich auch für Männer, die sich für die Kinderbetreuung und Haushaltsführung komplett aus dem Erwerbsleben zurückgezogen haben. Auch wenn das jetzt sehr unromantisch klingt: Sichern Sie sich mit einem hieb- und stichfesten Vertrag ab. Darin sollte geregelt sein:

Entgangener Gewinn Wer nicht arbeitet, verdient nichts und kann keine Rücklagen bilden. Haben Sie sich für die Gütertrennung entschieden, muss für den Fall der Trennung vertraglich geregelt sein, dass Sie ein Anrecht auf die Hälfte des während der Zeit der Kinderbetreuung erwirtschafteten Gewinns haben.

Lohnausgleichszahlung Der Gesetzgeber sieht vor, dass Müttern beziehungsweise Vätern, sobald das jüngste Kind das dritte Lebensjahr vollendet hat, wieder eine Erwerbstätigkeit zugemutet werden kann. Ist eine Frau oder auch ein Mann über mehrere Jahre nicht erwerbstätig gewesen, hat das Auswirkungen auf die wieder aufzunehmende Berufstätigkeit. Hinzu kommt: Je länger die Auszeit, desto geringer fällt das Entgelt beim Wiedereinstieg aus. Auch hier gilt es vorzusorgen beziehungsweise eine entsprechende Regelung zu finden. Sinnvoll ist es, einen Ausgleich festzulegen, der sich beispielsweise an der durchschnittlichen jährlichen Lohnsteigerung orientiert.

Wiedereinstieg Aber nicht immer findet sich sofort eine Anstellung. Um beiden Seiten eine zufriedenstellende Lösung zu garantieren, verpflichtet sich die nicht erwerbstätige Partei, ernsthaft nach einer Anstellung zu suchen und darüber auch Rechenschaft abzulegen. Die erwerbstätige Partei verpflichtet sich ihrerseits, die andere während dieser Zeit finanziell mit einem Betrag x zu unterstützen.

Betreuungsbonus Ein weiterer Aspekt, der einer vertraglichen Klärung bedarf, ist die Betreuung der Kinder. Haben die Kinder ihren Lebensmittelpunkt nach der Trennung bei der Mutter, ist sie diejenige, die den Großteil der Betreuung übernimmt. Neben dem gesetzlich vorgeschriebenen Kindesunterhalt ist es daher anzuraten, sich über die Kosten, die über die Standardbetreuung hinausgehen, Gedanken zu machen, sprich einen Betreuungsbonus zu vereinbaren. Beispielsweise könnte geregelt werden, dass die Mutter zwei Tage pro Woche abends kinderfrei hat. Der Bonus sieht dann vor, dass entweder der Vater die Kinder beaufsichtigt oder er für diese Zeit einen Babysitter zahlt. Für den Krankheitsfall der Kinder sollte das auch in Betracht gezogen werden.

Rentenausgleich Zum Teil ist dies bereits gesetzlich geregelt, aber keineswegs gerecht. Der Vertrag muss daher beinhalten, dass der während der Zeit der Kinderbetreuung erworbene gesetzliche, aber auch betriebliche Rentenanspruch 50 zu 50 geteilt wird.

Wie definiere ich Karriere?

Viele definieren »Karriere« als eine Aneinanderreihung immer verantwortungsvollerer Stellen. Immer weiter, immer höher. Ist das auch Ihre Vorstellung einer Karriere? Oder heißt Karriere für Sie, eine erfüllende Aufgabe zu haben, sich weiterzuentwickeln, keinen Stillstand und schrittweise mehr Verantwortung zu übernehmen? Jeden Tag gerne zur Arbeit zu gehen, aber auch jeden Tag noch Zeit für die Familie zu haben?

Wie wichtig ist für mich Karriere?

Ist es Ihnen wichtig, eine gehobene oder hohe Position zu erreichen? Dann ist es umso wichtiger, dies im Vorfeld klar mit dem Partner/der Partnerin zu besprechen und einen Arbeitgeber zu finden, bei dem eine Vereinbarkeit von Familie und Beruf eine Selbstverständlichkeit ist. Noch bedeutet ein Kind in vielen Unternehmen das Aus für die Karriere. Auch das Betreuungsnetzwerk für die Kinder sollte optimal angelegt sein, aber dazu kommen wir später.

Wie stelle ich mir unser zukünftiges Familienleben vor?

Hier ist es interessant, sich einmal vor Augen zu führen, aus welchen Verhältnissen man selbst stammt. Sind Sie in einer Familie aufgewachsen, in der der Vater der Familienernährer war und die Mutter sich um den Haushalt und die Kinder gekümmert hat? Oder waren beide Elternteile im Haus und im Beruf gleichgestellt? Der eigene familiäre Hintergrund sollte nicht unterschätzt werden. Er ist nachher mit dafür verantwortlich, wenn Sie ein schlechtes Gewissen entwickeln. Und das kommt! Nur die wenigsten können von sich behaupten, nie ein schlechten Gewissen gehabt zu haben – weder gegenüber dem Arbeitgeber noch den Kindern oder dem Partner.

Es gibt keinen Grund, ein schlechtes Gewissen zu haben

Erlauben Sie mir hier einen kleinen Exkurs, denn alle berufstätigen Mütter kennen das. Jede von uns hat so eine kleine oder auch größere »Schlechtes-Gewissen-Geschichte«. Wir zucken zusammen, wenn wir daran denken, wie wir mal wieder nicht beim Fußballspiel gegen die rivalisierende Mannschaft aus dem Nachbarort dabei waren oder mal wieder nur einen Fertigkuchen aus dem Supermarkt mit zum Schulfest gebracht haben, während alle anderen mit selbst gebackenen Tortenkreationen glänzten. Wir versinken vor Scham, wenn wir all die Male aufzählen, die wir uns völlig übermüdet durch den Tag gekämpft haben, weil der Nachwuchs die halbe Nacht krank war. Oder die Male, die wir auf den letzten Drücker in der Besprechung erschienen sind, weil eines der Kinder die Sportsachen mal wieder nicht finden konnte. Sicher, unser Gewissen soll uns davor bewahren, ein »schlechter Mensch« zu werden. Unsere Psyche sorgt dafür, dass wir keine allzu großen Schandtaten begehen, und dafür, dass, wenn wir sie denn doch mal begehen, wir sie wiedergutmachen. Wir brauchen unser Gewissen. Haben wir mal ein schlechtes Gewissen, zeigt es im Grunde nur, dass wir uns eigentlich unserer Schwächen bewusst sind.

Aber eine allzu große Portion schlechten Gewissens kann nicht nur zeit-, sondern auch energieraubend sein. Als berufstätige Mutter ist man ein wandelndes schlechtes Gewissen. Ständig ist es da. Entweder gegenüber den Kindern oder dem Arbeitgeber und wenn nicht da, dann gegenüber dem Partner. Es scheint fast aussichtslos. Aber warum scheint das schlechte Gewissen ein rein weibliches Problem zu sein? Warum könnte man manchmal den Eindruck gewinnen, dass Männer dagegen immun sind? Soziologen der Universität Toronto haben nun erstmals eine Studie zum »bad mother complex«, zu Deutsch: Rabenmutter-Komplex angestellt und sind der Frage nachgegangen, wann und warum Eltern ein schlechtes Gewissen haben. Dazu haben sie die Gefühlslage von Müttern und Vätern in Situationen untersucht, in denen sich ihr Berufsleben mit dem Privatleben vermischen. Das Ergebnis nach der Befragung von 1 800 Berufstätigen zeigt: Mütter fühlen sich umso schlechter, je mehr berufsbezogene Mails und Anrufe sie außerhalb ihrer Bürozeiten bekommen. Väter hingegen beeinflusst der elektronische Übergriff aus dem Büro in das Privatleben emotional nur geringfügig bis gar nicht. Die Studie untersuchte weiter, ob das schlechte Gefühl eventuell mit Überforderung zu tun hat. Aber das Gegenteil ist der Fall. Mütter meistern den Spagat zwischen Beruf und Familie mindestens genauso gut wie die Väter. Der einzige Unterschied ist, dass Väter für diesen Spagat Anerkennung ernten, während er von Müttern als selbstverständlich erwartet wird. Die Kernbotschaft der Untersuchung ist aber eine andere: Das schlechte Gewissen quält die Mütter nicht, weil sie arbeiten gehen, sondern weil die Arbeit immer stärker ins Familien- und Privatleben übergreift. Was also tun? Auch wenn es für viele von uns undenkbar erscheint. Es ist möglich, das schlechte Gewissen zu überwinden.

1. *Überlegen Sie, warum Sie ein schlechtes Gewissen haben!*
Haben Sie jemandem etwas getan, das Ihnen Leid tun sollte? Leiden Ihre Kinder wirklich so sehr darunter, dass Sie einer Erwerbstätigkeit nachgehen? Fühlen Sie sich wirklich schuldig oder ist es eine Schuld, die Ihnen von außen auferlegt wird? Durch Bekannte, die wegen der Kinder ihren Job aufgegeben haben? Durch die eigenen Eltern oder Schwiegereltern?
Stehen Sie zu Ihrer Entscheidung, Beruf und Familie zu vereinbaren! Dann geht es Ihnen besser und damit auch Ihren Kindern.

2. *Holen Sie das Positive aus Ihrem schlechten Gewissen!*

Haben Sie es mal wieder nicht geschafft, rechtzeitig zur Aufführung Ihres Ältesten zu kommen? Überlegen Sie, was Sie nächstes Mal besser machen können, damit Sie es dann schaffen. Notieren Sie sich alle Termine in einem Kalender. Stellen Sie sicher, dass die privaten Termine nicht mit beruflichen kollidieren.

3. *Trennen Sie Berufliches von Privatem*

Wie heißt es so schön? Bier ist Bier und Schnaps ist Schnaps. Soll heißen: Im Büro haben private Angelegenheiten nichts zu suchen. Im Büro sind Sie die Kollegin oder Vorgesetzte. Versuchen Sie in dringenden Situationen, nicht mit Ihren Kindern zu argumentieren. Ihre Kollegen, insbesondere die ohne Kinder, werden es zu schätzen wissen. Wenn Sie einen Telearbeitsplatz haben oder als Selbstständige von zu Hause aus arbeiten, stellen Sie klare Regeln auf:

• Das Büro ist kein zusätzliches Spielzimmer.

• Das Bürotelefon ist ausschließlich für Büroangelegenheiten da.

• Das Gleiche gilt für den Computer.

• Wenn Sie telefonieren, dürfen Sie nicht unterbrochen werden.

• Tür zu bedeutet: Niemand darf stören

Das ist nicht immer einfach, aber nach einer ersten Eingewöhnungsphase wird es das!

Umgekehrt gilt das natürlich auch. Nach Feierabend sind Sie Mutter und da dürfen die Kollegen oder Vorgesetzten nicht »eindringen«.

4. *Setzen Sie Prioritäten*

Als Eltern, die beide sowohl ihrem Arbeitgeber als auch ihren Kindern gerecht werden wollen, fühlen Sie sich ständig hin- und hergerissen. Überlegen Sie, was Priorität hat. Im Büro ist es die Arbeit. Jeder wird es aber verstehen, dass Sie die Arbeit unterbrechen, wenn dem Kind was zugestoßen ist. Zu Hause sind es die Kinder. Und auch hier kann es mal vorkommen, dass eine wichtige Präsentation nicht fertig geworden ist. Mal darf das ruhig passieren. Es sollte nur nicht zur Gewohnheit werden!

Und: Vergessen Sie sich selbst dabei nicht. Auch Sie haben ein Recht auf Zeit für sich. Planen Sie auch diese Zeit ein und nehmen Sie sich diese dann auch.

5. Unterstützung suchen und geben

Bauen Sie ein Netzwerk auf. Wenn Opa und Oma nicht in der Nähe wohnen, verbünden Sie sich mit anderen Müttern und Vätern und tauschen Sie Kinder aus. Wenn Sie mal auf die Kinder der Freundin aufpassen, dann passt diese ganz sicher auch gerne mal auf Ihre Kinder auf. Spannen Sie alle Familienmitglieder in die Hausarbeit mit ein. Auch die Kleinen können schon mitmachen. Lassen Sie sie doch die Sockenpaare zusammensuchen oder die Mülleimer leeren. Die Älteren können beim Staubsaugen, Wäsche aufhängen oder auch beim Kochen mithelfen. Und das Beste: Es wird nicht nur Ihnen geholfen, sondern auch den Kindern! Je früher sie lernen, im Haushalt mitanzupacken, desto besser können sie es, wenn sie mal auf eigenen Beinen stehen.

6. Schrauben Sie Ihre Ansprüche runter

Niemand ist perfekt. Viele berufstätige Mütter scheinen das gerne zu vergessen. Es ist nicht schlimm, wenn die Wäsche mal nicht gemacht ist oder der Kühlschrank nicht all die Leckereien hergibt, nach denen der Familie gerade der Sinn steht. Wenn Sie, statt einzukaufen, joggen waren oder mit den Kindern gespielt haben: siehe Punkt 4. Ihre Priorität war eben eine andere. Wenn Sie es zeitlich wieder nicht geschafft haben, alle Hemden zu bügeln: siehe Punkt 5: Holen Sie sich Unterstützung.

Schrauben Sie auch Ihre Ansprüche gegenüber Ihren Kindern herunter. Auch Kinder sind nicht perfekt. Die Zimmer können nicht immer aufgeräumt sein. Nur die wenigsten Kinder haben einen Sinn für Ordnung. Sind die Noten in der Schule mal nicht so, wie Sie das gerne hätten? Das wird schon und wenn nicht: Suchen Sie eine Nachhilfe.

Wie wichtig sind für mich Freizeit, Hobby, Interessen und Freunde?

Freunde, Hobbys, Interessen – sie alle brauchen Zeit. Sie sind aber auch immens wichtig. Wir brauchen unsere Hobbys als Ausgleich zum anstrengenden Alltag. Mit Hobbys und Freunden können wir entspannen. Diese Entspannung ist wichtig für die Gesundheit. Können Sie sich vorstellen, darauf zu verzichten oder die Zeiten zu reduzieren?

Welche finanziellen Einbußen bin ich bereit hinzunehmen?

Das ist eine nicht unerhebliche Überlegung. Die finanziellen Einbußen, wenn einer der beiden Partner Stunden reduziert, können deutlich zu Buche schlagen. Nicht jedes Paar kann es sich leisten, auf ein Einkommen oder auch nur einen Teil des Einkommens zu verzichten. Überlegen Sie sich genau, welche monatlichen Ausgaben Sie haben, welche davon unbedingt notwendig sind und welche nicht. Denken Sie aber auch daran, dass ein Kind Geld kostet. Wie hoch diese Kosten sind, hängt von Ihnen und Ihren Ansprüchen ab. Das Statistische Bundesamt berechnete 2008 die Kosten auf 550 Euro pro Kind pro Monat. Gleichzeitig kann aber auch ein Mehr an Zeit mit den Kindern als eine Investition in deren Zukunft gesehen werden.

Als Paar sollten Sie sich auch überlegen, wie Sie die Familienfinanzen regeln möchten. Wollen Sie ein gemeinsames Konto? Soll jeder sein eigenes Konto behalten? Behalten Sie im Hinterkopf: Wer weniger verdient, tut dies, weil er oder sie während dieser Zeit das Unternehmen »Familie« am Laufen hält – eine Arbeit, mit der man zwar kein Geld verdient, aber nur deshalb, weil sie unbezahlbar ist. Sollten Sie auf getrennte Konten bestehen, kann es Sinn machen, dass der- oder diejenige, der/die mehr verdient, einen Teil des Geldes an den Partner oder die Partnerin abgibt, quasi als Gehalt für die Familienarbeit.

Wie viel Energie habe ich?

Sie finden diese Überlegung komisch? Ist sie. Auf den ersten Blick zumindest. Aber die erste Zeit mit einem Neugeborenen ist anstrengend. Viele Babys schlafen nicht von Anfang an durch. Ausnahmen bestätigen die Regel. Die Umstellung, die es mit sich bringt, jetzt für ein kleines hilfloses Wesen verantwortlich zu sein, sollte nicht unterschätzt werden. Wie anstrengend die Zeit ist, hängt aber auch entscheidend davon ab, wie sich die Partner die Betreuung aufteilen. Wer steht auf, wenn das Baby nachts schreit? Wer kümmert sich um das kleine Lebewesen, wenn es Koliken hat? Wer macht den Haushalt? Wer die Einkäufe? Aber dazu kommen wir später noch ausführlicher (siehe Kapitel 2 »Wenn beide beides wollen«).

Wie viel Schlaf brauche ich?

Wer Familie und Beruf vereinbaren will, braucht ausreichend Schlaf. Er ist die Grundvoraussetzung für Ausgeglichenheit und körperliche Fitness. Im Schlaf regenerieren sich Körper und Geist. Wer nicht ausreichend schläft, wird unkonzentriert, ist eher reizbar und insgesamt unruhiger. Das ist schlecht für das Immunsystem, aber auch für die Leistungsfähigkeit. Der tatsächliche Schlafbedarf ist von Menschen zu Mensch sehr unterschiedlich. Manche kommen über eine längere Zeit mit wenig Schlaf aus, andere müssen unbedingt ihre acht Stunden Schlaf haben, um gut über den Tag zu kommen.

»Wir brauchen klare Arbeitszeiten, keine flexiblen!«

Er ist Softwareentwickler. Sie Pastorin. Gemeinsam haben sie vier Kinder. »Ich kannte meine Frau schon lange, bevor wir zusammenkamen. Und ich glaube, es war während einer ihrer Predigten, dass ich mich in sie verliebte«, erzählt Gerd. »Man sieht Cordula die Liebe zu ihrem Beruf an. Ich sehe das gern, und es wäre schade, darauf zu verzichten.« Für Gerd war es daher selbstverständlich, dass er und Cordula sich sowohl das Geldverdienen als auch die Kindererziehung von Beginn an teilen würden. Als Laura und ein Jahr später Viktor geboren wurden, gab es die Partnermonate noch nicht, also beantragte der Familienvater Urlaub. Nach den Geburten von Hans und Sara nahm er jeweils zwei Monate Elternzeit. Schon nach Lauras Geburt hatte er mit seinem Chef eine Vier-Tage-Woche mit insgesamt 40 Stunden ausgehandelt. Nach Viktors Geburt wurde weiter reduziert. »Mit meinem Arbeitgeber habe ich ein »Gentlemen's Agreement«: Ich reise montags früh nach München und konzentriere mich, bis ich wieder zu Hause in Augsburg ankomme, voll und ganz auf die Arbeit. Das heißt, dass ich auch mal nach dem offiziellen Feierabend weiterarbeiten kann, denn ich übernachte in München. Auf der anderen Seite heißt das aber auch, dass ich mich von Donnerstag bis Sonntag ganz meiner Familie widmen kann«, erklärt der Softwareentwickler.

»Ich finde Hausarbeit gar keine so üble Aufgabe. Man sieht gleich, was gemacht ist. Ganz anders als bei der Entwicklung einer Software. Da kann es schon mal länger dauern, bis man ein Ergebnis sieht«, stellt Gerd fest. »Außerdem haben Cordula und ich viel mehr Verständnis füreinander. Wenn beide allzu unterschiedliche Arbeitsalltage haben, kann der eine die Sorgen und Nöte des anderen schwer nachvollziehen. Ich weiß jetzt, was es bedeutet, sich den ganzen Tag um den Nachwuchs zu kümmern. Cordula weiß aber auch, wie es ist, erwerbstätig zu sein. Das schweißt zusammen.«

Leider droht das Konstrukt der Arbeitsteilung zu kippen. Gerds Arbeitgeber möchte seine Mitarbeiter zentral in Dortmund zusammenführen. Ein Umzug kommt für die Familie aber nicht in Frage. Der Softwareentwickler ist daher seit knapp einem Jahr auf der Suche nach einer neuen Herausforderung in Teilzeit. »Nicht ganz einfach, aber die Zeit spielt für mich«, davon ist er überzeugt. »Softwareentwickler gehören zu den Fachkräften, die stark nachgefragt sind. Aber Softwareentwickler in Teilzeit wohl noch nicht. Sobald ich meinen Wunsch nach Teilzeit erwähne, bekomme ich Absagen oder höre gar nichts mehr.« Noch ist das aber alles kein Problem, denn noch kann der vierfache Vater an drei Tagen von München aus arbeiten.

Eines ist ihm in den vielen Gesprächen mit Personalern bewusst geworden: »Wir brauchen eher Verlässlichkeit als Flexibilität in unseren Arbeitszeiten. Sowohl für mich als auch für meinen Arbeitgeber ist es wichtig zu wissen, wann ich zu 100 Prozent für ihn zur Verfügung stehen kann. Das ständige Hin und Her ist weder für mich noch für meinen Arbeitgeber von Vorteil. Ich glaube, die ›Schmerzen‹ entstehen da, wo es einen ständigen Wechsel gibt.«

Arbeitszeitmodelle für mehr Vereinbarkeit

Jetzt, da Sie wissen, wie Sie sich Ihre berufliche aber auch private Vereinbarkeitszukunft vorstellen, geht es zunächst einmal daran, das für Sie passende Arbeitszeitmodell zu finden.

Vollzeit, aber flexibel

Haben Sie sich dafür entschieden, auch mit Kind noch Vollzeit zu arbeiten? Es gibt zahlreiche Gründe, trotz der Herausforderung von Familie und Beruf die Stunden nicht zu reduzieren. Den einen ist die Karriere wichtig, und das bedeutet in den meisten Fällen noch immer, dass Vollzeit gearbeitet werden muss. Andere können nicht auf das Gehalt verzichten, das sich mit einer geringeren Anzahl der Stunden ebenfalls reduziert. Und wieder andere können ihre Funktion nicht ausfüllen, wenn sie nicht in Vollzeit tätig sind. Wer Vollzeit arbeitet, muss in aller Regel auf einiges an Familienzeit verzichten. Den Nachmittag mit den Kleinen im Schwimmbad verbringen oder noch mal schnell einen Kuchen für die Kindergarten- oder Schulveranstaltung backen, wird schwierig. Auch dann, wenn mit dem Arbeitgeber Homeoffice-Zeiten beziehungsweise Telearbeit vereinbart ist. Aber auch eine Vollzeitstelle kann so flexibel gestaltet werden, dass eine Vereinbarkeit von Familie und Beruf unterstützt wird. Die Möglichkeiten reichen von Gleitzeit über Jahresarbeitszeit bis hin zur individuellen Urlaubsregelung.

Gleitzeit

Gleitzeit in Verbindung mit Kernarbeitszeiten ist in vielen Unternehmen bereits gängige Praxis. Die Unternehmensleitung oder auch einzelne Bereiche legen fest, zu welchen Zeiten die Arbeitnehmer da sein müssen. In den meisten Fällen ist das die Zeit zwischen 9 Uhr und 15 Uhr. Die Arbeitnehmer können individuell entscheiden, wann sie mit der Arbeit beginnen und wann sie sie beenden.

Wer die Kinder morgens noch in den Kindergarten oder die Schule bringen muss, kann dies entspannt tun und arbeitet dann eben länger. Wer die Kinder nachmittags pünktlich aus der Betreuung abholen muss, fängt morgens dafür früher an. Das Gleitzeitmodell nimmt vielen Eltern einen erheblichen Zeitdruck. Ein nicht zu unterschätzender Stressfaktor, der sich positiv auf die Leistungsfähigkeit im Unternehmen auswirkt. Denn wie der oder die Einzelne auf die vorgegebene Wochenstundenzahl kommt, ist den Mitarbeitern überlassen und wird in der Regel mittels einer elektronischen Zeiterfassung überprüft.

Vertrauensarbeitszeit
Vertrauensarbeitszeit bedeutet in erster Linie, dass Unternehmen auf die (elektronische) Zeiterfassung verzichten. Es wird darauf vertraut, dass die Arbeitnehmer »unternehmerisch denkende Mitarbeiter« sind, die zum Wohle der Firma agieren und die vertraglich vereinbarte Arbeitszeit eigenständig organisieren. Ein positiver Nebeneffekt ist, dass dieses Modell sowohl die Ergebnisorientierung als auch die Eigenverantwortung der Mitarbeiter fördert. Es kommt nicht mehr darauf an, wie lange ein Mitarbeiter anwesend ist, sondern ob das Ziel erreicht wurde.

Jahresarbeitszeit, Langzeitkonten oder Lebensarbeitszeitkonten
Noch mehr Flexibilität ist gegeben, wenn die Gleitzeit mit der Jahresarbeitszeit, Langzeitkonten oder gar Lebensarbeitszeitkonten gekoppelt wird. Letzteres wird immer schwieriger, da immer weniger Angestellte ein Erwerbsleben lang bei demselben Arbeitgeber bleiben.

Eltern mit schulpflichtigen Kindern kennen das Problem: Solange die Kinder Unterricht haben, läuft alles seinen geregelten Gang. Beginnen die Ferien, wird es schwierig, denn nicht überall gibt es eine Ferienbetreuung. Während dieser Zeit ist es für alle Beteiligten von unschätzbarem Wert, wenn die Eltern weniger Zeit bei der Arbeit verbringen müssen und mehr Zeit für die Kinder haben. Mit einem Jahresarbeitszeitmodell können die Mütter und Väter während der Schulzeit Stunden anhäufen, die sie dann in den Ferien der Kinder »abfeiern«.

Hier gilt aber: Eine enge Abstimmung mit dem Arbeitgeber sollte selbstverständlich sein. Und auch die Kollegen sollten Ihr Modell kennen und im Vorfeld darüber informiert sein, wann Sie reduziert beziehungsweise gar nicht arbeiten. Denn Ihre Kollegen sind es, die die Mehrarbeit dann erledigen müssen.

Aber nicht nur die Arbeitnehmer profitieren von diesem Modell, auch für Arbeitgeber können Langzeitkonten sehr interessant sein. Insbesondere dann, wenn sie auf saisonale Schwankungen reagieren müssen, denn die Mitarbeiterzahl kann flexibel an den Arbeitsanfall angeglichen werden. Gibt es bestimmte Zeiten, zu denen besonders viel Arbeit anfällt, sind alle Mitarbeiter im Einsatz. Ist nur wenig Arbeit zu erledigen, müssen auch nur wenige Mitarbeiter anwesend sein.

Einmal Vollzeit, immer Vollzeit?

Nicht immer ist das Vollzeitmodell das auf Dauer richtige Modell. Wenn sich zum Beispiel herausstellt, dass das Kind bei der Eingewöhnung in die Schule größere Probleme hat als angenommen. Oder sich während der Pubertät unvorhergesehene und ungeahnte Schwierigkeiten ergeben, wie das Anne-Marie Slaughter in ihrem 2012 erschienenen Artikel »Why Women Still Can't Have It All« in *The Atlantic* beschrieben hat, der durch die Weltpresse ging. Oder wenn ein Elternteil plötzlich pflegebedürftig wird und die gesetzliche Pflege- oder Familienpflegezeit nicht ausreicht.

Seit 2001 regelt das Teilzeit- und Befristungsgesetz (TzBfG) ein einklagbares Recht auf Teilzeit für alle, die schon länger als sechs Monate in einem Unternehmen mit mehr als 15 Beschäftigen arbeiten. Allerdings gibt es Einschränkungen: Liegen betriebliche Gründe gegen die Teilzeitregelung vor, haben Arbeitnehmer kaum eine Chance, ihren Wunsch auf weniger Arbeit durchzusetzen. Wann ein solcher betrieblicher Grund die Verringerung der Arbeitszeit verhindert, ist nicht eindeutig definiert. Sind die aus betrieblicher Sicht genannten Gründe nachvollziehbar und plausibel und führen sie zu einer gewissen Beeinträchtigung des Betriebes, kann der Wunsch nach Teilzeit abgelehnt werden. Gründe können Auswirkungen auf die Organisation, den Arbeitsablauf oder die Sicherheit im Betrieb sein, oder dass durch die neue Arbeitszeit unverhältnismäßige Kosten verursacht werden. Selbstverständlich kann jeder Arbeitnehmer das Recht auf Teilzeit einklagen, aber das ist nicht immer sinnvoll. Benötigt der Arbeitgeber beispielsweise eine Ganztagskraft und kann nachweisen, dass eine zweite Teilzeitkraft nicht gefunden werden kann, ist eine Klage aussichtslos. Lassen Sie den Sachverhalt daher von einem Experten genau prüfen, bevor Sie sich auf einen Rechtsstreit einlassen.

Grundsätzlich gilt: Der Arbeitnehmer muss spätestens drei Monate vor der gewünschten Arbeitszeitreduzierung den Wunsch äußern und den Umfang der Reduzierung beantragen. Der Arbeitgeber seinerseits muss spätestens einen Monat vor dem potenziellen Teilzeitstart reagieren, indem er sich entweder einverstanden zeigt oder aber Gründe darlegt, die gegen die Teilzeit sprechen. Äußert sich der Arbeitgeber nicht, stimmt er automatisch zu.

Teilzeit: Wenige Stunden, 50 Prozent oder reduzierte Vollzeit?

Für die meisten ist Teilzeit eine 50-Prozent-Stelle am Vormittag. Der Nachmittag gehört den Kindern und dem Haushalt. Dem ist aber nicht so. Jeder Arbeitnehmer, der regelmäßig kürzer arbeitet als ein vergleichbarer Vollzeitarbeitnehmer, arbeitet in Teilzeit. Das Teilzeitmodell bietet daher unzählige Möglichkeiten:.

Das klassische Teilzeitmodell
Die tägliche Arbeitsstundenzahl wird reduziert oder es wird an weniger Tagen gearbeitet.

Vollzeitnahe Teilzeit
Auch in diesem Modell wird die tägliche Arbeitsstundenzahl reduziert. In aller Regel aber nicht mehr als um 20 Prozent. Diese Variante hat einen sehr charmanten Vorteil: Der Begriff hört sich wie »Vollzeit« an, die Umsetzung lässt aber einige Flexibilität zu. Vor allem Männer fühlen sich mit dem Begriff wohler, aber auch die Vorgesetzten. Aber Achtung, das Modell hat auch so seine Tücken. Da viele Arbeitgeber noch immer wie selbstverständlich davon ausgehen, dass Angestellte Überstunden leisten, kann es schnell passieren, dass Sie zwar für eine 80-Prozent-Stelle bezahlt werden, aber de facto 100 Prozent arbeiten, was den ursprünglichen Gedanken, nämlich durch die Teilzeit mehr Zeit für die Kinder zu haben, konterkariert. Grundsätzlich gilt: Niemand ist zu Überstunden verpflichtet. Außer die Überstunden sind in Ihrem Vertrag explizit vereinbart beziehungsweise durch eine Betriebs- oder

Dienstvereinbarung oder den Tarifvertrag festgelegt. Existiert weder eine Betriebs- oder Dienstvereinbarung noch ein Tarifvertrag, sollten Sie die Überstundenregelung mit Ihrem Arbeitgeber im Arbeitsvertrag verbindlich regeln.

Sollten Überstunden angefallen sein, gibt es laut Arbeitsrecht keinen Anspruch auf eine Vergütung der mehrgeleisteten Mehrarbeit. In den meisten Fällen ist im Arbeits- oder Tarifvertrag festgelegt, dass der Arbeitgeber anordnen kann, dass die Überstunden durch Freizeit abgebaut werden müssen.

Wenn alle mitspielen, funktioniert's!

Angelika ist erst spät Mutter geworden, aber nicht, weil sie erst Karriere machen wollte, sondern, wie sie selbst sagt:»Weil ich erst spät meinen Traumprinzen gefunden habe!« Dass sie Kinder wollte, war immer klar. Für die Kinder ganz aus dem Beruf aussteigen? Nein, das wollte sie nicht. Sie wollte»vereinbaren«, indem sie Stunden reduzierte. Heute arbeitet sie nicht mehr 40 Stunden pro Woche, sondern 30. Aus ihrer Sicht die ideale Stundenzahl, um sowohl den Kindern als auch ihrem Beruf und damit ihren Kunden und ihrem Arbeitgeber Jako-O gerecht zu werden.

Als Lena geboren wurde, ist Angelika nach einem halben Jahr wieder eingestiegen. Gleich mit 30 Stunden. Um für die Kleine da zu sein, hatte ihr Mann Robert fünf Monate Elternzeit genommen beziehungsweise Überstunden abgebaut. So konnte er an drei Tagen pro Woche zu Hause sein.»Damals gab es die Partnermonate noch nicht. Und ganz raus aus dem Job – das konnte Robert sich nicht erlauben«, erklärt die zweifache Mutter. An den zwei verbleibenden Tagen übernahm die Oma die Kinderbetreuung. Mit einem knappen Jahr kam Lena dann für drei Tage in die firmeneigene Kita von Jako-O und Robert ging wieder Vollzeit arbeiten.»Wir haben uns damit unheimlich schwergetan. Voller Erstaunen mussten oder besser gesagt durften wir aber feststellen: Lena fiel es gar nicht schwer. Ihr hat es von Anfang an gut gefallen«, erzählt Angelika schmunzelnd. Heute ist Lena in einem öffentlichen Kindergarten ganz in der Näher des Wohnortes und Sofie in der seit September 2011 neuen Kindergartengruppe von Jako-O.

Auch als Sofie geboren wurde, blieb Angelika einige Monate zu Hause. Geplant waren zehn. Als dann aber der Chef anrief und sie bat, doch bitte wenigstens ein paar Stunden pro Woche wieder einzusteigen, war das für die Kundenmanagerin ein guter Weg, um langsam wieder reinzukommen. »Im Gegenzug war mein Chef dann auch sehr kulant, als ich vier Wochen vor dem offiziellen Wiedereinstieg anrief und darum bat, nicht gleich mit 30 Stunden pro Woche anfangen zu müssen. Bei uns lief noch alles drunter und drüber.« Bei ihrem Wiedereinstieg machte Angelika also erst einmal Minusstunden, die sie später wieder aufgearbeitet hat.

Gut, wenn dann auch die Kollegen mitspielen. Laut der berufstätigen Mutter herrscht bei Jako-O ein durch und durch familienfreundliches Klima. »Wir haben fast alle Kinder oder wollen Kinder. Im Zweifelsfall sind alle große Schwestern oder Brüder, Onkel oder Tanten. Jeder kann sich also in die Situation der berufstätigen Eltern hineinversetzen. Hier herrscht quasi der Geist der Vereinbarkeit, und wer den nicht mitträgt, ist bei uns fehl am Platz«, so die Kundenmanagerin und Mutter. Das ist auch dann hilfreich, wenn die Kinder mal zum Arzt müssen. Zwar gibt es bei Jako-O flexible Arbeitszeiten ohne Kernzeit, aber wenn die Kollegen nicht mitspielen, hilft das wenig.

»Meine Tochter kennt mich« – Berater in Teilzeit

Michael ist Vater aus Leidenschaft. Schon bevor die kleine Annabell auf die Welt kam, war für ihn klar: »Ich werde kein Wochenendpapa sein.« Nicht ganz so einfach. Michael arbeitet für das global tätige Beratungsunternehmen Accenture. Das bedeutet: Er ist oft unterwegs. Der junge Vater liebt seinen Job, aber in Vollzeit arbeiten und gleichzeitig für die Familie da sein – unmöglich.

Deshalb hat Michael, kurz nachdem klar war, dass er Vater werden würde, das Gespräch mit seinen Vorgesetzten gesucht. »Ich war sehr überrascht, wie einfach das bei Accenture alles ging. In meinem Freundeskreis hatte ich ganz andere Geschichten gehört. Viele sind regelrecht gegen Mauern gelaufen, als sie in ihren Unternehmen nachfragten, ob sie Stunden reduzieren könnten, um mehr für die Familie da zu sein«, erzählt er. Hilfreich für das Gelingen des Vorhabens war, und davon ist Michael überzeugt, dass er sich in der Vorbereitung auf sein Gespräch mit seinem Vorgesetzten schon konkrete Gedanken über die Möglichkeiten gemacht hatte, wie er Beruf und Familie vereinbaren könnte. »Ich habe mich dazu mit unserer Personalabteilung zusammengesetzt und diverse Möglichkeiten durchgespielt. Zur Diskussion standen einige schon bewährte Modelle. Darunter auch Arbeitszeitkonten. Ich hätte Überstunden sammeln können, die ich dann als Freizeit wieder ›aufgebraucht‹ hätte. Mir war das aber zu unsicher. Also habe ich mir überlegt, wie ich meine Projekte in Teilzeit stemmen und gleichzeitig meiner Familie gerecht werden könnte.« Accenture bietet neben den Teil- und Arbeitszeitmodellen ein Netzwerk für Eltern, die sich für einige Zeit ganz den Kindern widmen möchten. Es fördert den Kontakt zum Unternehmen, was den Wiedereinstieg erleichtert.

Heute ist Michael von Dienstag bis Donnerstag für sein Projekt in Deutschland unterwegs und Freitag bis Montag Vater, Ehe- und Hausmann in Hamburg. Dann ist auch mal er es, der die Kleine von der Tagesmutter abholt, die täglichen Besorgungen regelt und sich um den Haushalt kümmert. Seine Frau Marlen, die 21 Stunden pro Woche als SAP-Entwicklerin tätig ist, kann an diesen Tagen länger arbeiten oder einfach mal ihren Hobbys nachgehen.»Indem ich mich um das Alltägliche kümmere, entlaste ich meine Frau und komme in den Genuss zu sehen, wie sich die Kleine jeden Tag weiterentwickelt. Und wenn ich doch mal einen Tag länger im Projekt bin, merke ich, welche Sprünge Annabell in der Entwicklung macht und was ich verpasst habe.« An den Tagen, die er nicht zu Hause ist, telefoniert der Vater mit seiner Tochter.»Ich habe meinen Schritt nie bereut und meine Teilzeitregelung jetzt erst einmal um ein weiteres Jahr verlängert.«

Jobsharing

Beim Jobsharing teilen sich zwei Angestellte – ein »Tandem« – eine Vollzeitstelle. Ein Tandem ist ein enges Team, das sich die Verantwortung teilt, ein Ziel hat und darauf gemeinsam hinarbeitet. Die Zusammenarbeit wird dabei selbstständig und eigenverantwortlich gemanagt. Das Tandem legt also mit- und untereinander fest, wer wann was tut.

Auch Teilzeit im Team ist eine Art Jobsharing. Die Teammitglieder müssen sich dann untereinander darüber einigen, wer wann arbeitet. Dies erfordert ein hohes Maß an Organisation, bietet aber gleichzeitig eine große Flexibilität.

Er wollte mehr Zeit für eigene Projekte, sie mehr Zeit für Familie und Hobbys

Dass Jobsharing auch von Seiten eines Arbeitgebers angeboten wird, ist noch relativ selten. Dass es aber durchaus der Fall sein kann, beweist die DB Akademie der Deutschen Bahn. Jakob wollte Stunden reduzieren. Seit Jahren war es sein Traum, sich zum Coach oder Trainer ausbilden zu lassen und mehr Zeit für seine Kunstprojekte zu haben.

Myriam wurde 2016 Mutter. Eine 40-Stunden-Woche kam für sie nicht mehr in Frage. Nicht nur, weil sie Beruf und Familie verbinden will, sondern auch, weil sie gerne kreativ tätig ist. Konkret nach einer Jobsharingstelle hatte sie nicht gesucht. Die Initiative ging von Jakob aus, der mit der Vorstellung des Jobsharingmodells bei seinem Vorgesetzten auf offene Ohren stieß.

Gemeinsam mit der Recruitingabteilung machte er sich auf die Suche nach seiner »anderen Hälfte« und fand Myriam. Diese hätte nach eigenen Angaben niemals diesen Job und schon gar nicht ihren Tandempartner gefunden. Es war das Recruiting der Bahn, das sie darauf aufmerksam und es ihr schmackhaft gemacht hat. »Nach einem Vorstellungsgespräch war es dann eine Bauchentscheidung«, verrät sie in einem Interview mit Tandemploy.

Seit März 2017 teilen sich die beiden jetzt eine Projektleitungsstelle zum Thema »E-Learning«.

Noch sind beide ein junges Tandemgespann, und es muss sich einiges einspielen. Aber beide sind davon überzeugt, dass sie sich bestens ergänzen. Beide brennen für das Thema E-Learning. Beide sind eher pragmatisch veranlagt. Beide wissen aber auch um die eigenen Schwächen und die Stärken des anderen.

Ist Jobsharing auch eine für Sie interessante Variante der Arbeitszeitverkürzung beziehungsweise der Teilzeit? Wie auch Sie den passenden Tandempartner finden, verrate ich Ihnen im Kapitel »Optimal aufgestellt für die Bewerbungsphase«.

Jahresarbeitszeit

Wer einen Beruf ausübt, der eine gewisse Flexibilität zulässt, kann mit seinem Arbeitgeber auch eine reduzierte Jahresarbeitszeit festlegen. Beispielsweise kann man vereinbaren, im ersten Halbjahr vierzig Prozent zu arbeiten und im zweiten auf achtzig erhöhen. Dieses Modell hat den großen Vorteil, dass jederzeit flexibel auf die familiären Anforderungen eingegangen werden kann. Wird beispielsweise das Kind im September eingeschult, ist es einfacher, während der Eingewöhnungszeit zu Hause zu bleiben, als bei festen Arbeitszeiten.

Die Ausgestaltung von Teilzeit

Wie Sie Ihr Teilzeitmodell gestalten, bleibt ganz Ihnen und Ihrem Arbeitgeber überlassen.

Modell	Arbeitstage pro Woche	Vorteile für Arbeitnehmende	Vorteile für Arbeitgeber
Teilzeit	5 halbe Tage oder 2 bis 4 halbe oder volle Tage	täglich mehr Freizeit oder ganze freie Tage pro Woche, festgelegte regelmäßige Arbeitszeit	höhere Effizienz, höhere Produktivität, geringer Verwaltungsmehraufwand, Personaleinsatz kann flexibler an die Nachfrage angepasst werden
reduzierte Vollzeit	4 oder 5 Tage jeweils 1 bis 2 Stunden reduziert	täglich mehr Freizeit oder einen Tag pro Woche frei	für das Unternehmen wichtige Arbeitnehmerinnen und Arbeitnehmer bleiben erhalten, zufriedenere und motivierte Mitarbeiter aufgrund einer ausgeglicheneren Work-Life-Balance
Jobsharing	5 Tage Teilzeit oder 2 bis 4 Tage Vollzeit/Teilzeit kombiniert	Verantwortung für Projekte bleibt erhalten, hoher Entscheidungsfreiraum durch Absprache, mehr Freizeit, persönliche Flexibilität	Know-how, Qualifikationen und individuelle Fähigkeiten von zwei Personen, keine Ausfallzeiten bei Urlaub oder Krankheit, im Dienstleistungsbereich: Bedarfsdeckung bei langen Servicezeiten

Einmal Teilzeit, immer Teilzeit? Die Teilzeitfalle

Nicht immer gestaltet es sich einfach, die Stundenzahlen (wieder) zu erhöhen, wenn die Kinder aus dem Gröbsten heraus sind beziehungsweise die familiäre Situation es wieder zulässt. Ein Rückkehrrecht von unbefristeter Teilzeitarbeit auf eine Vollzeittätigkeit ist im deutschen Teilzeit- und Befristungsgesetz nicht vorgesehen. Falls jedoch neue oder freie Stellen zu besetzen sind, müssen nach TzBfG § 9 teilzeitbeschäftigte Mitarbeiter, die den Wunsch nach Arbeitszeitverlängerung geäußert haben, vorrangig berücksichtigt werden. Einzige Ausnahme: Beamte. Sie haben laut TVÖD (Tarifvertrag des öffentlichen Dienstes) ein Recht auf eine auf fünf Jahre befristete Teilzeit, die dann wieder in eine Vollzeitstelle übergehen muss.

Sollten Sie also nur über einen befristeten Zeitraum in Teilzeit arbeiten wollen, dann sollten Sie versuchen, die Reduzierung der Arbeitszeit auf einen Zeitraum zu begrenzen. Der Ursprungsvertrag bleibt dann bestehen.

Zusätzlicher bezahlter oder unbezahlter Urlaub

Sonderurlaub ist klar zu unterscheiden von unbezahltem Urlaub. Der Sonderurlaub ist gesetzlich geregelt. Nach § 616 BGB müssen Angestellte freigestellt und weiterbezahlt werden, wenn sie für eine verhältnismäßig nicht erhebliche Zeit, ohne ihr Verschulden, aus persönlichen Gründen ihre Arbeitsleistung nicht erbringen können. Als »verhältnismäßig nicht erhebliche Zeit« gilt als Faustregel: maximal drei Tage für Angestellte, die erst bis zu sechs Monate im Unternehmen sind. Sind Sie schon bis zu einem Jahr bei Ihrem Arbeitgeber, gilt eine Befreiung von bis zu einer Woche als »nicht erhebliche Zeit«. Bei längeren Beschäftigungsverhältnissen können schon mal bis zu zwei Wochen Sonderurlaub in Betracht gezogen werden.

Einen grundsätzlichen, gesetzlichen Anspruch auf einen unbezahlten Urlaub gibt es nicht. Allerdings kann im Tarifvertrag, der Betriebsvereinbarung oder in jedem individuellen Arbeitsvertrag eine solche Regelung festgelegt werden. Wichtig zu wissen: Der Versicherungsschutz in der Sozialversicherung und damit auch in der gesetzlichen Renten-, Kranken- und Arbeitslosenversicherung besteht nur bis zu maximal vier

Wochen. Planen Sie also eine längere Auszeit, sollten Sie rechtzeitig eine entsprechende Versicherung abschließen. Des Weiteren dürfen während eines unbezahlten Urlaubs weder Krankengeld bezogen noch Elternzeit in Anspruch genommen werden.

Elternzeit – bis zum 8. Lebensjahr des Kindes

2015 wurde die Elternzeit neu geregelt und gewährt Eltern seither eine deutlich höhere Flexibilität. Nach wie vor stehen jedem Elternteil 36 Monate unbezahlte Auszeit vom Job zu. Von diesen 36 Monaten können weiterhin 24 zwischen dem dritten und achten Geburtstag des Kindes eingesetzt werden. Der Anspruch auf diese 24 Monate bleibt auch bei einem Jobwechsel bestehen und kann gegenüber dem künftigen Arbeitgeber geltend gemacht werden. Neu ist, dass jedes Elternteil die Elternzeit in drei statt bisher zwei Zeitabschnitte unterteilen kann. Während aber für die Elternzeit bis zum dritten Geburtstag gilt, dass sie sieben Wochen vor Antritt beim Arbeitgeber angemeldet werden muss, wurde die Anmeldefrist für die Elternzeit nach dem dritten Geburtstag auf 13 Wochen erhöht. Aber Achtung! Erst ab sechs Wochen vor Antritt der Elternzeit besteht ein Kündigungsschutz.

Solange die Kinder noch unter drei Jahren alt sind, darf der Arbeitgeber den Antrag nicht ablehnen. Auch danach ist eine Zustimmung nicht zwingend notwendig. Wenn der Arbeitgeber allerdings dringende betriebliche Gründe vorbringt und es sich um den »dritten Zeitabschnitt« der Elternzeit handelt, kann er den Antrag ablehnen.

Das Gleiche gilt für die Teilzeit während der Elternzeit. Grundsätzlich haben alle Eltern im Rahmen ihrer Elternzeit (ElternzeitPlus) einen Anspruch darauf, ihre Arbeitszeiten zu reduzieren, um beispielsweise dem Nachwuchs bei der Eingewöhnung in die Kita oder die Schule zu begleiten. Hat der Arbeitgeber dem Antrag nicht innerhalb der vorgeschriebenen Frist – vier Wochen nach Zugang des Teilzeitantrags im Zeitraum zwischen Geburt und drittem Geburtstag und acht Wochen nach Eingang für den Zeitraum nach dem dritten und vor dem achten Geburtstag des Kindes – widersprochen, gilt er als genehmigt. Wer wann in Elternzeit geht, können Sie als Paar frei entscheiden.

Im »Pflegenotfall« – Pflegezeit und Familienpflegezeit

Die Betreuung der Kinder ist nicht der einzige Grund, warum Arbeitnehmer mehr Flexibilität benötigen. Auch die Vereinbarkeit von Beruf und Pflege wird immer mehr zur Herausforderung. Von den mittlerweile 2,8 Millionen pflegebedürftigen Menschen werden heute 67 Prozent von ihren Angehörigen zu Hause betreut. Um den Angehörigen die Vereinbarkeit von Beruf und Pflege zu vereinfachen, können sich diese bis zu sechs Monate teilweise oder vollständig von der Arbeit freistellen lassen. Vorausgesetzt, sie pflegen zu Hause. Nur für minderjährige pflegebedürftige Kinder kann die Freistellung auch für die Betreuung außer Haus in Anspruch genommen werden.

Einen Anspruch auf Freistellung von bis zu drei Monaten haben Berufstätige, die einen nahen Angehörigen in der letzten Lebensphase begleiten wollen. Allerdings gilt dieser Anspruch nur gegenüber Arbeitgebern mit 15 oder mehr Beschäftigten.

Bis zu 24 Monate können sich im Rahmen der Familienpflegezeit all diejenigen freistellen lassen, die mindestens 15 Stunden pro Woche arbeiten. Auch hier gilt: Der Rechtsanspruch besteht nur bei der häuslichen Betreuung. Ausnahme ist die außerhäusliche Betreuung von Minderjährigen. Eine weitere Voraussetzung ist, dass der Arbeitgeber mehr als 25 Angestellte beschäftigt.

Überall, nur nicht im Büro!

Bietet ein Unternehmen die Möglichkeit, auch von zu Hause aus zu arbeiten, erweitert dies den Handlungsspielraum für berufstätige Mütter und Väter ungemein. Aktuellen Umfragen zufolge wünschen sich 70 Prozent der Angestellten diese Möglichkeit. Nach Angaben des Wochenberichtes des Deutschen Instituts für Wirtschaft vom Februar 2016 wäre es bei 40 Prozent der Arbeitsplätze theoretisch möglich. Insgesamt arbeiten aber nur 12 Prozent der abhängig Beschäftigten in Deutschland regelmäßig oder gelegentlich von zu Hause aus. Dabei bietet das Arbeiten im Homeoffice oder an einem Teleheimarbeitsplatz diverse Vorteile, die nicht von der Hand zu weisen sind: Die Arbeitnehmer können ihre

Arbeitszeiten flexibler gestalten. Sie haben eine höhere Eigenverantwortung, was bei vielen zu mehr Motivation führt. Kreative Phasen können effektiver genutzt werden, und es gibt keine störenden Kollegen. Die Fahrtzeiten ins Büro und wieder nach Hause entfallen. Das spart nicht nur Zeit, sondern auch Geld und ist zudem noch umweltfreundlich. Für den Arbeitgeber bedeutet das: erhöhte Produktivität, weniger Arbeitsausfall, zufriedene Mitarbeiter und Eltern, die schneller aus der Elternzeit wieder ins Berufsleben zurückkehren können.

Viele verstehen unter Arbeiten im Homeoffice dasselbe wie Telearbeit. Der Gesetzgeber kennt den Begriff Homeoffice aber nicht. Er unterscheidet zwischen heimbasierter Telearbeit und alternierender Telearbeit. In beiden Fällen wird von zu Hause aus gearbeitet, also umgangssprachlich im Homeoffice. Bei der heimbasierten Telearbeit arbeitet der Arbeitnehmer oder die Arbeitnehmerin, wie der Begriff schon impliziert, grundsätzlich daheim. Bei der alternierenden Telearbeit arbeitet er oder sie sowohl von zu Hause aus als auch vor Ort beim Arbeitgeber. Der Gesetzgeber definiert dies als einen vom »Arbeitgeber für einen festgelegten Zeitraum eingerichteten Bildschirmarbeitsplatz im Privatbereich der Beschäftigten«. Daher erfordert die Telearbeit klare Rahmenbedingungen zwischen Arbeitgeber und Beschäftigten. Je mehr Stunden die Arbeitnehmer von zu Hause aus arbeiten, desto strenger sind die gesetzlichen Vorgaben an die ergonomische Gestaltung des Arbeitsplatzes.

Bedenken Sie aber: Ganz so entspannt, wie es uns viele Bilder von Müttern oder auch Vätern am Laptop mit Baby auf dem Arm weismachen wollen, ist es dann aber doch nicht. Niemand kann konzentriert arbeiten, wenn das Baby auf dem Schoß sitzt. Auch nicht, wenn der Nachwuchs im Zimmer spielt. Und nicht jeder Job, nicht jede Aufgabe eignet sich für das Arbeiten im Homeoffice oder am Teleheimarbeitsplatz, ebenso wenig wie jeder Arbeitnehmer oder jede Arbeitnehmerin. Bevor Sie also mit Ihrem (potenziellen) Arbeitgeber in Verhandlung treten, sollten Sie erstens genau überlegen, welche Aufgaben Sie unabhängig von Ihrem Büroarbeitsplatz erledigen können. Zweitens, ob Sie die räumlichen Möglichkeiten haben, sich zu Hause einen Arbeitsplatz einzurichten, und drittens, ob Sie überhaupt der Typ für räumlich flexibles Arbeiten sind. Mehr dazu im Kapitel »Optimal aufgestellt für die Bewerbungsphase«.

Was sagt das Gesetz? Vorgaben für den Telearbeitsplatz

Laut der Verordnung über Arbeitsstätten sind Telearbeitsplätze vom Arbeitgeber fest eingerichtete Bildschirmarbeitsplätze im Privatbereich der Beschäftigten, für die der Arbeitgeber eine mit den Beschäftigten vereinbarte wöchentliche Arbeitszeit und die Dauer der Einrichtung festgelegt hat. Ein Telearbeitsplatz ist vom Arbeitgeber erst dann eingerichtet, wenn Arbeitgeber und Beschäftigte die Bedingungen der Telearbeit arbeitsvertraglich oder im Rahmen einer Vereinbarung festgelegt haben und die benötigte Ausstattung des Telearbeitsplatzes mit Mobiliar, Arbeitsmitteln einschließlich der Kommunikationseinrichtungen durch den Arbeitgeber oder eine von ihm beauftragte Person im Privatbereich des Beschäftigten bereitgestellt und installiert ist (ArbStättV §2).

Recht auf einen Telearbeitsplatz

Ein Recht auf Arbeiten im Homeoffice oder an einem Telearbeitsplatz, wie es das bereits in den Niederlanden gibt, haben wir in Deutschland noch nicht. Einen Anspruch auf Homeoffice hat man nur, wenn dies vertraglich geregelt wurde oder es im Unternehmen üblich ist. Prüfen Sie daher, ob es für Ihren Job einen Tarifvertrag oder eine Betriebsvereinbarung gibt, die die Telearbeit regelt. Manche Unternehmen haben klar definiert, wie viel Prozent der Arbeitszeit im Homeoffice erbracht werden kann. Wie die Regelung im Einzelfall aussieht, ist von Unternehmen zu Unternehmen, aber auch von Job zu Job unterschiedlich.

Allerdings gibt es auch Arbeitgeber, die Ihnen als Jobneuling erst mal das Arbeiten an einem Telearbeitsplatz verweigern. Um eine optimale Einarbeitung zu garantieren, ist es vielen wichtig, dass Sie die erste Zeit vor Ort sind. Vereinbaren Sie in einen solchen Fall eine Einarbeitungszeit und setzen Sie einen Termin für ein Gespräch fest, in dem Sie dann über die Arbeit im Homeoffice verhandeln.

Tipp für Alleinerziehende

Auch Alleinerziehende haben keinen Anspruch auf Telearbeit. Sie haben aber Privilegien. So muss der Arbeitgeber, wenn er eine Ermessensentscheidung trifft, die besonderen Belange des alleinerziehenden Arbeitnehmers berücksichtigen. Das Arbeiten im Homeoffice ist so eine Ermessensentscheidung.

Das etwas andere Homeoffice: Coworking Spaces

Sollten Sie die räumlichen Voraussetzungen für einen Telearbeitsplatz nicht haben, könnte ein Coworking Space für Sie interessant sein. Seit einigen Jahren sprießen sie wie Pilze aus dem Boden –insbesondere in deutschen Großstädten. Noch verbinden die meisten damit Arbeitsräume für Selbstständige, Einzelunternehmer, Freelancer oder kleinere Start-ups. In den ersten Jahren war das auch tatsächlich so. Mittlerweile mieten sich aber auch etablierte Unternehmen in Coworking Spaces ein und lassen ihre Angestellten von dort aus arbeiten, denn nicht jeder kann in den eigenen vier Wänden ein Homeoffice einrichten. Die Ausgestaltung der Arbeitsräume ist sehr unterschiedlich. Von alternativ mit selbst organisierter Kinderbetreuung bis hochmodern mit angegliedertem Sekretariat.

Die Flatrate für ein Coworking Space

Für berufstätigen Eltern startete Coca-Cola 2017 am Standort Berlin ein dreimonatiges Pilotprojekt: In Kooperation mit dem juggleHUB bot es das etwas andere Arbeiten im Homeoffice.

Das juggleHUB ist Berlins einziger Coworking Space mit Kinderbetreuung. Eine ideale Ergänzung zum Arbeiten im Homeoffice, das bei Coca-Cola explizit erwünscht ist. Denn auch hier weiß man, dass ein konzentriertes Arbeiten im Homeoffice nur dann möglich ist, wenn die Kinder professionell betreut werden.

Gelegen im Prenzlauer Berg bietet das juggleHUB neben Schreibtischen und einer kompletten Büroausstattung – von WLAN über Drucker und Telefon bis zu Meetingräumen – auch flexible Kinderbetreuung ab einem Alter von zwei Monaten bis zum Schuleintritt. Eltern können hier arbeiten und gleichzeitig ihren Nachwuchs bei Bedarf ganztags oder auch nur während Rand- und Schließzeiten professionell betreuen lassen – mit einer Vorlaufzeit von nur einem Tag. Eine Nutzerin dieses Angebots ist Svenja Christen. Die Personalreferentin arbeitete an Brückentagen, wenn die Kita ihres Sohnes geschlossen hatte, im juggleHUB. »Für mich als Mutter eines Zweijährigen war das Angebot genau richtig. Der Kleine war gut betreut und ich konnte in Ruhe ein paar Stunden arbeiten«, erzählt Svenja. Und das gleich um die Ecke. Keine langen Anfahrtszeiten und kein zusätzlicher Organisationsaufwand für die Kinderbetreuung. Nach der erfolgreichen Testphase wurde das Projekt bis Ende 2017 verlängert.

»Mein Leben, mein Arbeitszeitmodell«
für die Querleserin und den Querleser
Machen Sie sich klar, wie Ihr Vereinbarkeitsmodell aussehen soll. Welche Prioritäten Sie setzen wollen. Ob Sie sich gleichwertig um Beruf und Familie kümmern wollen, oder ob Sie den Fokus mehr auf die Familie oder mehr auf den Beruf legen wollen.

Für die Vereinbarkeit von Beruf und Familie gibt es zahlreiche Arbeitszeitmodelle. Von wenigen Stunden pro Woche über Jobsharing bis hin zur flexiblen Vollzeit. Suchen Sie sich das zu Ihrem Vereinbarkeitsmodell und Ihren Prioritäten passende. Bedenken Sie aber auch: »Mischen possible!« Wer tageweise im Homeoffice arbeiten kann, kann eventuell mehr Stunden leisten als Arbeitnehmer und Arbeitnehmerinnen, die immer im Büro anwesend sein müssen.

KAPITEL 2
WENN BEIDE BEIDES WOLLEN

In der Hälfte der Haushalte ist die Aufgabenteilung, solange noch keine Kinder da sind, gleichmäßig zwischen den Partnern aufgeteilt. In vielen Beziehungen ändert sich das aber spätestens, wenn ein Kind da ist. Das hat viel damit zu tun, dass die meisten Frauen nach der Geburt ihres Kindes ihre Erwerbstätigkeit reduzieren, um mehr Zeit für die Familie und damit verbunden den Haushalt zu haben. Kein Wunder also, dass statistisch gesehen auch die Hauptlast der Kinderbetreuung und Pflege von Angehörigen noch immer bei den Frauen liegt. Selbst dann, wenn beide Partner in Vollzeit arbeiten. Besonders groß ist das Missverhältnis, wenn Kinder unter sechs Jahren im Haushalt leben, so das Ergebnis einer Studie des Wirtschafts- und Sozialwissenschaftlichen Instituts (WSI) der Hans-Böckler-Stiftung. Während Vollzeit beschäftigte Mütter die Hälfte ihrer Gesamtarbeitszeit auf Haushalt und Kinderversorgung aufwenden, sind es bei den in Teilzeit beschäftigten Müttern fast 70 Prozent. Vollzeitbeschäftigte Väter hingegen bringen lediglich ein Drittel ihrer gesamten Arbeitszeit für Heim und Herd auf. Aber nur weil die Statistiken das so spiegeln, muss das nicht auch für Sie gelten. Wenn beide berufstätig sind, sollte die Aufteilung der Gesamtarbeitszeit – Job und Familie – auch unter den Partnern gleich verteilt sein. Dafür bedarf es aber eines Gesprächs mit dem Partner oder der Partnerin.

Wenn also beide alle Fragen für sich beantwortet haben, geht es in die Diskussion. Es kann sein, dass diese Übung für Sprengstoff in Ihrer Beziehung sorgt. Umso wichtiger, dass Sie gemeinsam und in aller Ruhe die Fragen durchgehen. Kommentieren Sie die Antworten am besten nicht spontan, sondern lassen Sie sie zunächst einmal auf sich wirken. Das ist nicht immer einfach, aber einen Versuch ist es wert. Wenn beide vom jeweils anderen wissen, wie sich dieser die Zukunft mit Kind vorstellt, ist das die ideale Basis. Jetzt können Sie in die Diskussion um die Arbeitsteilung bezüglich Karriere, Kinderbetreuung, Freizeitwünsche und Organisation des Haushalts gehen. Das ist nicht nur wichtig für die Wahl des Arbeitgebers, sondern auch für den zukünftigen Zufriedenheitsgrad in der Beziehung.

Denken Sie aber auch daran, dass einen das Leben oft überholt, während Sie noch Pläne machen. Prioritäten verschieben sich, ein unerwartetes Jobangebot kommt ins Haus oder vielleicht meldet sich ja noch ein Kind an. Das gilt sowohl für die Überlegenen in Bezug auf Ihre Wünsche als auch für die Ihres Partners und ganz besonders für die gemeinsamen, die im folgenden Kapitel vertieft werden.

Nichts ist in Stein gemeißelt

»Reden, reden, reden! Gerne auch mal mit Listen. Und zwar bevor das Kind entsteht«, das ist Katrins Rezept für das Gelingen der Vereinbarkeit von Familie und Beruf.

Katrin und ihr Mann sind beide erwerbstätig: Christian 40 Stunden als Demand Manager und Katrin 33 Stunden als Controllerin. Die zweifache Mutter ist der festen Überzeugung, dass die Vereinbarkeit mit dem Partner steht und fällt: »Wenn der Partner es sich in der Komfortzone gemütlich macht, hat frau schon verloren«, weiß sie.

Katrin ist in der ehemaligen DDR aufgewachsen. Beide Eltern waren Vollzeit erwerbstätig. Für sie war es ganz selbstverständlich, dass sie nach der Schule in den Hort oder zur Oma, die auf insgesamt neun Enkel aufpasste, ging. Ganz anders als ihr Mann, der im Westen Deutschlands aufgewachsen ist – in einer traditionell orientierten Familie, in der der Vater das Geld verdiente und die Mutter zu Hause war. Eine Tatsache, die für einigen Diskussionsbedarf sorgte. »Wir mussten erst einmal darin übereinkommen, dass das Alleinverdienermodell nicht der Normalfall ist. Es brauchte einige Zeit, bis wir uns einig waren, dass wir beide Familie und Beruf leben würden. Bis wir uns auf dieser Basis unser Modell gebastelt hatte, vergingen dann noch mal einige Monate«, erzählt Katrin. Und sie gesteht ein, dass das noch immer harte Arbeit ist. Dann, wenn eigentlich abgeklärte Punkte wieder in Frage gestellt werden und die männliche Komfortzone als zu klein angesehen wird im Vergleich zu derjenigen der Kumpels. »Also müssen wir immer wieder eine Runde darüber diskutieren, dass die Kinder unsere Kinder sind und wir beide einen Teil der Betreuung übernehmen.«

Besprochen hatten beide das schon vor der ersten Schwangerschaft und bisher halten sie sich auch daran. Auch wenn der Druck von außen die zweifache berufstätige Mutter manchmal in den Wahnsinn treibt: »Sowohl die Kumpel meines Mannes als auch die große Mehrheit im direkten Umfeld leben das traditionelle Modell. Als die Kinder noch klein war, musste ich mich oft dafür entschuldigen, dass ich nicht mit unseren Jungs ins Babyschwimmen, zum Pekip oder Musikgarten gegangen bin.«

Katrin und Christian haben einen sehr flexiblen Arbeitgeber, so dass sie eine egalitäre Erwerbsarbeits- und Kindererziehungsteilung leben können. Wenn zum Beispiel ein Kind krank ist, kann entweder Christian oder Katrin von zu Hause aus arbeiten. »Auf den ersten Blick ideal. Insbesondere, wenn ein wichtiger Termin ansteht. Leider wird es im Unternehmen aber immer noch als die Mutterpflicht und somit weibliches Ausfallrisiko angesehen, sich um das kranke Kind zu kümmern«, weiß Katrin. Aber sie konzentriert sich auf das Positive und schätzt die Tatsache, in einem grundsätzlich familienfreundlich orientierten Unternehmen zu arbeiten.

Auch wenn es manchmal ziemlich anstrengend sein kann, wenn beide erwerbstätig sind, sind beide Partner der festen Überzeugung, für sich das richtige Modell gefunden zu haben. »Es ist nicht nur der finanzielle Aspekt und die Tatsache, dass wir so wirtschaftlich stabiler aufgestellt sind. Auch die ›Machtverhältnisse‹ innerhalb unserer Ehe sind egalitärer verteilt. Wir haben nicht auf der einen Seite den Alleinverdiener, der sich aus der Erziehungsarbeit heraushält, und auf der anderen die Mutter, die sich um den Rest kümmert. Wir machen beide beides. Aber die Anforderungen ändern sich je nach Alter der Kinder. Nichts ist in Stein gemeißelt«, ist Katrins feste Überzeugung.

Das sollten Sie als Paar vorab klären

Wie sind bei uns die Arbeiten im Haushalt aufgeteilt?

Wer kauft ein? Wer kocht? Wer macht die Wäsche? Wer bügelt? Die Liste der Tätigkeiten in einem Haushalt ist lang. Kommen Kinder dazu, wird sie noch länger. Es muss mehr gewaschen werden. Überall liegt Spielzeug herum. Der Müll sollte schon rein aus Geruchsgründen öfter geleert werden. Die modernen Windeleimer sind zwar schon eine Erleichterung, aber dennoch.

Setzen Sie sich zusammen an den Küchentisch und überlegen Sie mal, wer was macht. Ganz unvoreingenommen. Überlegen Sie auch, wie viel Zeit welche Tätigkeit in Anspruch nimmt. Wenn Sie diese Liste erstellt haben, können Sie die nächste Frage angehen.

Empfindet jeder von uns diese Aufteilung als gerecht?

Die Zeiten, in denen der Mann zum Feierabend die Beine hochlegt und die Frau noch mit dem Staubsauger durchs Haus jagt, sind schon lange vorbei. Dennoch verfallen viele Paare in das traditionelle Rollenmuster, sobald das erste Kind da ist. Meist ist das ein langsamer, schleichender

Prozess und am Ende sagen beide:»Das hat sich so ergeben.« Wenn das für beide okay ist, ist alles bestens. Wenn einer von beiden oder beide nicht mit dem Modell zufrieden sind, sollten Sie es ändern. Machen Sie einen Plan und halten Sie sich daran. Sie werden sehen, nach ein paar Wochen sind Sie ein eingespieltes Team und brauchen keinen Plan mehr.

Das 5x5-System

Noch halten sich Sandra und ihr Partner an ihre Abmachungen, die sie vor der Geburt des gemeinsamen Sohn getroffen haben. Obgleich sie nicht viel Zeit hatten, sich schon vor der Schwangerschaft zu überlegen, wie sie die Aufteilung vornehmen würden. Der Nachwuchs war nicht geplant. Von Anfang an war aber klar, dass beide die Elternrollen gleichberechtig ausfüllen wollen. Eine große Inspiration war für Sandra das Buch»Lean In« von Sheryl Sandberg. Die Facebook-Geschäftsführerin beschreibt darin unter anderem ihre Ansichten rund um das Aufteilen der Kinderbetreuung. Für Sandra waren diese Ansichten so einleuchtend, dass daraufhin ihr»5x5-Schichtplan« entstand:

Fünf Mal pro Woche muss einer von beiden mit dem Sohn frühstücken, ihn anziehen und zur Kita bringen. Fünf Mal pro Woche muss er von der Kita abgeholt werden, steht die Runde über den Spielplatz an, muss das Abendessen vorbereitet und der Kleine ins Bett gebracht werden.

Das sind zehn Schichten pro Woche. Diese gilt es jedes Wochenende aufs Neue für die kommende Woche aufzuteilen.

Unabhängig davon übernimmt Sandras Partner die Einkäufe und das Kochen. Sandras Aufgabe ist es, die Wohnung in Ordnung zu halten und für die Wäsche zu sorgen. Einmal pro Woche kommt eine Putzhilfe, die die Grundreinigung übernimmt. Außerdem haben die beiden sich dafür entschieden, sich samstagsvormittags eine Babysitterin zu leisten, die den Kleinen dann für ein paar Stunden mit auf den Spielplatz nimmt. Zeit, die Sandra und ihr Partner entweder für dringende Erledigungen nutzen oder um einfach mal entspannt miteinander zu frühstücken.

Sind wir uns über das »Wie« im Haushalt einig?

Bisher war es kein Problem, wenn die Zahnpasta offen auf dem Waschbeckenrand lag. Auch die eine oder andere Staubmaus war nicht schlimm. Sobald Kinder da sind, kann sich das ändern. Insbesondere Frauen entwickeln einen Schmutzdetektor – zumindest aus Sicht der Männer. Männer hingegen lassen schon mal fünfe gerade sein, so das Empfinden vieler Frauen. Das ist sogar »wissenschaftlich« belegt. Eine Umfrage der Zeitschrift »Men's Health« ergab, dass Frauen sich am meisten darüber ärgern, wenn die Toilette nicht sauber ist, während nur jeder dritte Mann sich daran stört. Auf Platz zwei landet dreckiges Geschirr. Hierüber ärgern sich 72 Prozent der Frauen und nur 53 Prozent der Männer. Allerdings ärgern sich 51 Prozent der Männer über undichte und tropfende Müllbeutel, was nur 38 Prozent der Frauen ein Dorn im Auge ist.

Aber: Viele Männer wollen ihren Teil des Haushalts erledigen, allerdings so, wie sie es für richtig erachten. Wo wir wieder beim Thema »fünfe gerade sein lassen« wären. Und seien wir mal ehrlich: Anders ist nicht immer schlechter. Wichtig ist nur, dass Sie sich einig sind über den Grad der Ordnung und Sauberkeit. In den meisten Fällen ist das ein Kompromiss.

Wo kann Aufwand reduziert werden?

Konnten Sie ohne Kind nach der Arbeit immer noch mal schnell in den Supermarkt, wird das mit Kind schon schwieriger. Waren die Samstage immer frei und einem ausgiebigen Stadtbummel stand nichts im Weg? Auch das ändert sich. Abgesehen davon, dass sich mit Kindern so gut wie gar nichts mehr planen lässt und sie enorm viel Flexibilität erfordern. Es ist also essenziell wichtig, den Aufwand für eigentlich alles so gering wie möglich zu halten. Es muss nicht unbedingt jeden Tag gesaugt werden. Auch ist es sinnvoll, ein Mal pro Woche einen Großeinkauf zu erledigen.

Gibt es Aufgaben, die ich lieber mache als mein Partner/meine Partnerin?

Sobald Sie die Liste mit allen Aufgaben im Haushalt und der Kinderbetreuung erstellt haben, geht es an die Aufteilung. Wer von Ihnen kauft gerne Lebensmittel ein? Hat vielleicht einer von Ihnen eine Vorliebe für das Bügeln? Teilen Sie Aufgaben, die beide nicht gerne erledigen, nur für eine bestimmte Dauer zu und wechseln Sie dann wieder. Seien Sie offen für Neues: Vielleicht weckt ein Kochkurs plötzlich den Spaß am Kochen oder ein Haushaltskurs den Spaß am Fensterputzen.

Welche Aufgaben kann unser Kind schon übernehmen?

Je nachdem wie alt Ihre Kinder schon sind, können sie auch schon Aufgaben übernehmen: das saubere Besteck aus der Spülmaschine wegräumen, die eigenen Spielsachen an den angestammten Platz bringen, die Wäsche aufhängen, Müll heruntertragen und vieles mehr. Den meisten kleinen Kindern macht das sogar Spaß. Schwieriger wird es mit den Jugendlichen. Überflüssig zu erwähnen, dass es dazu in unserem deutschen Bürgerlichen Gesetzbuch (§ 1619 BGB) sogar einen Passus gibt. Demzufolge ist ein Kind, solange es bei den Eltern wohnt und von ihnen unterhalten wird, dazu verpflichtet, »in einer seinen Kräften und seiner Lebensstellung entsprechenden Weise den Eltern in ihrem Hauswesen und Geschäft Dienste« zu leisten. Bevor man jetzt aber als Eltern vor Gericht zieht, um das Recht bei den Kindern einzuklagen, ist es dann doch sinnvoller, die Aufgabenteilung gemeinsam auszuhandeln.

Der ultimative Wochenarbeitsplan für Haushalt, Kinder, Partnerschaft und Ich-Zeit

	Montag	Dienstag	Mittwoch	Donnerstag	Freitag	Samstag	Sonntag
Fixe Aufgaben							
Einkaufen							
Kochen							
Küche aufräumen							
Betten machen							
Badezimmer durchwischen							
Kind 1 in die Kita bringen							
Kind 2 Hausaufgaben checken							
Müll entsorgen							
Waschen							
Bügeln							
Zeit für mich							
Zeit für die Partnerschaft							
Außerplanmäßige Aufgaben							
Arztbesuch mit Kind 2							
Elternabend Kind 1							
Geburtstagseinladung							
....							

Oftmals kommen unerwartet Termine dazu, wie zum Beispiel nicht geplante Arztbesuche – mit Kindern keine Seltenheit. Am besten wird es also sein, alle fixen Aufgaben in eine Tabelle zu übernehmen und darunter ausreichend Platz für alle andern Termine zu lassen. Sie runzeln die Stirn? Sie meinen:»Wenn das nicht von alleine läuft, habe ich eh den falschen Partner!«? Zum Teil stimmt das vielleicht. Aber je sachlicher Sie an diese Themen herangehen und je mehr beide Seiten ihre Bedürfnisse kommunizieren, desto geringer ist das Konfliktpotenzial.

Welche Aufgaben können und wollen wir an Dritte delegieren?

Wer Beruf und Familie vereinbaren will, braucht externe Hilfe. Die Kinder können sich nicht selbst betreuen – auch wenn sie ab einem gewissen Alter selbst durchaus der Meinung sind, dass sie es könnten. Ebenso wie der Haushalt sich nicht von alleine macht oder Reparaturen im Haus sich von alleine erledigen. Während es mittlerweile fast von allen akzeptiert wird, dass Kinder schon in ganz jungen Jahren in die»Fremdbetreuung« gegeben werden, sieht es bei der Einstellung gegenüber kostenpflichtigen haushaltsnahen Dienstleistungen ganz anders aus. Noch immer haben knapp 50 Prozent der Menschen ein schlechtes Gewissen, wenn sie eine Haushaltshilfe in Anspruch nehmen, wenn sie die Tätigkeiten auch selbst ausführen könnten. So das Ergebnis einer Untersuchung aus dem Jahr 2011.

Wenn Sie aber Beruf und Familie vereinbaren wollen ohne ein Leben im Dauerlauf, wenn auch Sie mal Zeit für sich oder den Partner beziehungsweise die Partnerin haben wollen, dann sollten Sie sich von dem schlechten Gewissen befreien. Sehen Sie sich als Arbeitgeber. Sie ermöglichen es einer anderen Person, Geld zu verdienen und sogar Rentenansprüche zu erwerben.

Insbesondere wenn es um Aufgaben im Haushalt geht, die von anderen als Sie selbst erledigt werden können, gibt es eine ganze Reihe von Angeboten von Seiten der Arbeitgeber. Einige arbeiten mit Familienservice-Agenturen zusammen, die für ihre Angestellten Putzhilfen, Gärtner, Hundesitter und vieles mehr vermitteln. Die Vermittlungsgebühr wird dann in aller Regel vom Arbeitgeber übernommen. Die Leistungen müssen Sie allerdings bezahlen.

Vereinbarkeit von Beruf und Privatleben ist der DZ-Bank viel wert

„Wir wollen unseren Mitarbeitern stets die Rahmenbedingungen bieten, die den veränderten Anforderungen an Alters- und Familienstrukturen gerecht werden", sagt Oliver Best, Bereichsleiter Personal der DZ-Bank. In jeder Lebenslage sollen die Beschäftigten der DZ-Bank Beruf und Privatleben bestmöglich miteinander verbinden können. Vor diesem Hintergrund wurden im Jahr 2015 acht Leitsätze zur flexiblen und familienbewussten Arbeitszeitgestaltung verabschiedet, die Regelungen und Erwartungen beider Seiten im Umgang mit flexiblen Arbeitszeiten verbindlich festlegen. Denn Flexibilität trägt dazu bei, die Zufriedenheit und Leistungsbereitschaft insbesondere von Eltern und pflegenden Mitarbeitern langfristig zu sichern.

Flexible Arbeitszeit- und Teilzeitmodelle Zusätzlich zu einer flexiblen Arbeitszeit haben die Beschäftigten die Möglichkeit, verschiedene Teilzeitmodelle und Telearbeit zu nutzen. Im Jahr 2016 waren 18,6 Prozent der Mitarbeiter teilzeitbeschäftigt, 12 Prozent arbeiteten zumindest zeitweise per Telearbeit von zu Hause. Überdies befanden sich im Jahresverlauf 2016 insgesamt 275 Mitarbeiter in Elternzeit, darunter 161 Frauen und 114 Männer. Weitere Möglichkeiten wie Altersteilzeit und Sabbaticals sind in innerbetrieblichen Vereinbarungen geregelt.

Eine eigene Kita Damit die Beschäftigten Beruf und Familie in der Balance halten können, unterstützt die Bank sie bei der Suche nach einem geeigneten Krippen- und Kindergartenplatz und zahlt einen Betreuungskostenzuschuss. Auch für unvorhergesehene Betreuungsengpässe bietet sie eine Lösung: An bis zu zehn Tagen im Jahr können Eltern ihre Kinder kurzfristig bei einem kooperierenden Dienstleister betreuen lassen. Zudem wurden an fünf Standorten Eltern-Kind-Büros eingerichtet. Darüber hinaus können Mitarbeiter auch einen Conciergedienst beauftragen, der beispielsweise Botengänge erledigt oder Handwerker vermittelt. Seit 2016 erweitert die neue DZ-Bank-eigene Kindertagesstätte (Kita) am

Standort Frankfurt das Angebot. Die insgesamt 45 Plätze der Einrichtung sind mit Kindern im Alter von elf Monaten bis sechs Jahren belegt.

Unterstützung für Pflegende Ein großes Thema ist auch die Pflege von Angehörigen. Mitarbeiter mit Pflegeaufgaben können ein von der DZ-Bank und anderen Frankfurter Unternehmen gefördertes Seminar im Bereich Heim- und Altenpflege besuchen oder entsprechende Beratungs- und Unterstützungsangebote eines externen Kooperationspartners wahrnehmen, zum Beispiel die Vermittlung von Pflegekräften. Ist ein Familienangehöriger pflegebedürftig, können sich Mitarbeiter bis zu sechs Monate unbezahlt von der Arbeit freistellen lassen. Dies ist auch kurzfristig bis zu zehn Tagen möglich, um bei Eintritt eines unerwarteten Pflegefalls in der Familie eine bedarfsgerechte Pflege zu organisieren.

Tipp
Wenn Sie die Haushaltshilfe bei der Minijobzentrale anmelden, können Sie diese steuerlich geltend machen. Denn die Beschäftigung von Minijobbern im Privathaushalt wird vom Gesetzgeber finanziell gefördert. Steuerpflichtige können 20 Prozent der gesamten Ausgaben – maximal 510 Euro im Jahr – von der Steuer absetzen. Hinzu kommt, wer seine Haushaltshilfe nicht anmeldet, riskiert ein Bußgeld von bis zu 5 000 Euro. Weitere Informationen sowie das Anmeldeformular finden Sie unter www.minijob-zentrale.de.

Gutschein für haushaltsnahe Dienstleistungen

Das Bundesministerium für Familie, Senioren, Frauen und Jugend, das Ministerium für Wirtschaft, Arbeit und Wohnungsbau Baden-Württemberg, die Regionaldirektion Baden-Württemberg der Bundesagentur für Arbeit und die Stiftung Diakonie Württemberg haben Ende März 2017 gemeinsam das Pilotprojekt»Gutscheine für haushaltsnahe Dienstleistungen« gestartet. Das obergeordnete Ziel ist die bessere Vereinbarkeit von Familie und Beruf.

Fachkräfte sollen mit dem Gutschein dabei unterstützt werden, ihre Arbeitszeiten, aber gleichzeitig auch ihre eigene Absicherung zu erhöhen. Denn es macht einen sehr großen Unterschied für die spätere Rente, ob eine Fachkraft nur 15 Stunden arbeitet oder 20 oder 30. Je mehr sie arbeitet, desto höher sind ihre Rentenpunkte. Gleichzeitig sollen aber auch die Personen, die bereits in der Hauswirtschaft tätig sind, aus der Grauzone beziehungsweise der Schwarzarbeit geholt und in eine sozialversicherungspflichtige Anstellung gebracht werden.

Einen Anspruch auf den Gutschein haben Wiedereinsteigende, Arbeitslose oder Arbeitssuchende mit Familienaufgaben, die anstatt der üblichen 15 bis 20 Wochenstunden eine Beschäftigung mit mindestens 25 bis 30 Wochenstunden aufnehmen möchten, aber auch Berufstätige, die wegen Betreuungs- und Pflegeaufgaben ihre Arbeitszeit auf unter 25 bis 30 Stunden reduziert haben und jetzt wieder auf mindestens 30 Stunden erhöhen möchten. Allerdings müssen die Antragstellerinnen und -steller im Landkreis Heilbronn oder Aalen wohnen, da nur diese Regionen für das Modellprojekt ausgewählt wurden.

Beantragt werden können die Gutscheine bei den jeweiligen Agenturen für Arbeit in Heilbronn und Aalen.

Tipps für Alleinerziehende
Auch und ganz besonders als Alleinerziehende oder auch Alleinerziehender muss man sich überlegen:»Wie organisiere ich meine 24 Stunden, um sowohl den Kindern als auch dem Job gerecht zu werden?« Alleinerziehende sind dabei in aller Regel noch mehr auf die Unterstützung von außen angewiesen als Eltern, die als Paar ihre Kinder erziehen. Da gibt es die Mutter, die Unterstützung durch die Patenonkel des Sohnes bekommt. Den Vater, der einen Teil seiner Arbeit im Homeoffice erledigen kann. Oder die Eltern, die sich trotz oder gerade wegen der Trennung gleichberechtigt um den Nachwuchs kümmern und ein Wechselmodell leben, in dem die Kinder die Hälfte der Zeit bei der Mutter und die andere beim Vater verbringen.

Freunde hat man, Familie sucht man sich
So oder so ähnlich handhabt es Kerstin. Die 38-jährige alleinerziehende Mutter aus Berlin ist Geschäftsführerin eines Musiklabels und hat je nach Projektintensität eine 40- bis 50-Stundenwoche. Das alleine, ohne Unter-

stützung von außen, zu managen ist nicht möglich. Hinzu kommt, dass der leibliche Vater ihres Sohns Max nicht in Deutschland lebt. Weder unterstützt er sie im Alltag, noch in den Ferienzeiten, noch zahlt er Unterhalt.

In den ersten vier Jahren, in denen Kerstin alleinerziehend war, hatte sie wenig Unterstützung und war beruflich sehr gefordert. Diese Jahre waren hart. »Es war schwierig, das Ganze mit einem kleinen Kind und quasi allein durchzustehen. Ich hatte zeitweise mit Depressionen zu kämpfen, die ich nur durch eine gute Therapie in den Griff bekam.« Kerstin hat aber einen ganz eigenen Weg gefunden, um sich sowohl ihrem Job widmen zu können, als auch die Betreuung von Max bestmöglich zu gestalten. Für den Haushalt leistet sie sich mittlerweile einmal pro Woche eine Putzhilfe und für die Betreuung von Max hat sie sich »Familie« gesucht. »Wir leben glücklicherweise ein erweitertes Familienkonzept«, erzählt sie. In Max' und ihrem Leben gibt es gleich mehrere Patenonkel, die sich die Betreuung von Max mit Kerstin teilen. Jeweils Montag und Mittwoch sind Patenonkel-Tage. Ein Patenonkel holt ihn montags vom Hort ab und gemeinsam verbringen sie die Zeit, bis Kerstin nach Hause kommt. Mittwochs sind es zwei weitere Patenonkel, die sich rührend um Max kümmern – ein schwules Paar, das gerne eigene Kinder gehabt hätte, aber aufgrund des bisherigen deutschen Adoptionsgesetzes keine adoptieren durfte. An den anderen Tagen in der Woche holt Kerstin Max ab. Was aber bedeutet, dass sie sich abends noch mal an den Schreibtisch setzen muss, um ihr Arbeitspensum erledigt zu bekommen.

Muss Kerstin auf Geschäftsreise oder steht eine Abendveranstaltung an, teilen sich die drei Patenonkel die Betreuungszeit untereinander auf – je nachdem, bei wem es besser passt. Aber auch die Familie der besten Freundin von Max oder die Familien anderer Freunde und Freundinnen helfen aus. Das Gleiche gilt, wenn Kerstin mal krank ist. Das Netzwerk ist groß und immer jemand zur Stelle. Ist aber der Kleine krank, betreut Kerstin ihn. Anstehende Termine werden abgesagt, verschoben oder delegiert. Alles wird so koordiniert und geregelt, dass Max in Ruhe gesund werden kann.

»Aus eigener Erfahrung rate ich allen Eltern – nicht nur Alleinerziehenden, aber denen besonders –, die Kinder frühzeitig daran zu gewöhnen, woanders zu übernachten und andere Bezugspersonen anzunehmen. Große Netzwerke aus Menschen, denen das Kind beziehungsweise die Kinder vertrauen, können ein gutes Auffangnetz darstellen. Damit erleichtert man sich das Leben ungemein und baut sich ein Fundament für später. Das alles kann zwar Sozialstress bedeuten und viel Kommunikation, die erstmal erschöpfend und ermüdend sein kann, aber langfristig lohnt es sich«, rät Kerstin.

Noch funktioniert das Betreuungsmodell – auch in den Ferien. »Noch kann Max während der Ferien in die Hortbetreuung oder meine Eltern oder die Patenonkel nehmen ihn mit in Urlaub. Die Hortbetreuung wird aber nur bis zur vierten Klasse angeboten. Danach müssen wir sehen«, so Kerstin.

Kinderbetreuung: Darauf kommt es an

Sobald sich Nachwuchs ankündigt, steht sie im Raum – die große Frage nach der richtigen Betreuung für das Kind. Wer nimmt wann Elternzeit? Ab wann soll das Kind außer Haus betreut werden? Können die Großeltern eingespannt werden oder doch lieber ein Au-pair? Denn nur wenn Sie als Eltern das Gefühl haben, dass Ihr Kind gut betreut ist, können Sie sich ganz auf die Arbeit konzentrieren. Das hilft auch beim Bewerbungsgespräch, wie Sie weiter hinten im Buch noch feststellen werden.

Laut Kinderförderungsgesetz (KiföG) hat jedes Kind einen Rechtsanspruch auf frühkindliche Förderung in einer Tageseinrichtung. Eltern, die erwerbstätig sind oder eine Erwerbstätigkeit aufnehmen wollen, haben für ihre Kinder den Anspruch auf Förderung in einer Einrichtung oder in der Kindertagespflege. Einen Anspruch, den sie gegenüber ihrer Kommune geltend machen und sogar einklagen können. Auch wenn die Kleinen noch unter einem Jahr alt sind (siehe »Recht auf einen Kitaplatz – Was sagt das Gesetz?«). Aber trotz alledem und trotz des massiven Ausbaus von Betreuungseinrichtungen – zumindest mancherorts – ist es nicht immer einfach, einen Betreuungsplatz zu finden. Die Nachfrage nach einer guten und bezahlbaren Kinderbetreuung ist groß. So stieg die Zahl der Kinder unter drei Jahren, die 2017 in einer Kindertageseinrichtung oder von einer Tagesmutter betreut wurden, im Vergleich zum Vorjahr um 5,7 Prozent auf knapp 763 000 Kinder. Umso wichtiger also, sich genau zu überlegen, wie die Betreuung aussehen soll.

Checkliste: Diese Fragen sollten Sie sich stellen

- Wer nimmt Elternzeit?
- Wie soll das Kind betreut werden?
- Wie viel Geld steht Ihnen für die Kinderbetreuung zur Verfügung?
- Wo soll das Kind betreut werden? Zu Hause? Außerhalb der eigenen vier Wände, aber in der Nähe des Wohnortes? Außerhalb der eigenen vier Wände, aber in der Nähe des Arbeitgebers?
- Welche Anforderungen haben Sie an die Förderung durch die Kinderbetreuung?
- Welche Betreuungszeiten müssen abgedeckt werden?
- Wie regeln Sie die Kinderbetreuung während der Ferienzeiten?
- Wie wird das Kind betreut, wenn es krank ist?
- Wer kann das Kind in einem Notfall aus der Kita oder der Schule abholen?
- Wer betreut Ihr Kind, wenn Sie auf Dienstreisen sind?

Wer nimmt wann Elternzeit?

Eine nicht ganz einfach zu beantwortende Frage. Denn je länger man aus dem Job aussteigt, desto größer können die Karriereeinbußen sein. Bei Vätern gilt alles, was mehr als zwei Monate überschreitet, schon als »länger«. Zwar gibt es bereits Unternehmen, die Väter sogar ermutigen, in Elternzeit zu gehen, aber noch sind diese rar. Eines dieser Unternehmen ist Bosch. Wer hier als Vater, aber natürlich auch als Mutter, längere Zeit in Elternzeit geht, kann sich dies als einen Karrierebaustein anrechnen lassen, ähnlich einem Auslandsaufenthalt. Ein anderes ist die Datev. Väterförderung ist hier an der Tagesordnung. Keiner muss hier befürchten, mit dem Antrag auf Elternzeit seine Karriere aufs Spiel zu setzen.

Als Vater zwölf Monate in Elternzeit

Volker hatte im Unternehmen immer gesagt, dass er in Elternzeit gehen würde, wenn das zweite Kind da ist. »Alle haben mich groß angeschaut. Und wollten es nicht so ganz glauben«, erzählt er. Als es dann aber soweit war, waren alle ganz begeistert – auch seine Junior-Chefin. Zwar hat sie keine eigenen Kinder, aber viele Freunde und Bekannte, die ebenfalls in Elternzeit gegangen sind. Für sie war es daher kein Problem, die beantragten zwölf Monate Elternzeit zu genehmigen. Sogar die erste Reaktion des Senior-Chefs war positiv. Sein Kommentar:»Das bekommen wir hin!« Volker arbeitet als Wirtschaftsprüfer. Ein Job, der mit viel Außendienst verbunden ist. Weil er aber schon immer wusste, dass er Familie haben und dann auch Zeit mit den Kindern verbringen wollte, hat er schon lange, bevor der Nachwuchs da war, das Thema Familienplanung von sich aus in den Vorstellungsgesprächen angesprochen. Sein jetziger Arbeitgeber hatte ihm von Anfang an signalisiert, dass es ihm egal wäre, wann er arbeitet. Hauptsache die Arbeit wird erledigt.

»Ein Glücksfall«, ist sich Volker sicher.»Man hört oft, dass Mütter oder Väter, die in Elternzeit gehen, von ihren Vorgesetzten und Arbeitgebern nicht mehr ernst genommen werden. Dass ihnen verantwortliche Aufgaben entzogen oder sie in ein kleineres Büro gesetzt werden. Bei mir war das gerade umgekehrt. Ich habe auch ein anderes Büro bekommen. Aber das war größer, und ich habe einen schnelleren Rechner. Für mich war dies das Signal»Wir rechnen weiter mit dir!« Dass Väter in Deutschland durchschnittlich nur rund zweieinhalb Monate Elternzeit nehmen, hat ihn nicht interessiert.»Mir ist egal, was die Statistiken sagen. Auch was andere machen oder irgendwelche Rollenbilder. Wir haben einfach bei null angefangen, uns mit einem weißen Blatt Papier hingesetzt und uns eine Lösung überlegt.« Man müsse aber auch an den Arbeitgeber denken. Das Wichtigste sei es immer, offen zu kommunizieren und nicht alles durch die juristische Brille zu sehen.»Frauen genießen ab dem ersten Tag der Feststellung der Schwangerschaft Kündigungsschutz. Den Arbeitgeber lange in Unkenntnis zu lassen, hält er für keine gute Art. Auch der Arbeitgeber brauche Zeit, um eine Lösung zu finden.

Wie soll das Kind betreut werden?

Als Eltern haben Sie viele verschiedene Möglichkeiten, den eigenen Nachwuchs betreuen zu lassen. Angefangen bei der Tagesmutter oder dem Tagesvater über das Au-pair bis hin zur Betreuung in der firmeneigenen Kita. Wofür Sie sich entscheiden, hängt auch hier wieder ganz von Ihnen ab: davon wie alt Ihr Kind ist, wenn es in die Betreuung gehen soll; ob Sie es zu Hause, wohnortnah oder lieber in der Nähe Ihres Arbeitsplatzes betreut haben wollen. Aber auch Ihre und die Arbeitszeiten Ihres Partners oder Ihrer Partnerin sind entscheidend, wenn es darum geht, Ihr Modell und den dazu passenden familienbewussten Arbeitgeber zu finden. Wenn Sie es so einrichten können, dass einer die Kinder in die Betreuung bringt und der andere den Abholdienst übernimmt, macht das die Vereinbarkeit schon um einiges einfacher. Dafür benötigen Sie aber morgens flexible Arbeitszeiten und für die Abholung eher verlässliche. Da darf dann nicht plötzlich noch etwas erledigt werden müssen, und die Besprechungen müssen auch pünktlich zu Ende sein.

Wie viel Geld steht Ihnen für die Kinderbetreuung zur Verfügung?

Die Kosten für eine Kinderbetreuung variieren von kostenfreier Kita bis zu einem Gehalt für eine Nanny.

Wo soll das Kind betreut werden?

Zu Hause

Es gibt viele Gründe, warum ein Kind zu Hause betreut werden soll:

- Das Kind kann morgens in aller Ruhe aufwachen und in den Tag starten. Es muss nicht mit den Eltern gemeinsam das Haus verlassen.
- Die Eingewöhnung in eine fremde Umgebung entfällt.
- Je nach Absprache mit der Betreuungsperson haben Sie mehr Flexibilität, um auch mal später nach Hause zu kommen. Das Kind muss nirgends abgeholt werden.

Wenn Sie Ihren Nachwuchs zu Hause betreuen lassen wollen, haben Sie mehrere Möglichkeiten, die wiederum verschiedene Grade der Flexibilität bieten. Die größte Flexibilität bietet eine Kinderfrau. Diese Variante ist aber auch die teuerste. Preiswerter wäre ein Au-pair. Dieses sollte allerdings nicht mehr als sechs Stunden am Tag arbeiten. In Kombination mit einer Kita bietet diese Variante aber auch wieder viel Flexibilität.

Oder wie wäre es mit Leihgroßeltern, die regelmäßig zu Ihnen kommen können? Es gibt mittlerweile viele Unternehmen, die einen Familienservice anbieten, der bei der Suche nach der passenden Betreuungsperson unterstützt.

Außerhalb der eigenen vier Wände, aber in der Nähe des Wohnorts?

Es kann durchaus sinnvoll sein, das Kind in der Nähe des Wohnortes betreuen zu lassen. Dafür spricht:

* Ihr Kind kann Freundschaften mit anderen Kindern aus der näheren Umgebung schließen und auch mal zum Spielen dorthin gehen.
* Wenn Sie mal länger arbeiten, kann es mit zu Freunden gehen. Sollten Sie regelmäßig länger arbeiten, kann Ihr Kind vom Babysitter oder einer Kinderfrau abgeholt werden und bei Ihnen zu Hause weiter betreut werden.
* Kommt das Kind in die Schule, ist diese in aller Regel wohnortnah. Ihr Kind kennt dann schon andere Kinder und der Übertritt wird etwas einfacher.

Auch bei der Suche nach einem Kitaplatz oder einem Platz im Hort kann ein Familienservice unterstützen. Gut, wenn Ihr potenzieller Arbeitgeber einen Rahmenvertrag mit einem solchen hat. Vielleicht hat Ihr (potenzieller) Arbeitgeber aber auch Belegplätze in einer Kita in der Nähe Ihres Wohnortes. Fragen lohnt sich! Abgesehen davon: Was nicht ist, kann ja noch werden.

Außerhalb der eigenen vier Wände, aber in der Nähe des Arbeitgebers?

Den eigenen Nachwuchs in der Nähe des Arbeitgebers unterzubringen kann aber auch Vorteile haben:

* Sollte mal etwas passieren, sind Sie gleich um die Ecke.
* Sie haben auf der Fahrt hin und zurück Zeit für einander.

- Sie müssen keinen Umweg über die Kita machen. Das spart Zeit.
- Oftmals sind die Öffnungszeiten von Betriebskindergärten eher geeignet für berufstätige Eltern

Nur etwa 2,1 Prozent der Unternehmen bieten eine betriebliche Kinderbetreuung. Die Wahrscheinlichkeit, auf so ein Unternehmen zu treffen ist also schon mal ziemlich gering. Wenn Ihr potenzieller Arbeitgeber das aber bieten soll, gibt es auch hier sehr unterschiedliche Modelle:

- Betriebskinderkrippe,
- Betriebskindergarten,
- Belegplätze in einer Kita in unmittelbarer Nähe,
- Minikita (zum Beispiel in Kooperation mit anderen Unternehmen aus der Umgebung),
- Betreuung durch eine Tagesmutter/einen Tagesvater in den Räumlichkeiten des Arbeitgebers,
- sogar Arbeitgeber, die Studenten einstellen, die dann nachmittags mit den Kindern die Hausaufgaben machen, gibt es.

Welche Anforderungen haben Sie an die Förderung durch die Kinderbetreuung?

- Soll die Tagespflegeperson eine pädagogische Ausbildung haben?
- Sollen besondere Förderprogramme angeboten werden? Wenn ja, welche?
- Soll die Betreuung bilingual sein?
- Wie viele Kinder sollen maximal betreut werden?

Welche Betreuungszeiten müssen abgedeckt werden?

Die meisten Kindertagesstätten haben starre Öffnungszeiten, die nicht immer mit den Arbeitszeiten übereinstimmen. Was machen Sie, wenn die Besprechung länger dauert? Wenn Mehrarbeit ansteht?

Je starrer die Betreuungszeiten, desto flexibler müssen der Arbeitgeber und die Kollegen sein. Das gilt auch für die Ferienzeiten der Kindertagesstätten beziehungsweise für den Urlaub der Tagespflegeperson oder Kinderfrau. Nimmt Ihr zukünftiger Arbeitgeber bei der Bewilligung von Urlaub darauf Rücksicht?

Soll Ihr Kind in der Betreuung frühstücken und zu Mittag essen?

Kann das Kind mittags warm essen, erleichtert das für Sie einiges. Wenn nicht, gibt es Arbeitgeber, die in der Kantine einen »Mittagstisch zum Mitnehmen« anbieten.

Auch wenn die Kleinen in der Betreuung ein Frühstück bekommen, ist dies eine enorme Erleichterung. Sie sparen Zeit und in vielen Fällen auch Nerven. Denn Kinder essen in der Gemeinschaft einfach besser. Gibt es kein gemeinsames Frühstück in der Kita, ist es umso wichtiger, dass Sie keine starren Arbeitszeiten haben beziehungsweise Kollegen, die gelegentlich ein paar Minuten kompensieren können.

Wie regeln wir die Kinderbetreuung während der Ferienzeiten?

Können die Kinder von Ihren Großeltern, Verwandten, Freunden oder vielleicht sogar den Nachbarn betreut werden? Können und wollen Sie und Ihr Partner/Ihre Partnerin sich die Ferienzeiten untereinander aufteilen?

Wenn Sie diese Frage überwiegend mit »Nein« beantworten, sollten Sie nach einem Arbeitgeber Ausschau halten, der eine Ferienbetreuung bietet oder eine Kooperation mit einem Anbieter von Ferienbetreuung hat.

Wie wird das Kind betreut, wenn es krank ist?

Haben Sie ein Netzwerk, das Sie flexibel unterstützen kann? Zum Beispiel die Großeltern, Verwandte, Freunde oder Babysitter?

Kann niemand Sie unterstützen, gibt es von Seiten eines Arbeitgebers diverse Möglichkeiten:

- das Angebot des Homeoffices,
- zusätzliche freie Tage (über die gesetzlich vorgeschriebenen zehn Tage hinaus) für den Vater oder die Mutter des kranken Kindes,
- Notfallbetreuung,
- Eltern-Kind-Zimmer (sollte nur genutzt werden, wenn das Kind zwar nicht mehr krank ist, aber noch nicht fit genug für die Kita beziehungsweise Schule ist).

Wer kann das Kind in einem Notfall aus der Kita oder der Schule abholen?

Auch in solch einem Fall ist es sehr hilfreich, ein Netzwerk zu haben, auf das man zurückgreifen kann. Aber wie das in einem Notfall nun mal gerne so ist: wenn er eintritt, dann richtig. Niemand ist erreichbar oder hat Zeit.

Bietet Ihr Arbeitgeber flexible Arbeitszeiten, ist das sehr hilfreich. Ist die Unternehmenskultur dann auch noch so familienbewusst, dass (fast) jeder Verständnis dafür hat, haben Sie einen Volltreffer gelandet.

Wer betreut Ihr Kind, wenn Sie auf Dienstreisen sind?

Die Kinderbetreuung inklusive einer Übernachtung zu organisieren ist die ganz hohe Schule der Vereinbarkeitsorganisation. Zwar gibt es schon die ersten Kitas, die auch eine Übernachtung anbieten. Diese sind aber noch sehr rar gesät. Hier ein Unternehmen zu finden, dass Sie dabei unterstützen kann, ist kaum möglich. Sollten Sie also einen Job anstreben oder bereits haben, der mit Reisetätigkeiten verbunden ist, ist es umso wichtiger, die Wochen detailliert mit dem Partner/der Partnerin abzusprechen. Je nach Betreuungsform ist auch in diesem Fall ein Netzwerk aus Familie und Freunden unverzichtbar. Haben Sie sich für ein Au-pair entschieden, kann dieses die Betreuung mal übernehmen. Haben Sie sich für eine Tagesmutter entschieden, kann Ihr Kind vielleicht auch mal bei ihr übernachten. Klären Sie dies aber am besten im Vorfeld.

Die verschiedenen Möglichkeiten der Kinderbetreuung

Schwester, Bruder oder Oma auf Zeit – Au-pair oder Au-pair-Oma

Au-pair-Jungs oder Au-pair-Mädchen sind in aller Regel junge Erwachsene, die gegen Kost, Logis und ein Taschengeld von circa 260 Euro pro Monat bei einer Gastfamilie im Ausland tätig sind, um im Gegenzug die Sprache und Kultur des jeweiligen Gastlandes kennen zu lernen. Au-pairs bleiben meist ein Jahr und sind nicht älter als 24 Jahre. Etwas anders verhält es sich selbstverständlich mit Au-pair-Omas. Je nach Vermittlungsagentur sind diese Au-pairs nicht unbedingt 50 oder tatsächlich Omas. Die Agentur »Granny-AuPair« zum Beispiel vermittelt auch jüngere, lebenserfahrene Frauen. Die Hauptaufgabe für beide, sowohl Au-pair-Jungs und -Mädchen als auch Au-pair-Omas ist die Betreuung der Kinder, aber auch die Übernahme leichter Hausarbeiten, nicht aber des gesamten Haushaltes.

Grundvoraussetzungen für die Aufnahme eines Au-pairs sind:

- ein eigenes Zimmer und freie Verpflegung,
- circa 260 Euro Taschengeld pro Monat,
- bezahlter Urlaub: bei Aufenthalten von zwölf Monaten vier Wochen, bei kürzeren Aufenthalten entsprechend weniger,
- Übernahme der Kosten für einen Sprachkurs durch die Gasteltern (maximal werden die Kosten für einen VHS-Kurs in der Nähe übernommen sowie die Fahrten dorthin),
- Unfall- und Krankenversicherung,
- Kündigungsschutz: Falls das Au-pair-Verhältnis aus welchen Gründen auch immer aufgelöst werden muss, haben beide Parteien eine Kündigungsfrist von 14 Tagen einzuhalten, in denen alle Pflichten und Rechte weiter gelten,
- in Ihrem Haushalt muss mindestens ein Kind unter 18 Jahren leben.
- mindestens ein Elternteil muss die deutsche beziehungsweise eine EU-Staatsbürgerschaft haben,

- in Ihrem Haushalt wird deutsch gesprochen,
- Sie haben eine andere Nationalität als das Au-pair,
- eine Monatskarte muss gezahlt werden.

Alles in allem kostet ein Au-pair etwa 500 Euro pro Monat. Bei 120 Stunden Kinderbetreuung ist das ein Stundenlohn von 4,16 Euro, der auch noch steuerlich absetzbar ist. Andererseits wird die private Betreuung durch eine Tagesmutter oder einen Tagesvater einkommensunabhängig vom Staat gefördert oder sogar komplett bezahlt, so dass dies eventuell finanziell günstiger kommt (siehe »Tagesmutter/Tagesvater«).

Kinderfrau, Kindermädchen oder Nanny

Viele Begriffe, eine Bedeutung: Eine Kinderfrau (oder Kindermädchen oder Nanny) ist eine Angestellte im Haushalt, die sich um die Kinder, deren Betreuung, Pflege und Erziehung kümmert, aber auch schulische Angelegenheiten begleitet. Wie das Au-pair übernimmt auch die Kinderfrau in aller Regel leichtere Haushaltstätigkeiten wie das Kochen oder die Wäsche. Oftmals wohnt die Kinderfrau sogar mit im Haus der Arbeitgeber. Das muss aber nicht sein.

Für eine Kinderfrau gelten die üblichen arbeits- und sozialrechtlichen Bestimmungen. Das heißt:

- Wird die Kinderfrau als Minijobberin eingestellt, erfolgt die Anmeldung über die Minijobzentrale (siehe Seite 57) der Deutschen Rentenversicherung Knappschaft-Bahn-See.
- Liegt das regelmäßige monatliche Arbeitsentgelt zwischen 450 und 850 Euro, gelten die Regelungen für Beschäftigungsverhältnisse mit einem Arbeitsentgelt in der Gleitzone (siehe www.kbs.de).

Die Kosten für eine Kinderfrau sind nicht unerheblich. Je nach Region liegt der Stundensatz zwischen 10 und 50 Euro. Wer sich eine Kinderfrau nicht in Vollzeit leisten kann oder will, kann aber zum Beispiel die Betreuung in der Kita durch eine Kinderfrau ergänzen.

Die etwas anderen Großeltern – Leihoma oder Leihopa

Seit einigen Jahren gibt es Agenturen, die Leihgroßeltern vermitteln. Eine echte Win-Win-Situation sowohl für die Familien, weil diese wertvolle Unterstützung erfahren, als auch für die Leihgroßeltern, weil sie noch voll am Leben teilhaben können. Das Verhältnis der Familie zur Leihoma oder zum Leihopa ist oftmals ein anderes als bei der professionellen Kinderbetreuung. Viele Leihgroßeltern wollen Teil der Familie sein. Sie unterscheiden sich dann nur wenig von Au-pair-Omas, die auch Teil der Familie sind, aber in aller Regel darüber hinaus im selben Haus oder derselben Wohnung wohnen und somit die meiste Zeit anwesend sind. Ein Vorteil, den Leihomas gegenüber Au-pair-Omas haben, ist, dass mit einer Leihoma ein langfristigeres Verhältnis aufgebaut werden kann.

Was Leihgroßelternteile leisten, ist sehr unterschiedlich – das Angebot reicht von reiner Kinderbetreuung bis hin zur zusätzlichen Unterstützung im Haushalt – von wenigen Stunden einmal pro Woche bis hin zu mehreren Stunden täglich. Von regelmäßig bis flexibel oder sporadisch. Das hängt sehr von der einzelnen Person ab.

Auch die Kosten für die Betreuung durch eine Leihoma oder einen Leihopa sind sehr unterschiedlich. Manche Agenturen vermitteln sie als ehrenamtliche Helfer, andere setzen einen Stundenlohn zwischen Mindestlohn und circa 12 Euro an.

Tagesmutter/Tagesvater

In den meisten Fällen betreut eine Tagespflegeperson Ihr Kind in ihren eigenen vier Wänden. Es gibt aber auch Tageseltern, die in anderen geeigneten Räumen die Kinder betreuen. Hinsichtlich der fachlichen, persönlichen und gesundheitlichen Eignung gibt es auch in Bezug auf die Tagesmutter/den Tagesvater und auf die Anforderungen an die Räumlichkeiten für die Betreuung gesetzliche Regelungen. Die einzelnen Gesetze unterscheiden sich allerdings von Bundesland zu Bundesland. Über alle Bundesländer einheitlich geregelt ist, dass die Tagespflegeperson über eine pädagogische Qualifizierung und einen Erste-Hilfe-Kurs für Kinder verfügen und jährlich an Fortbildungen teilnehmen muss.

Es ist nicht immer einfach, eine geeignete Tagesmutter oder einen geeigneten Tagesvater zu finden. Bei der Suche können Sie sich an die Jugendämter an Ihrem Wohnort oder die von Jugendämtern beauftrage freie Träger, wie zum Beispiel Tageselternvereine, wenden.

Großtagespflege

Schließen sich zwei bis drei Tagesmütter oder auch -väter zusammen spricht man von der Großtagespflege. Der Gesetzgeber schreibt vor, dass sechs bis maximal zehn Kinder in eigens dafür angemieteten Räumen oder in nicht privat genutzten Räumen betreut werden dürfen.

Krippe

Kinderkrippen sind eine Unterform der Kindertagesstätten, in denen Kinder bis zum vollendeten dritten Lebensjahr betreut werden. Die meisten Krippen nehmen Babys ab einem Alter von einem Jahr auf, einige auch ab drei Monaten. Da die Kleinsten einer besonders intensiven Pflege, Stimulation und Zuwendung bedürfen, ist der Betreuungsschlüssel (Betreuerin pro Anzahl Kinder) besonders hoch. In aller Regel kommt je nach Bundesland auf drei (Bremen) bis maximal sechs Kinder (Mecklenburg-Vorpommern) eine Betreuungsperson.

Kindergarten

Auch die Kindergärten fallen unter den Sammelbegriff »Kindertagesstätten«. Hier werden die Kinder ab drei Jahren bis zum Schuleintritt betreut. Das Angebot in den Kindergärten ist sehr unterschiedlich. Manche bieten eine bilinguale Betreuung, andere fördern die Kinder gezielt im Bereich Naturwissenschaften oder Musik.

Der Betreuungsschlüssel für diese Altersklasse variiert von einer Betreuungsperson für neun (Berlin) bis zu 16 (Mecklenburg-Vorpommern) Kinder.

Was sagt das Gesetz? – Recht auf einen Kitaplatz

Seit dem 1. August 2013 haben alle Kinder im Alter ab einem Jahr und bis zur Einschulung einen Rechtsanspruch auf einen Kinderbetreuungsplatz in einer Tageseinrichtung. Sind die Eltern erwerbstätig oder arbeitssuchend, können sogar Kinder, die noch nicht ein Jahr alt sein, einen Rechtsanspruch haben (§ 24 SGB VIII). Kann Ihre Kommune Ihnen keinen Kitaplatz für Ihr Kind bieten, können Sie diesen einklagen und die Kosten für die Inanspruchnahme eines von Ihnen selbst organisierten Platzes in einer privaten Kita geltend machen. Unter bestimmten Voraussetzungen können Sie sogar Schadensersatz verlangen.

Kita-Gutschein Die Städte Berlin, Erfurt, Hamburg und Mannheim haben ein Kita-Gutschein-System eingeführt. Der Gutschein garantiert dem Kind einen Rechtsanspruch auf einen Kita-Platz. Beantragt werden muss der Gutschein beim zuständigen Jugendamt und kann dann in einer Einrichtung Ihrer Wahl – sofern es dort einen freien Platz gibt – eingelöst werden. Einen Rechtsanspruch auf einen Platz in einer bestimmten Kita gibt es nicht. Die angebotene Alternative darf aber nicht weiter als 30 Minuten vom Wohnort der Eltern entfernt sein und muss innerhalb dieser Zeit mit öffentlichen Verkehrsmitteln erreichbar sein.

Hort

Im Hort werden die Kinder ab der ersten Klasse und bis zu einem Alter von 14 Jahren betreut. Es gibt mittlerweile schon viele Schulen, die einen Hort anbieten. Je nach Bedarf gibt es Horte, die bereits vor Unterrichtsbeginn (Frühhort) öffnen. In der Regel können die Kinder dort dann auch frühstücken. Die meisten Horte bieten eine Betreuung allerdings erst im Anschluss an den Schulunterricht an und schließen um 16 Uhr. Es gibt aber auch Horte, die länger geöffnet sind (Späthort).

Betrieben werden die Horte von der Schule, im Rahmen einer Kindertagesstätte oder in eigenen Horthäusern.

Eine betrieblich unterstützte Kinderbetreuung für Kinder im Schulalter zu finden, ist eher die Ausnahme. Die Gründe liegen auf der Hand: Sind die Kinder erst mal in der Schule, liegt diese in der Regel in der

Nähe ihres Wohnortes. Selten ist sie gleichzeitig auch in der Nähe des Arbeitgebers. Insbesondere dann, wenn es ein größerer bis sehr großer Arbeitgeber ist. Hinzu kommt, dass viele Kinder nach getaner Arbeit mit ihren Klassenkameraden und Freunden spielen wollen.

Offene Ganztagsschule, Offene Schule, Erweiterte schulische Betreuung

Die Begrifflichkeiten sind unterschiedlich, dahinter verbirgt sich aber immer das gleiche Konzept: Die Kinder gehen nach wie vor nur halbtags zur Schule, erhalten in der Schule aber ein Mittagessen und können nachmittags an einem freiwilligen Programm teilnehmen. Ähnlich einem Hort kann das die Betreuung der Hausaufgaben sein, aber auch spezielle Förderangebote und Arbeitsgruppen zu Themen wie Sport, Musik, Kreativität oder Technik. Die Eltern entscheiden jeweils zu Beginn des Schuljahres, ob sie für ihr Kind dieses Angebot in Anspruch nehmen möchten.

(Gebundene) Ganztagsschule

Noch regeln die Bundesländer das Konzept der gebundenen Ganztagsschule unterschiedlich. Gemeinsam ist ihnen allerdings, dass in der gebundenen Ganztagsschule auch am Nachmittag Unterricht stattfindet. In aller Regel bis circa 16 Uhr.

Belegplätze

Bucht ein Unternehmen in einer Kinderkrippe oder in einem Kindergarten Betreuungsplätze für die Kinder von Firmenangehörigen, spricht man von Belegplätzen. Meistens befinden sich diese Kinderbetreuungsplätze in der Nähe des Arbeitgebers.

Betriebliche Kinderbetreuung

In dieser Form der Kinderbetreuung werden die Kinder in einer Kindertagesstätte betreut, die ausschließlich vom eigenen oder in Kooperation mit dem eigenen Arbeitgeber betrieben wird. Meistens sind die Öffnungszeiten an die Arbeitszeiten des Unternehmens angepasst. Auch die Ferien- beziehungsweise Schließzeiten orientieren sich in aller Regel an den beruflichen Erfordernissen der Arbeitnehmer.

Betreut werden die Kinder entweder in einer Einrichtung in der Nähe des Arbeitsplatzes, wenn es sich um ein Werksgelände mit besonderen Sicherheitsanforderungen handelt, oder auf dem Firmengelände.

Von Unternehmens- und Minikitas

Eine der ältesten und größten betriebsnahen Kindertagesstätten ist die Kita des Darmstädter Pharmaunternehmens Merck. Bis zu 150 Kinder ab einem Jahr werden in der 1968 von Mitgliedern der Familie Merck als Verein gegründeten Kita betreut. Trotz der Größe ist die Warteliste lang. Ein großes Plus sind die bedarfsgerechten Öffnungszeiten.»Immer mal wieder kommt es vor, dass eines der Kinder länger als geplant bleibt, weil der Papa oder die Mama länger arbeiten muss. Mit einem möglichen Betreuungsvolumen von bis zu 50 Stunden pro Woche ist das für uns aber kein Problem«, sagt Heike Eckelhöfer, Leiterin der Merck'schen Kita.»Und für die Kinder auch nicht. Die meisten wollen auch dann noch nicht unbedingt nach Hause.«

Für die Trägerschaft und Finanzierung der Einrichtung zeichnet sich seit der Gründung der Merck'sche Kindertagesstätten-Verein e.V. verantwortlich. Die Kindertagesstätte ist somit unabhängig vom Unternehmen und kann eigenständig ihre Entscheidungen treffen. So liegt es beispielsweise ganz im Ermessen der Trägerschaft, wer einen der begehrten Plätze für sein Kind bekommt.»Da kann es dann schon mal vorkommen, dass wir eher nach sozialen Aspekten als nach betrieblichem Nutzen entscheiden, wenn es zum Beispiel der Stabilisierung der Familie dient. Aber selbstverständlich immer unter Berücksichtigung des Aufnahmekriteriums ›Berufstätigkeit der Eltern‹«, erklärt Eckelhöfer.

Aber nicht jedes Unternehmen kann sich eine eigene Kindertagesstätte leisten.»Gründe dafür gibt es einige«, weiß Dr. Markus Solf, Gründer und Geschäftsführer von famPlus, einem Unternehmen, das private Kinderbetreuung für die Mitarbeiter ihrer Auftraggeber vermittelt. »Da sind zum einen die Kosten. Pro betreutem Kind in einer betriebseigenen Kita liegen diese bei der Betreuung von Null- bis Dreijährigen bei 1 500 Euro und bei über Dreijährigen bei 900 pro Monat. Trotz finanzieller Unterstützungsmöglichkeiten durch die Kommune, das Land oder den Bund können sich das nur wenige Unternehmen leisten. Zum anderen sind die zu erfüllenden gesetzlichen Auflagen für das Betreiben einer Kita sehr umfangreich. Auch ist der Bedarf in manchen Betrieben nicht hoch genug, um eine eigene Kita zu rechtfertigen.«

»Eine Möglichkeit für kleine und mittelständische Unternehmen ist es, im Verbund eine Tageseinrichtung von einem professionellen Träger betreiben zu lassen«, so Verena Herb, Pressesprecherin der »Servicestelle Betriebliche Kinderbetreuung«. Ein solcher Träger ist Sira Munich. David Siekaczek, Co-Gründer und Geschäftsführer, und sein Team haben bereits diverse Kitas gegründet. Eine davon ist die Minikita »Glückskinder« in Freising. »Initiator war die Geschäftsleitung von petaFuel. Für die Kinder zweier ihrer Programmierer benötigten sie Betreuungsplätze«, erzählt Siekaczek. Die Idee war es, in Kooperation mit anderen kleinen Betrieben aus der Region eine Minikita aufzubauen. »Die monatlichen Kosten für einen Betreuungsplatz in einer Minikita liegen mit ungefähr 330 Euro weit unter den sonst üblichen. Einige Unternehmen übernehmen diese Kosten dann auch gerne für ihre Angestellten«, so Siekaczek.

Bei den Glückskindern werden mittlerweile zehn Kinder betreut. Da noch nicht alle Plätze von Mitarbeiterkindern belegt sind, werden auch externe Kinder aufgenommen. »Sobald aber ein Platz frei wird und ein Mitarbeiter Bedarf anmeldet, wird der Platz ›intern‹ besetzt.«

Ferienbetreuung

Insbesondere während der sechswöchigen Sommerferien stehen die meisten berufstätigen Eltern vor der Herausforderung, die Kinder zu betreuen. Nur wenige Horte bieten auch in den Ferienzeiten eine Betreuung. Gut, wenn das Unternehmen, die Stadt oder ein privater Anbieter ein Ferienprogramm bietet. Hier werden die Schulkinder bis zu einem

Alter von 14 Jahren ganztags betreut. Das Angebot variiert stark. Es gibt Unternehmen, die die kompletten sechs Wochen abdecken, andere bieten wochenweise Programm.

Finanzielle Unterstützung durch den Arbeitgeber

Manche Arbeitgeber bieten eine finanzielle Unterstützung für die Betreuung der Kinder. Die Mitarbeiter erhalten dann einen steuer- und sozialversicherungsfreien Zuschuss zur Kinderbetreuung (§3 Nr. 33 ESTG). Voraussetzung ist, dass das Kind jünger als sechs Jahre ist und außerhalb des eigenen Haushalts betreut wird.

Betreu-ungsform	geeignet für die Alters-gruppe	Vorteile	Nachteile	Kosten
Großeltern	alle Alters-klassen	vertraute Personen	Die enge familiäre Bindung kann zu Konflikten führen, z. B. in Bezug auf die Erziehungs-stile.	keine
Au-pair/ Au-pair-Oma	0–18	ist Teil der Familie, im jährlichen Wechsel neue Impulse aus einem anderen Land, ist immer da und kann flexibel aushelfen.	ist ständig da, verlässt die Familie nach einem Jahr wieder, eigenes Zimmer muss gestellt werden, keine professionelle Betreuung	insgesamt circa. 500 Euro pro Monat*
Kinder-mädchen	ab Geburt	maximale Flexi-bilität	hohe Kosten	Stundenlohn ab 10 Euro, je nach Region
Babysitter	ab Geburt	hohe Flexibilität	nicht geeignet für lange bzw. tägliche Betreuung – eher als Ergänzung.	variieren je nach Anzahl der zu betreuenden Kinder, Alter des Kindes und Stadt zwischen 5 und 50 Euro* pro Stunde

Betreuungsform	geeignet für die Altersgruppe	Vorteile	Nachteile	Kosten
Leihoma/ Leihopa	empfohlen ab circa 3 Jahren	Ersatz für leibliche Großeltern, konstante Bezugsperson, auch wenn diese älter werden, hohe Flexibilität	eventuell differierende Erziehungsstile	von ehrenamtlich bis 10 Euro/Std aufwärts*
Tagesmutter/ Tagesvater	hauptsächlich 3 Monate – 3 Jahre	Betreuungszeiten können individuell vereinbart werden Maximal 5 Kinder pro Tagespflegeperson	relativ schwer zu finden, keine Vertretung im Krankheitsfall	320–640 Euro* pro Monat Eine Bezuschussung vom Jugendamt ist nicht immer gegeben
Großtagespflege	ab 3 Monate	hohe Flexibilität Nähe zum Wohnort kleine Gruppe	starre Betreuungszeiten	siehe Tagesmutter/-vater
Krippe	meist ab 6 Wochen	In aller Regel Nähe zum Wohnort Kinder kommen aus der Nachbarschaft	starre Betreuungszeiten	70–425 Euro* pro Monat je nach Ort und Einkommen der Eltern. In privaten Einrichtungen kann es sogar noch deutlich teurer werden.
Kindergarten	ab 3 Jahre	in aller Regel Nähe zum Wohnort Kinder kommen aus der Nachbarschaft	starre Betreuungszeiten	0–854 Euro* pro Monat je nach Ort und Einkommen der Eltern. Private Kindergärten können deutlich teurer sein.
Belegplätze	je nach Form ab 6 Wochen oder ab 3 Jahre	in der Nähe des Arbeitgebers	starre Betreuungszeiten	siehe Krippe und Kita
firmeneigene Kita	je nach Form ab 6 Wochen oder ab 3 Jahre	Nähe zum Arbeitgeber, oftmals sehr gute Förderprogramme für die Kinder, Öffnungszeiten an das Unternehmen angepasst	Kinder lernen keine anderen Kinder kennen, mit denen sie eventuell später in die Schule gehen werden	Abhängigkeit vom Arbeitgeber

Betreu-ungsform	geeignet für die Alters-gruppe	Vorteile	Nachteile	Kosten
Hort	ab Schul-alter bis 12 oder 14 Jahre – je nach Bundes-land	Kinder verbringen den Tag mit Gleich-altrigen, Betreuung der Hausaufgaben	starre Betreuungs-zeiten	Die Kosten variie-ren stark. Von kos-tenfrei bis mehrere hundert Euro pro Monat. Mancher-orts berechnen sich die Kosten nach dem Einkommen der Eltern.
offene Ganztags-schule	ab Schul-alter bis 12 oder 14 Jahre – je nach Bundes-land	Kinder verbringen den Tag mit Gleich-altrigen, Betreuung der Hausaufgaben	starre Betreuungs-zeiten	Die Kosten variie-ren stark. Von kos-tenfrei bis mehrere hundert Euro pro Monat. Mancher-orts berechnen sich die Kosten nach dem Einkommen der Eltern.
gebundene Ganztags-schule	gesamte Schulzeit	Kinder verbrin-gen den Tag mit Gleichaltrigen	starre Betreuungs-zeiten	Handelt es sich um eine staatliche Schule, ist diese Schulform kosten-frei. Privatschulen verlangen unter-schiedliche Kosten-beiträge.
Ferien-betreuung durch den Arbeit-geber	ab Schul-alter bis circa 14 Jahre	Nähe zum Arbeit-geber	decken nicht alle Ferienzeiten ab	variiert je nach Arbeitgeber.
Ferien-betreu-ung durch Stadt oder externe Anbieter	ab Schul-alter bis circa 14 Jahre	Wohnortnähe, Kinder können mit Freunden daran teilnehmen	Betreuungszeiten variieren	je nach Programm
Notfall-betreuung		hohe Flexibilität	sehr kurze »Ein-gewöhnungszeit«. Nicht geeignet, wenn das Kind akut erkrankt ist. Hohe Kosten	je nach Region und Anbieter pro Stunden zwischen 11 und 35 Euro*

* Kosten können im Rahmen der Einkommenssteuererklärung als Kinderbetreuungskosten abgesetzt werden.

Was sagt das Gesetz? – Steuerliche Vorteile

Seit Januar 2006 können die Kosten für erwerbsbedingte Kinderbetreuungskosten steuerlich abgesetzt werden. Als Betreuungskosten gelten die Ausgaben für einen Platz im Kindergarten, in einer Kindertagesstätte oder einem Kinderhort, aber auch für einen Babysitter, ein Au-pair oder eine Nanny. Werden die Kinder in einer Kindertageseinrichtung oder von einer Tagespflegeperson betreut, können zwei Drittel der tatsächlichen Aufwendungen, höchstens jedoch 4000 Euro pro Kind bis maximal 14 Jahre, abgesetzt werden. Für Kinder im Alter zwischen drei und sechs Jahren gilt der Steuervorteil unabhängig von der Berufstätigkeit des zweiten Partners. Die Betreuungskosten werden steuerlich wie Betriebsausgaben oder Werbungskosten behandelt.

Werden die Kinder im eigenen Haushalt betreut, ermäßigt sich die Einkommensteuer nach § 35a EStG auf Antrag um 20 Prozent Ihrer Aufwendungen. Haben Sie eine Kinderbetreuung als Minijobber, liegt die Höchstgrenze der absetzbaren Kosten bei 510 Euro pro Jahr. Ist die Person sozialversicherungspflichtig angestellt, können bis maximal 4000 Euro abgesetzt werden.

Ganz wichtig: Sie müssen eine Rechnung über die Kosten der Kinderbetreuung vorlegen können und das Geld überwiesen haben. Eine Barzahlung wird vom Finanzamt nicht akzeptiert.

Unterstützung durch das Jugendamt: Nach §90 Abs. 2 SGB VIII kann das Jugendamt auf Antrag den Elternbeitrag beziehungsweise die Kosten für die Kindertagesbetreuung ganz oder teilweise übernehmen, wenn die finanzielle Belastung den Eltern nicht zuzumuten ist oder die Förderung für die Entwicklung des Kindes erforderlich ist.

Betreuungsgeld: Eltern, die ihr Kind im zweiten und dritten Lebensjahr im privaten Umfeld betreuen lassen, erhalten in Bayern pro Kind 150 Euro pro Monat. Das heißt, dass auch Babysitter, Au-pair oder Kinderfrauen durch das Betreuungsgeld (mit-)finanziert werden können.

Tipp

Wenn Sie sich nicht sicher sind, auf welche Förderungen Sie einen Anspruch haben, können Sie sich auf der Seite www.infotool-familie.de informieren. Hier erhalten Sie durch die Eingabe von nur wenigen Angaben eine Information darüber, welche Unterstützungsmöglichkeiten für Sie in Frage kommen, aber auch wo und unter welchen Voraussetzungen die Leistungen beantragt werden können.

Tipps für Alleinerziehende

Der gesetzlich geregelte Anspruch auf einen U3-Betreuungsplatz gilt für alle Eltern, egal ob alleinerziehend oder nicht. Bei der Vergabe der noch immer raren U3-Krippenplätze orientieren sich zahlreiche Einrichtungen an einem Punktekatalog. Alleinerziehende haben hier mitunter eine höhere Punktezahl und somit bessere Chancen auf einen der heißbegehrten Plätze. Eine gesetzliche Regelung dafür gibt es allerdings nicht. Jede Kommune regelt das anders und hat dafür andere Satzungen formuliert. Informieren Sie sich daher am besten vor Ort.

- Steuerliche Entlastung von Alleinerziehenden: Bis zur Vollendung des 14. Lebensjahres ihres Kindes können Alleinerziehende zwei Drittel der Kinderbetreuungskosten, maximal 4.000 Euro pro Jahr und Kind, als Sonderausgaben steuerlich geltend machen.
- Das BMFSFJ fördert im Bundesprogramm »KitaPlus« seit Januar 2016 für drei Jahre bedarfsgerechte Betreuungszeiten zu Randzeiten, am Wochenende und an Feiertagen, teilweise sogar die Betreuung über Nacht. Zielgruppe sind in erster Linie auch die Kinder Alleinerziehender. Ob es ein solches Programm auch in Ihrer Nähe gibt, erfahren Sie unter https://kitaplus.fruehe-chancen.de

Pflege von Angehörigen zu Hause oder im Heim?

Die Pflege eines Angehörigen unterscheidet sich in zwei wesentlichen Punkten von der Kinderbetreuung. Pflege ist noch immer ein Tabuthema in unserer Gesellschaft. Während Eltern gerne von ihrem Alltag mit Kindern erzählen, reden nur die wenigsten offen darüber, dass und inwiefern ein naher Angehöriger zum Pflegefall geworden ist, geschweige denn von den psychischen wie physischen Herausforderungen, welche die Pflege mit sich bringt. Der zweite Punkt ist die Belastung, nicht zu wissen, wie lange gepflegt werden muss. Bei einem Kind ist die Zukunft – zumindest was die Betreuung angeht – weitestgehend planbar. Ab drei Monaten bis drei Jahre kann es in die Krippe, dann in den Kindergarten und später in die Schule. Wie sich die Zukunft des pflegebedürftigen Angehörigen entwickelt, ist offen. Es kann über viele Jahre gleich bleiben, es kann sich von einen auf den anderen Tag verschlechtern oder verbessern. Es kann aber auch alles ganz schnell vorbei sein. Niemand weiß es. Selbst die Ärzte können oftmals nicht wirklich konkrete Prognosen abgeben.

Auch viele Arbeitgeber haben die Brisanz des Themas bereits erkannt, stehen der Situation aber zum Teil noch recht hilflos gegenüber. Schlichtweg, weil sie einfach nicht davon erfahren. Den Bauch einer Mutter sieht man wachsen. Wird ein Angehöriger einer Mitarbeiterin oder eines Mitarbeiters zum Pflegefall, passiert das »weit weg«. Eine Führungskraft erzählte einmal, dass sie dachte, ihr Mitarbeiter hätte ein Alkoholproblem. Die Symptome waren »eindeutig«: Immer wieder entfernte er sich ohne Ankündigung vom Arbeitsplatz. Oftmals kam er spät und völlig übernächtigt zur Arbeit. Erst nachdem die Führungskraft ihn offen auf die Beobachtungen angesprochen hatte, stellte sich heraus, dass er seit einiger Zeit seine Mutter pflegte.

Kein seltener Fall. Rund zwei Drittel der 2,6 Millionen Pflegebedürftigen werden in Deutschland zu Hause gepflegt. Und vielen Pflegenden ist es noch gar nicht bewusst, dass sie sich bereits mitten in einer Pflegesituation befinden. Denn ob eine Person Pflegeleistungen erhält oder nicht, sagt nicht unbedingt etwas über die Pflegebedürftigkeit aus. Auch wenn Sie regelmäßig für Ihre Angehörigen einkaufen, sie zum Arzt fahren, den Haushalt erledigen oder einfach nur da sind und sie unterhalten, brauchen Sie dafür Zeit und die müssen Sie an einer anderen Stelle einsparen.

Die Entscheidung, ob der Angehörige zu Hause gepflegt werden soll oder ob die Unterbringung in einem Pflegeheim vielleicht doch besser wäre, fällt vielen schwer. Noch empfinden viele die Unterbringung in einem Heim als »Abschieben«, obwohl auch dies eine für beide Seiten entspannende Lösung sein kann. Es muss ja auch nicht gleich ein Pflegeheim sein. Vielleicht ist Ihre Mutter oder Ihr Vater noch fit genug und es kommt ein Altersheim in Frage, in dem man bei Bedarf Leistungen dazu kaufen kann.

Beruf, Kinder und die Pflege der eigenen Mutter

Morgens den Jüngsten für die Schule und den Ältesten für die Ausbildung auf den Weg bringen, arbeiten gehen, von 14 bis 18 Uhr die Mutter pflegen und danach für Kinder, Ehemann und eigenen Haushalt sorgen. Das war von August bis Dezember 2011 Petras Alltag. Um ihre Mutter pflegen zu können, war die Ausbilderin für Fachlageristik und -logistik sogar näher zu ihren Eltern gezogen. Eine Entscheidung, die sie keinen Tag bereut hat.

»Meine Eltern sind immer für mich da gewesen. Für meine Mutter war es immer selbstverständlich, dass sie mich unterstützte«, erzählt Petra. »Als ich alleinerziehende Mutter war, hat sie sich jederzeit um meine Jungs gekümmert.« Und das, obwohl auch sie berufstätig war. 2008 wurde dann plötzlich alles anders. Bei Petras Mutter wurde Altersleukämie festgestellt. Seit dem ersten Tag der Diagnose war Petra jeden Tag bei ihr. Aber obwohl sie nur fünf Kilometer vom Elternhaus entfernt wohnte, wurde es ihr bald zu viel und sie beschloss, ein Haus in der Nähe zu suchen. »Ich wusste nicht, wie lange ich meine Mutter würde pflegen müssen. In ihrer Nähe zu wohnen hat alles sehr viel einfacher gemacht«, erzählt sie.

Dann ging aber doch alles ganz schnell. Damit die Mutter in den letzten Monaten rund um die Uhr gepflegt werden konnte, hatten Petra und ihr Vater einen streng durchgetakteten Pflegestundenplan ausgearbeitet. Morgens kamen der Pflegedienst und Freundinnen, mittags übernahm Petra und abends und nachts der Vater. Ohne den Plan hätten alle Beteiligten diese schwere Zeit nicht durchgehalten.

»Pflege ist nicht nur zeitaufwändig, auch die mentale Belastung darf nicht unterschätzt werden«, weiß Petra. Dass sie sich trotz Kinder, Beruf und eigenem Haushalt so intensiv um die eigene Mutter kümmern konnte, lag an ihrem sehr verständnisvollen Ehemann und ihren ebensolche Kolleginnen. »Mein Mann hat mir immer auch mental den Rücken gestärkt. Nie habe ich von ihm einen Vorwurf gehört. Und wenn ich dann morgens nach einer durchwachten Nacht am Krankenbett in die Arbeit kam, waren meine Kolleginnen für mich da.« Nicht zu arbeiten wäre Petra nie in den Sinn gekommen. »Meine Eltern wollten nie, dass ich meinen Beruf aufgebe, um sie zu pflegen, und auch ich wollte das nicht. Ich liebe meine Arbeit und während der Pflege brauchte ich den Ausgleich.«

Auch heute, elf Monate nach dem Tod der Mutter, sind Petra und ihr jüngster Sohn noch jeden Tag im Haus der Großeltern. Noch immer kocht Petra jeden Abend vor und noch immer geht Kristopher nach der Schule direkt zu Opa, um dort seine Hausaufgaben zu machen. Petra ist sich ganz sicher: »Ich würde es immer wieder so machen. Ich möchte diese intensive Zeit mit meiner Mutter nicht missen.«

Checkliste: Diese Fragen sollten Sie sich stellen

- Wie pflegebedürftig ist mein Angehöriger? Kann er oder sie noch im eigenen Haus oder in der eigenen Wohnung bleiben?
- Welche Anforderungen müssen erfüllt sein, damit ich die pflegebedürftige Person zu Hause pflegen kann?
- Muss umgebaut werden und wenn ja, was kostet das?
- Wie viel Zeit nimmt die Pflege in Anspruch und bin ich bereit, dafür meine Erwerbstätigkeit zu reduzieren?
- Kann und will ich selbst die Pflege übernehmen?
- Kann ich es mir finanziell leisten, weniger zu arbeiten?
- Bin ich bereit, meine Freiräume und auch Freizeit zum Teil aufzugeben?
- Wer aus der Familie, dem Bekanntenkreis oder vielleicht sogar der Nachbarschaft kann bei der Pflege oder der Hausarbeit unterstützen? Wie regelmäßig und in welchem Umfang kann die Unterstützung geleistet werden?

- Wie sieht die finanzielle Situation aus? Eigenes Einkommen, Rente des zu Pflegenden, Leistungen der Pflegekasse usw. Kann ich es mir leisten, externe Hilfe einzukaufen?
- Gibt es einen ambulanten Pflegedienst, einen Sozialdienst, eine Nachbarschaftshilfe, die unterstützen können?
- Welche zusätzlichen Unterstützungsmöglichkeiten kann ich in Anspruch nehmen? Essen auf Rädern, Unterstützung im Haushalt usw.
- Kann ich mir vorstellen, eine 24-Stunden Unterstützung einzustellen, die dann auch mit im Haus wohnt?
- Wie kann mein Angehöriger gepflegt werden, wenn ich auf Geschäftsreisen oder im Urlaub bin?
- Tschüss Mama! – Muss ich ein schlechtes Gewissen haben?

Erst wenn Sie alle oben stehenden Fragen für sich beantwortet haben, können Sie darüber entscheiden, ob Sie Ihren Angehörigen eventuell doch in einem Pflegeheim betreuen lassen.

Wie pflegebedürftig ist mein Angehöriger? Kann er oder sie noch im eigenen Haus oder in der eigenen Wohnung bleiben?

Pflege ist in jeder Hinsicht ein schwieriges Thema. Allein schon die Überlegung, wie pflegebedürftig jemand ist – ob die Person noch eigenständig leben kann oder ob der Grad der Hilfebedürftigkeit schon so groß ist, dass dies nicht mehr möglich ist –, ist oftmals eine Gratwanderung. In aller Regel waren die jetzt Pflegebedürftigen bisher in der Lage, für sich selbst zu sorgen. Es ist für beide Seiten schwer zu akzeptieren, wenn dies nicht mehr möglich ist. Wenn dann noch Altersstarrsinn dazukommt, wird es richtig schwierig. Ob und inwiefern eine Betreuung in der Wohnung des zu Pflegenden möglich ist, hängt stark davon ab, wie viel die betreffende Person noch eigenständig leisten kann. Reicht es aus, wenn Sie den Großeinkauf und gelegentlich den Fahrdienst zum Arzt übernehmen? Oder müssen Sie täglich mehrere Stunden vor Ort sein?

Auch hängt es davon ab, ob die Person aufgrund einer Demenzerkrankung zum Pflegefall geworden ist oder andere Gründe vorliegen. Demenziell Erkrankte können zu einer Gefahr für sich selbst werden. Wenn sie den Herd anmachen und vergessen, wenn sie das Haus im Schlafanzug und mit Pantoffeln verlassen und nicht mehr wissen, wie sie zurückkommen.

Spätestens wenn ein Pflegegrad festgestellt werden muss, kann Ihnen der Gutachter der Pflegekasse eine Einschätzung geben, ob die betreffende Person noch in den eigenen vier Wänden bleiben kann. Allerdings können auch der zuständige Hausarzt oder der Klinikarzt Auskunft darüber geben – sofern der Patient sie der Schweigepflicht gegenüber den Angehörigen entbunden hat. Die Ärzte können Ihnen in aller Regel wichtige Fragen beantworten wie

- Ist es notwendig, dass ständig eine Betreuungsperson anwesend ist oder reicht eine Unterstützung bei der morgend- und abendlichen Körperpflege und im Haushalt?
- Müssen Sie immer damit rechnen, dass ein Notfall eintreten kann, oder kann der Pflegebedürftige einige Stunden alleine gelassen werden?
- Benötigen Sie spezielle pflegerische Kenntnisse?
- Wie ist der typische Krankheitsverlauf? Wird es wieder besser oder muss mit einer Verschlechterung gerechnet werden? Womit muss hinsichtlich der körperlichen und geistigen Auswirkungen gerechnet werden?

Welche Anforderungen müssen erfüllt sein, damit ich die pflegebedürftige Person zu Hause pflegen kann?

Je nach Grad der Pflegebedürftigkeit kann es sein, dass Sie Hilfsmittel benötigen. Angefangen bei einem Greifarm über einen Badewannenlift und ein Pflegebett bis hin zum Seniorenmobil und dem Treppenlift. Sie müssen auch ausreichend Platz haben, um die zu pflegende Person aufnehmen zu können. Viele Hilfsmittel und Pflegemittel werden von der Krankenkasse oder der Pflegekasse bezahlt. Sie benötigen aber auch mindestens ein Zimmer, damit sich nicht nur Ihr Angehöriger mal zurückziehen kann, sondern auch Sie Ihre Freiräume behalten.

Muss umgebaut werden und wenn ja, was kostet das?

Zwar werden viele Umbaumaßnahmen bezuschusst, aber dennoch kann es ziemlich ins Geld gehen, eine Wohnung oder ein Haus behindertengerecht umzubauen. Ist die zu pflegende Person zum Beispiel auf einen Rollstuhl angewiesen, müssen oft alle Türrahmen erweitert werden.

Wie viel Zeit nimmt die Pflege in Anspruch und bin ich bereit, dafür meine Erwerbstätigkeit zu reduzieren?

Nimmt die Pflege Sie wenige Stunden pro Woche oder einige Stunden pro Tag in Anspruch? Können Sie diesen Zeitaufwand neben Ihrem Beruf leisten?

So kann der Arbeitgeber unterstützen

Es gibt Arbeitgeber, die über die gesetzlichen Verpflichtungen hinaus Sonderurlaub oder eine temporäre Arbeitszeitreduzierung im Rahmen eines Arbeitszeitkontos oder einer Wertguthabenvereinbarung anbieten. Andere bieten eine teilweise Freistellung an, damit die betroffenen Beschäftigten ihre Angehörigen pflegen können. In ganz seltenen Fällen unterstützen Unternehmen ihre Beschäftigten auch finanziell.

Kann und will ich die Pflege selbst übernehmen?

Viele unterschätzen zu Anfang, wie anstrengend es ist, einen Angehörigen zu pflegen. Selbst wenn es am Anfang noch recht leicht fällt, sind mit Fortschreiten der Pflegebedürftigkeit immer mehr Aufgaben zu bewältigen. Die Zeit, die ein jeder für das eigene Ich, aber auch für die Erholung benötigt, wird immer knapper. Viele Angehörige gestehen sich diese Anstrengungen oftmals viel zu spät ein – dann, wenn sie selbst von der andauernden Erschöpfung krank werden. Noch anstrengender ist es, wenn neben den Anforderungen an die Pflege auch noch die Betreuung der eigenen Kinder kommt. Einen Angehörigen pflegen bedeutet: weniger Freizeit, aber auch weniger Freiheit. Mal spontan ins Kino oder essen gehen, ist nicht mehr möglich. Sind Sie bereit, Ihre Freiräume und auch Freizeit zum Teil aufzugeben?

Die Pflege eines Angehörigen bedeutet aber auch eine enorme mentale Belastung, wenn die eigene Mutter immer mehr zum Kind wird oder der eigene Vater einen nicht mehr erkennt. Wenn die Mutter plötzlich aggressiv wird – leider recht häufig bei Demenzkranken. Wenn Sie sich vor den eigenen Eltern ekeln. Alles nicht ungewöhnlich und alles eine Belastung für Sie und Ihre Familie.

So kann der Arbeitgeber unterstützen

Was zahlreiche Unternehmen in den USA ihren Mitarbeitern bereits standardmäßig anbieten, findet jetzt auch immer mehr seinen Weg in deutsche Unternehmen: EAP – Employee Assistance Program – ein Programm, das auch psychosoziale Beratung beinhaltet. Angestellte erhalten hier schnell und vertraulich Unterstützung zu einer ganzen Bandbreite von Themen mit dem Ziel, deren Stabilität, Gesundheit und Leistungsfähigkeit zu erhalten.

Wer aus der Familie, dem Bekanntenkreis oder vielleicht sogar der Nachbarschaft kann bei der Pflege oder der Hausarbeit unterstützen? Wie regelmäßig und in welchem Umfang kann die Unterstützung geleistet werden?

Meistens gibt es im engeren Familien- und Bekanntenkreis Menschen, die gerne helfen. Während Sie eher davon ausgehen können, dass Familienangehörige sich die Pflege teilen, ist es nicht selbstverständlich, dass sich auch Freunde und Bekannte daran beteiligen. Die meisten haben selbst Familie oder sind auch schon in einem fortgeschrittenen Alter. Überlegen Sie daher genau, wie regelmäßig, wofür und in welchem Umfang wer für die Pflege oder auch einen Spaziergang, zum Vorlesen oder um kleine Besorgungen zu machen, eingesetzt werden kann.

Wie sieht meine finanzielle Situation aus? Kann ich es mir leisten, externe Hilfe einzukaufen?

Die Kosten für eine ambulante Pflege übernimmt die Pflegekasse und wird von den Pflegediensten direkt mit der Kasse abgerechnet. Wenn die Leistungen des Pflegedienstes aber nicht ausreichen, müssen Sie sich Hilfe von außen einkaufen. Eine in Deutschland häufig genutzte Unterstützungsform ist die 24-Stunden-Betreuung durch in aller Regel Damen aus Osteuropa. Aber das kostet Geld. Hinzu kommt, dass der Betreuerin, wie einem Au-pair, ein eigenes Zimmer und freie Kost zustehen. Erst ab Pflegegrad 3 kann das Pflegegeld zur Teilfinanzierung der Kosten für eine ambulante Pflege im Rahmen der 24-Stunden-Betreuung verwendet werden.

Aber vielleicht muss es auch nicht gleich die ganz große Nummer sein. Mittlerweile gibt es immer mehr Anbieter, die Alltagsbetreuer und -helfer oder Seniorenassistenten vermitteln. Diese beschäftigen sich mit dem pflegebedürftigen Menschen, gehen mit ihm spazieren, besuchen Freunde und Bekannte, gehen mit ihm zum Arzt, aber auch ins Konzert. Die Kosten für diese Form der Unterstützung können beispielsweise mit der Verhinderungspflege abgerechnet werden. Weitere Unterstützungsmöglichkeiten sind Essen auf Rädern oder eine Haushaltshilfe.

Wie kann mein Angehöriger gepflegt werden, wenn ich auf Geschäftsreisen oder im Urlaub bin?

Auch pflegende Angehörige brauchen Urlaub. Sie müssen sich erholen. Den Beruf mit Pflege zu vereinbaren ist in den meisten Fällen ein Knochenjob. Und wenn es nicht der Urlaub ist, dann ist es die Geschäftsreise. Je nach Beruf oder Karrierelevel sind solche Reisen immer mal wieder notwendig. Wenn niemand aus der Familie oder dem Pflegenetzwerk die Betreuung übernehmen kann, gibt es in vielen Pflegeheimen auch die

Möglichkeit der Kurzzeitpflege. Pflegebedürftigen Menschen mit einem Pflegegrad 2 bis 5 stehen acht Wochen vollstationäre Betreuung in einer Pflegeeinrichtung zu.

So kann der Arbeitgeber unterstützten
Es gibt bereits einige Unternehmen, die Rahmenverträge mit Dienstleistern haben, die bei der Vermittlung von Pflegediensten unterstützen. Besonders hilfreich ist ein solcher Dienstleister, wenn er auch helfen kann, wenn die Angehörigen nicht in der Nähe wohnen.

Jeder Fall bedarf einer individuellen Zuwendung
Das mittelständische Unternehmen Ejot mit Sitz in Bad Berleburg ist auf Verbindungstechnik spezialisiert. 2016 erhielt es den Otto Heinemann Preis für seine besonderen Verdienste um die Vereinbarkeit von Beruf und Pflege. Mit Pflegeleitfäden, Vortragsveranstaltungen, Vermittlungsleistungen, aber auch mit der Sensibilisierung der Führungskräfte sorgt das Unternehmen dafür, das Thema »Beruf und Pflege« aus der Tabuzone zu holen.

Auch das Amtsgericht Offenbach wurde bereits für sein Engagement im Bereich »Beruf und Pflege« ausgezeichnet. Das Unternehmen mit weniger als 500 Mitarbeitern weiß um die wachsende Bedeutung der Vereinbarkeit von Familie beziehungsweise Pflege und Beruf bei seinen Mitarbeiterinnen und Mitarbeitern. Um den Angestellten jederzeit kompetente Ansprechpartner zur Seite stellen zu können, wurden einzelne Mitarbeiterinnen und Mitarbeiter zu Pflegeguides ausgebildet. Darüber hinaus können pflegende Angehörige eine Flexibilisierung ihrer Arbeitszeiten oder die Umstellung auf Telearbeit beantragen.

Tschüss Mama! – Muss ich ein schlechtes Gewissen haben?

Sie mussten feststellen, dass Sie Ihren Angehörigen nicht zu Hause pflegen können oder wollen? Und jetzt haben Sie ein schlechtes Gewissen? Verständlich. Muss aber nicht sein. Auch hier verhält es sich wie mit dem schlechten Gewissen gegenüber den Kindern und zeigt lediglich, dass

Sie sich mit der Situation intensiv und emotional auseinandersetzen. Für die Unterbringung in einem Heim gibt es viele gute Argumente – vorausgesetzt, Sie haben ein Heim gefunden, das auf die Bedürfnisse Ihres Angehörigen eingeht. Vielleicht ist das eine oder andere für Sie dabei:

- Wenn Sie sich als Tochter oder Sohn nicht mehr um Alltäglichkeiten kümmern müssen, bekommt die Zeit mit Ihrer Mutter oder Ihrem Vater eine ganz andere Qualität.
- Wenn Sie in Ihrem Leben zufrieden sind, wirkt sich das auch auf Ihren zu pflegenden Angehörigen aus.
- Ein Pflegeheim entlastet Ihren pflegebedürftigen Angehörigen. Auch für die Gepflegten ist es eine mentale Belastung, nicht mehr so agieren zu können wie früher und anderen zur Last zu fallen.
- Die eigenen Eltern in einem Pflegeheim unterzubringen ist keine Niederlage. Vielmehr erkennen Sie an, dass es nicht mehr anders geht und schützen damit sowohl sich selbst als auch ihren Angehörigen. Es ist also ein Zeichen von Stärke und Verantwortungsbewusstsein.

Was sagt das Gesetz? – Pflegezeitgesetz und Familienpflegezeitgesetz

Um pflegenden Angehörigen die Vereinbarkeit von Familie, Pflege und Beruf zu erleichtern, wurde zum 1. Januar 2015 das Familienpflegezeitgesetz eingeführt. Seitdem haben Angehörige, die für die Organisation einer akut aufgetretenen Pflegesituation Zeit benötigen, einen Anspruch darauf, sich bis zu zehn Tage von der Arbeit frei zu nehmen – inklusive eines Anspruchs auf Lohnersatzleistungen, das Pflegeunterstützungsgeld.

Das Pflegezeitgesetz regelt darüber hinaus, dass Beschäftigte mit Pflegeaufgaben einen Anspruch darauf haben, sich für maximal sechs Monate von der Arbeit ganz freistellen zu lassen oder in Teilzeit zu arbeiten.

Mit dem Familienpflegezeitgesetz haben Beschäftigte einen Rechtsanspruch darauf, ihre wöchentliche Arbeitszeit für maximal zwei Jahre auf bis zu 15 Stunden zu reduzieren, wenn sie einen nahen Angehörigen in dessen oder der eigenen häuslichen Umgebung pflegen. Als »nahe Angehörige« gelten auch Stiefeltern, Partner in einer lebenspartnerschaftlichen Gemeinschaft sowie Schwägerinnen und Schwäger. Wird das eigene noch minderjährige Kind zum Pflegefall, gilt der Rechtsanspruch für die

Eltern auch, wenn das Kind nicht zu Hause gepflegt wird. Auch gilt er für Angehörige, die ihre nahen Angehörigen in der letzten Lebensphase begleiten wollen. Allerdings gilt das Familienpflegezeitgesetz nur gegenüber Arbeitgebern mit mehr als 25 Beschäftigten, wobei Auszubildende nicht mitgezählt werden.

Kombiniert man die Freistellungsansprüche beider Gesetze, kann man für maximal 24 Monate seine Arbeitszeit reduzieren.

Zinsloses Darlehen: Wer Stunden reduziert, muss mit weniger Geld auskommen. Zur besseren Absicherung des Lebensunterhalts haben die betroffenen Beschäftigten einen Anspruch auf die Förderung durch ein zinsloses Darlehen. Beantragt werden kann das Darlehen beim Bundesamt für zivilgesellschaftliche Aufgaben. Das Darlehen wird in monatlichen Raten ausgezahlt und deckt grundsätzlich die Hälfte des durch die Arbeitszeitreduzierung fehlenden Nettogehalts ab. Es kann aber auch ein niedrigeres Darlehen genommen werden – Mindesthöhe 50 Euro pro Monat.

Kündigungsschutz: Ab zwölf Wochen vor dem angekündigten Beginn der Pflegezeit, der Familienpflegezeit oder der kurzfristigen Arbeitsverhinderung bis zur Beendigung besteht für die Beschäftigten ein Kündigungsschutz.

Kurzzeitpflege

Ohne Pflegegrad: Patienten, die nach einem Krankenhausaufenthalt oder einer schweren Krankheit kurzfristig pflegebedürftig werden, haben unter bestimmten Voraussetzungen die Möglichkeit, eine Kurzzeitpflege als Übergangspflege in Anspruch zu nehmen. Die maximale Dauer der Kurzzeitpflege ist längstens vier Wochen pro Kalenderjahr. In Ausnahmefällen kann aber eine Verlängerung beantragt werden.

Pflegebedürftige mit *Pflegegrad 1* haben keinen Anspruch auf eine Kurzzeitpflege. Es gibt aber die Möglichkeit, die Leistungen der Kurzzeitpflege mit dem sogenannten Entlastungsbetrag (125 Euro) zu finanzieren.

Ab *Pflegegrad 2* übernimmt die Pflegekasse bis zu 1 612 Euro der Kosten für eine Kurzzeitpflege. Die maximale Dauer der Kurzzeitpflege ist prinzipiell acht Wochen.

»Wenn beide beides wollen«
für die Querleserin und den Querleser
Gleichen Sie Ihr favorisiertes Modell mit dem Ihres Partners beziehungsweise Ihrer Partnerin ab.

Vereinbaren Sie mit Ihrem Partner/Ihrer Partnerin, wie Sie die anfallenden Arbeiten aufteilen werden und an welcher Stelle Sie sich Unterstützung suchen wollen.

Es gibt zahlreiche Betreuungsmöglichkeiten für Kinder, aber auch für die Betreuung von pflegebedürftigen Angehörigen. Suchen Sie sich die für Sie und Ihre Familie passende. Auch hier kann es sinnvoll sein, verschiedene Betreuungsmodelle zu kombinieren. Zum Beispiel die Kita mit einer Babysitterin. Legen Sie sich aber auch immer einen »Plan B« oder Notfallplan zurecht. Nicht immer läuft alles so, wie man es geplant hat.

Arbeitgeber bieten zahlreiche Unterstützungsmöglichkeiten. Überlegen Sie sich, welche Ihr potenzieller Arbeitgeber bieten sollte.

KAPITEL 3
DIE SUCHE KANN BEGINNEN

Längst haben Deutschlands Unternehmen verstanden, dass vielen Beschäftigten eine Vereinbarkeit von Familie und Beruf oftmals wichtiger ist als das Gehalt oder andere Boni wie ein Eckbüro oder die Betriebsrente. Vorangetrieben durch den demografischen Wandel und den damit verbundenen Rückgang der Erwerbsbevölkerung werben sie daher im »War for Talents« verstärkt mit ihrem familienbewussten Angebot. 77,4 Prozent der befragten Geschäftsführungen und Personalverantwortlichen gaben im Rahmen des »Unternehmensmonitors Familienfreundlichkeit 2016« an, dass Familienfreundlichkeit nicht nur für ihre Beschäftigten, sondern auch für das Unternehmen selbst wichtig sei. Das ist ein deutlicher Anstieg gegenüber 2003: Damals lag der Wert noch bei 46,5 Prozent. 74 Prozent glauben gar, dass sich ihr Familienbewusstsein betriebswirtschaftlich auszahlt. Eine Annahme, die schon vor vielen Jahren vom Forschungszentrum Familienbewusste Personalpolitik (FFP) belegt wurde. Demzufolge ist der betriebswirtschaftliche Nutzen einer familienfreundlichen Personalpolitik höher als die dazu notwendigen Investitionen. Familienbewusste Unternehmen gewinnen einfacher Fachkräfte, haben eine geringere Mitarbeiterfluktuation und somit auch geringere Wiederbeschaffungskosten. Aber auch die Kosten aufgrund von Elternzeit und die damit verbundenen Kosten für die Überbrückung und Wiedereingliederung liegen niedriger. Das Betriebsklima ist besser, was wiederum eine höhere Motivation und Einsatzbereitschaft der Beschäftigten und somit eine erhöhte Produktivität und weniger Fehlzeiten nach sich zieht. Familienbewusstes Verhalten hat sich für die deutschen Unternehmen somit zu einem wichtigen Faktor im Wettbewerb um qualifizierte Fachkräfte entwickelt.

Wie wichtig Unternehmen in Deutschland das Thema Familienfreundlichkeit ist, zeigt sich auch in der wachsenden Anzahl von Unternehmen, die ihr Familienbewusstsein extern begutachten lassen – sei es durch das Audit Beruf und Familie der Hertie-Stiftung oder durch lokale Bündnisse für Familie –, aber auch in der steigenden Mitgliederzahl in Netzwerken, die sich mit der Vereinbarkeit befassen.

Audits, Siegel, Auszeichnungen und was sie aussagen

Liest man Stellenanzeigen, schmücken die Jobbeschreibung oft Auszeichnungen wie Kununu TOP Company oder Great Place to Work und so viele mehr. Immer öfter sieht man auch Zertifikate wie »berufundfamilie«, »Bester Arbeitgeber«, »Total E-Quality« und andere, die sich auf die Familienfreundlichkeit eines Unternehmens beziehen.

Die Zahl der Auszeichnungen für Familienfreundlichkeit ist in den vergangenen Jahren explodiert. Die Begriffe Zertifikat, Siegel, Gütesiegel und Auszeichnung werden dabei synonym verwendet. Alle zeichnen sie ein Unternehmen, eine Institution oder eine Organisation für ihre herausragenden Leistungen im Bereich Familienfreundlichkeit aus. Dennoch unterscheiden sie sich nicht nur inhaltlich und in ihrer Aussagekraft deutlich, sondern auch in ihrer Regionalität und den mit der »Bewertung« verbundenen Kosten.

Regionale Auszeichnungen werden in erster Linie von dem ansässigen Bündnis für Familie vergeben, sind mit wenig Aufwand für die Unternehmen verbunden und die Kosten halten sich – wenn überhaupt – in einem überschaubaren Rahmen.

Doch was steckt dahinter? Was sind die wichtigsten Auszeichnungen für Familienfreundlichkeit und was genau zeichnen sie aus? Und vor allem: Wie findet man heraus, ob ein zertifiziertes Unternehmen wirklich familienbewusst ist? Ist ein Unternehmen, das sich die Vereinbarkeit von Familie und Beruf auf die Fahnen geschrieben hat, tatsächlich offen für einen Vater, der Elternzeit nehmen möchte? In diesem Kapitel werden diese Fragen beantwortet und gezeigt, wie Sie Ihren passenden Wunscharbeitgeber recherchieren können.

audit berufundfamilie

Das älteste und bekannteste Zertifikat für familienbewusste Arbeitgeber ist das »audit berufundfamilie«. Es wurde bereits 1998, als die Worte »Vereinbarkeit« und »Familienbewusstsein« noch eher belächelt wurden, von der Hertie-Stiftung ins Leben gerufen. Über 1 000 Unternehmen sind bislang auditiert worden. Darunter Dax-Unternehmen sowie mittelständische und kleine Unternehmen aus allen Branchen, aber auch Krankenhäuser sowie Behörden und Hochschulen.

Die berufundfamilie gGmbH, welche das Zertifikat vergibt, versteht sich dabei als Unterstützung für die Unternehmen, Behörden oder Institutionen, sich familienbewusst aufzustellen. Qualifizierte und autorisierte Auditoren begleiten im Auditierungsprozess und beraten bei der Umsetzung einer familienbewussten Unternehmenspolitik.

Der Auditierungsprozess ist in mehrere Schritte unterteilt, wobei der erste den Status quo der bereits angebotenen Maßnahmen zur besseren Balance von Beruf und Familie erfasst. Anhand der acht Handlungsfelder: Arbeitszeit, Arbeitsorganisation, Arbeitsort, Information und Kommunikation, Führung, Personalentwicklung, Entgeltbestandteile und geldwerte Leistungen und Service für Familien, wird das betriebsindividuelle Entwicklungspotenzial systematisch ermittelt und aufeinander abgestimmte Maßnahmen zu einer umfassenden und erfolgreichen Gesamtstrategie für das Unternehmen entwickelt. Das Zertifikat zum Audit wird daher nicht als Anerkennung für einen erreichten Status quo in Sachen Familienbewusstsein verliehen. Gleichzeitig heißt das aber nicht, dass ein Arbeitgeber, der das erste Mal mit dem »audit berufundfamilie« ausgezeichnet wurde, noch ganz am Anfang steht. Viele Unternehmen haben bereits vor ihrer ersten Auditierung zahlreiche familienbewusste Maßnahmen implementiert, wollen aber ihren Status quo verbessern und eine noch familienbewusstere Unternehmenskultur entwickeln.

Die Umsetzung der vereinbarten Ziele wird von der berufundfamilie gGmbH jährlich überprüft. Kommt das Unternehmen den Vereinbarungen nicht nach, wird es nach drei Jahren nicht re-zertifiziert – die Auszeichnung »verfällt«. Mit einer Re-Auditierung dagegen hat das Unternehmen das nächste Level der Vereinbarkeit erreicht. Insgesamt können Unternehmen bis zu vier Mal re-auditiert werden. Danach bietet die berufundfamilie gGmbH das Dialogverfahren. In dieser Phase werden keine neuen Zielvereinbarungen mehr getroffen, sondern die Auditorinnen und Auditoren stehen ab diesem Zeitpunkt eher beratend zur Seite und geben Handlungsempfehlungen für die Verbesserung einzelner Aspekte.

Familienfreundliche Stadtverwaltung

Die Stadtverwaltung Hanau war 2002 die erste Kommune bundesweit, die sich durch das Audit berufundfamilie auf ihre Familienfreundlichkeit hin überprüfen ließ und seither regelmäßig re-auditiert wurde. Schon 1993 mit Inkrafttreten des Hessischen Gleichberechtigungsgesetzes (HGlG) hatte es erste Initiativen in Richtung Vereinbarkeit Beruf und Familie gegeben. Der Durchbruch kam aber mit der Auditierung, mit welcher der Oberbürgermeister die Vereinbarkeit von Beruf und Familie zum Unternehmensziel erklärte. Die knapp 1 600 Beschäftigten der Stadtverwaltung Hanau sowie deren Eigenbetriebe können heute auf eine Vielzahl von familienfreundlichen Maßnahmen zurückgreifen. Auf allen Ebenen werden flexible Arbeitszeiten sowie die Möglichkeit zur Teilzeit angeboten. Ein Comeback-Programm für Wiedereinsteigerinnen und Wiedereinsteiger wurde aufgelegt. Durch alternierende Telearbeit können Eltern auch von zu Hause aus arbeiten. Kindertagesstätten- und Ferienspielplätze sorgen dafür, dass die Vereinbarkeit von Familie und Beruf für alle Beteiligten optimal gegeben ist.

Das audit berufundfamilie ist ein strategisches Managementinstrument, das Arbeitgeber mittel- und langfristig auf ihrem Weg zu einer familienbewussten Personalpolitik unterstützt. Welche infrastrukturellen Angebote zum Beispiel für die Kinderbetreuung dahinterstehen, müssen Sie im Einzelfall recherchieren beziehungsweise beim Unternehmen erfragen.

Insgesamt kann man davon ausgehen, dass ein mit einem audit berufundfamilie ausgezeichnetes Unternehmen Familienbewusstsein lebt. Der Umkehrschluss aber, dass Unternehmen, die diese Auszeichnung nicht haben, nicht familienbewusst sind, stimmt nicht. Ein prominentes Beispiel dafür ist die BASF in Ludwigshafen. Das Unternehmen ist nicht auditiert, gehört aber mit zu den familienbewusstesten Unternehmen Deutschlands. Hier gibt es eine ganze Stabsabteilung, die sich um nichts anderes kümmert, als eine familienbewusste Unternehmenskultur zu etablieren.

Interview

Benita von Haugwitz leitet seit vielen Jahren die Abteilung »Work-Life-Management« bei der BASF. Sie weiß, warum sich das Management der BASF gegen eine Auditierung durch das audit berufundfamilie entschieden hat, obwohl oder gerade weil die BASF zu den familienbewusstesten Unternehmen in Deutschland gehört.

Warum haben Sie sich gegen das audit berufundfamilie entschieden?
Wir schätzen das audit berufundfamilie als wertvolles Siegel für familienfreundliche Unternehmen. Allerdings fiel der Zeitpunkt der Re-Auditierung vor einigen Jahren in die Hochphase der Vorbereitungen zur Eröffnung unseres Mitarbeiterzentrums für Work-Life-Management »LuMit«. Gleichzeitig haben wir das Angebot in unserer Kinderkrippe »LuKids« von 70 auf 250 Betreuungsplätze erhöht. Wir haben deshalb alle Ressourcen konsequent in den Ausbau der Angebote zur besseren Vereinbarkeit von Beruf und Privatleben investiert.

Wie vermitteln Sie Ihren potenziellen Bewerberinnen und Bewerbern das Familienbewusstsein der BASF?
Es gehört zu unserem Selbstverständnis, Mitarbeiter bei der Vereinbarkeit von Beruf und Privatleben bestmöglich zu unterstützen. Im November 2013 haben wir das Mitarbeiterzentrum für Work-Life-Management »LuMit« am Standort Ludwigshafen eröffnet. Unter einem Dach bündelt es auf rund 10 000 Quadratmetern arbeitsplatznah vielfältige Angebote aus den Bereichen Kinderbetreuung (LuKids), Fitness- und Gesundheitsstudio (LuFit) sowie die Sozial- und Lebensberatung der BASF Stiftung (LuCare). Wir sind stolz auf das Angebot und sprechen gern darüber: Potenzielle Bewerberinnen und Bewerbern können sich zum Beispiel auf Karrieremessen oder bei Studentenveranstaltungen, wie beispielsweise der BASF Sommerakademie, im persönlichen Dialog mit Mitarbeitern von unseren vielfältigen Angeboten überzeugen. Sie finden aber auch alles Wissenswerte hierzu im Internet auf unseren Karriereseiten und haben darüber hinaus die Möglichkeit, sich mit Mitarbeitern aus unterschiedlichen Be-

reichen im Chat zu diesen und anderen Themen sowie zu persönlichen Erfahrungen auszutauschen.

Familienfreundlichkeit hängt immer auch mit der jeweiligen Führungskraft zusammen. Wie stellt ein Konzern wie die BASF mit über 30 000 Mitarbeiterinnen und Mitarbeitern die Familienfreundlichkeit in allen Abteilungen sicher? Es ist uns ein besonderes Anliegen, Führungskräfte zu qualifizieren, sie für die Bedeutung einer besseren Vereinbarkeit von Beruf und Privatleben zu sensibilisieren und ihnen das Selbstverständnis der BASF zu diesem Thema zu vermitteln. Deshalb ist dieses Thema fester Bestandteil der Führungskräfteentwicklung bei BASF und steht im Rahmen von verschiedenen Veranstaltungen und Programmen auf dem Curriculum.

Schauen Sie aber auf jeden Fall nach, ob das für Sie in Frage kommende Unternehmen schon auditiert wurde. Auf der Onlinepräsenz von berufundfamilie finden Sie öffentlich verfügbar unter »Zertifikatsträger« jeweils ein Kurzporträt zu allen auditierten Unternehmen. Hier erhalten Sie einen guten ersten Überblick darüber, wie oft das Unternehmen auditiert wurde, aber auch über das bestehende Angebot und zukünftige Maßnahmen.

Familienfreundlicher Arbeitgeber

Das Siegel der Bertelsmann Stiftung »Familienfreundlicher Arbeitgeber« wurde 2011 in erster Linie für mittelständische Unternehmen ins Leben gerufen und seither immer weiterentwickelt. Das Verfahren ist speziell auf kleine und mittlere Betriebe angepasst und analysiert deren familienfreundlichen Leistungen. Der Fokus bei der Analyse und dem Abgleich von Arbeitgeber- und Mitarbeiterperspektive wird dabei in erster Linie auf die vorhandene und gelebte Familienfreundlichkeit im Betrieb gelegt. Bewertet werden die Unternehmens- und Führungskultur, Kommunikation, Arbeitsorganisation, Unterstützungsangebote sowie Strategie und Nachhaltigkeit. Das Herzstück des Prüfverfahrens bildet die Befragung aller Mitarbeiter. Basierend auf den Ergebnissen unterbreiten die durch die Bertelsmann Stiftung ausgebildeten Prüfer dem Unternehmen dann Vorschläge für die nachhaltige Weiterentwicklung und Verankerung der Familienfreundlichkeit im Unternehmen.

Das Siegel »Familienfreundlicher Arbeitgeber« ist für drei Jahre gültig. Danach wird ein Erneuerungsverfahren empfohlen, in dem der Fokus wieder auf dem Status quo liegt. Die Mitarbeiterinnen und Mitarbeiter, aber auch der Arbeitgeber werden dafür erneut zu den Bewertungskriterien befragt, und es wird überprüft, ob eine Weiterentwicklung stattgefunden hat. Um eine weitestgehend neutrale Bewertung zu garantieren, hat die Bertelsmann Stiftung ein Auswertungstool entwickelt, welches den Prüfern hilft, sich selbst und ihre Bewertung zu hinterfragen.

Bisher wurden bereits über 200 Unternehmen ausgezeichnet, von denen 50 Prozent weniger als 50 Mitarbeiter haben. Aber auch große Unternehmen finden sich unter den Siegelträgern. Hat ein Unternehmen das Siegel »Familienfreundlicher Arbeitgeber«, kann man also davon ausgehen, dass es sich hier tatsächlich um ein Unternehmen handelt, das die Vereinbarkeit von Familie und Beruf nicht als ein Feigenblattthema nutzt.

Eine ausführliche Auflistung der Unternehmen finden Sie auf www.familienfreundlicher-arbeitgeber.de.

Unternehmenswettbewerb »Erfolgsfaktor Familie«

Einmal pro Legislaturperiode und somit alle vier Jahre zeichnet das Bundesfamilienministerium die familienfreundlichsten Arbeitgeber Deutschlands aus. Das Ziel: gute Praxisbeispiele und innovative Konzepte bekannt machen und andere Unternehmen zum Nachahmen motivieren. Ausgezeichnet werden die Unternehmen der drei Kategorien »Kleine Unternehmen« (bis 100 Beschäftigte), »Mittlere Unternehmen« (bis 1 000 Beschäftigte) und »Großunternehmen« (über 1 000 Beschäftigte). Zusätzlich werden aber auch noch Sonderpreise vergeben, wie zum Beispiel 2016 für die Kategorien »Väterfreundliche Personalpolitik«, »Kooperation von Unternehmen mit Partnern vor Ort« und »Innovation: Vereinbarkeit in der digitalen Arbeitswelt«.

Auftraggeber für den Wettbewerb ist das Beratungsunternehmen Roland Berger. Dieses trifft die Vorauswahl und bestimmt somit, welche

Unternehmen in die engere Auswahl kommen. Die endgültige Entscheidung trifft die berufundfamilie Service GmbH. Als Kompetenzpartner beurteilen die Auditoren und Auditorinnen die eingereichten Wettbewerbsunterlagen und besuchen die Endrundenteilnehmer vor Ort.

Einen Überblick über die Gewinner, aber auch die Endrundenteilnehmer finden Sie auf der Internetseite www.erfolgsfaktor-familie.de unter Wettbewerb.

Netzwerk – Erfolgsfaktor Familie

Neben dem Unternehmenswettbewerb »Erfolgsfaktor Familie« gibt es auch noch die Plattform »Erfolgsfaktor Familie«. Diese haben das Bundesfamilienministerium und der Deutsche Industrie- und Handelskammertag gemeinsam initiiert. Das Netzwerk versteht sich als eine Plattform für Unternehmen, die sich für familienbewusste Personalpolitik interessieren oder bereits engagieren. Bundesweit hat das Netzwerk bereits über 6 550 Mitglieder.

Die Mitgliedschaft ist kostenlos. Wer Mitglied werden möchte, muss sich lediglich registrieren und erhält dafür das Logo.

Great Place to Work®

Wie das Zertifikat »berufundfamilie« gehört auch die Auszeichnung »Great Place to Work©« zu den bekannteren Auszeichnungen. Während aber sowohl das Zertifikat »berufundfamilie« als auch das Siegel »Familienfreundliches Unternehmen« an alle Unternehmen vergeben wird, handelt es sich bei der Auszeichnung »Great Place to Work©« um einen Wettbewerb, an dessen Ende ein Ranking steht.

Jedes Jahr ermittelt das Unternehmen Great Place to Work© Deutschland aus 600 Teilnehmern die besten Arbeitgeber, darunter große Konzerne, Mittelständler und Unternehmen ab zehn Mitarbeitern, aber auch Kliniken, Pflege- und Betreuungseinrichtungen sowie Sozialunternehmen und Trägergesellschaften. Besonders hilfreich für Bewerberinnen und Bewerber auf der Suche nach einem familienbewussten Unternehmen ist die Unterteilung in überregional und regional, aber auch in unterschiedliche Branchen.

Als Grundlage für die Beurteilung dienen zwei Messinstrumente: der Trust Index© und das Kultur Audit. Grundlagen des Trust Index© sind eine ausführliche anonyme Mitarbeiterbefragung mit Fokus auf der Messung des Vertrauens, das den Arbeitnehmerinnen und Arbeitnehmern bei ihrer Arbeit entgegengebracht wird, und die Analyse von Personalmaßnahmen. Zentral für die Bewertung ist die Art und Weise, wie das Unternehmen diese Bausteine in die Gestaltung seiner Personalmaßnahmen einbaut und damit die Arbeitsplatzkultur fördert. Das Kultur Audit gliedert sich in zwei Teile. Im ersten Teil werden demografische Personaldaten sowie allgemeine Informationen über das Unternehmen erhoben. Der zweite Teil stellt offene Fragen zu allen relevanten Aspekten der Personalarbeit, die eine erfolgreiche Arbeitsplatzkultur ausmachen. Gewichtet werden die Ergebnisse der beiden Untersuchungsaspekte im Verhältnis 2 zu 1, wobei der Trust Index© die höhere Gewichtung erhält.

Das Thema Familienfreundlichkeit wird sowohl in der Mitarbeiterbefragung als auch im Kultur Audit berücksichtigt. In der Mitarbeiterbefragung fallen darunter Aussagen wie:

- »Ich kann mir Zeit frei nehmen, wenn ich es für notwendig halte.«
- »Die Mitarbeiter werden ermutigt, einen guten Ausgleich zwischen Berufs- und Privatleben zu finden.«
- »Mitarbeiter werden unabhängig vom Geschlecht fair behandelt.«

Im Kultur Audit gibt es den Bereich »Fürsorge zeigen«. In ihm werden Gesundheitsförderung, die Unterstützung in Notsituationen, Frauenförderung sowie die Work-Life-Balance thematisiert. Zudem werden Kennzahlen zur Flexibilität von Arbeitszeit und -ort erfasst.

Auch wenn der Fokus der Befragung im allgemeinen Wettbewerb um den besten Arbeitgeber nicht auf Familienbewusstsein liegt und die Unternehmen nicht nach dem Kriterium »Familienbewusstsein« gerankt werden, lohnt es sich also, nach einem Unternehmen Ausschau zu halten, das mit »Great Place to Work©« ausgezeichnet ist.

Neben der allgemeinen Auszeichnung »Great Place to Work©« werden in dem Wettbewerb zusätzlich noch Sonderpreise vergeben, welche die herausragende Leistungen der Unternehmen in spezifischen Themenfeldern würdigen. Dazu zählt unter anderem der Sonderpreis für die Vereinbarkeit von Beruf und Privatleben.

Das Prädikat Total E-Quality

Seit 1996 verleiht der Verein TOTAL E-QUALITY Deutschland e.V. jährlich das »TOTAL E-QUALITY Prädikat«. Das Prädikat steht für beispielhaftes Handeln im Sinne einer an Chancengleichheit ausgerichteten Personalführung. Ausgezeichnet werden Organisationen aus Wirtschaft, Wissenschaft und Verwaltung sowie Verbände mit in der Regel mindestens 15 Beschäftigten, die in ihrer Personal- und Organisationspolitik erfolgreich Chancengleichheit umsetzen.

Schon im Mini-Check, mit dem Unternehmen ihre Chancen auf das Prädikat prüfen können, kommen erste Fragen vor, die sich ganz gezielt mit dem Thema »Vereinbarkeit von Beruf und Familie« auseinandersetzen. So wird gefragt, ob

- auch Teilzeitkräfte die Möglichkeit haben, sich betrieblich weiterzubilden.
- flexible Modelle für Arbeitszeit und Arbeitsort angeboten werden.
- die Mitarbeiter und Mitarbeiterinnen bei der Finanzierung und Organisation der Kinderbetreuung unterstützt werden.
- der Kontakt zu Beschäftigten auch während der Elternzeit gepflegt wird.
- es innerhalb der Organisation einen Mitarbeiter gibt, in dessen Aufgabengebiet das Thema Chancengleichheit fällt.
- Diversity ein Schwerpunkt der Unternehmenskultur ist, der aktiv bearbeitet wird.

Im Selbstbewertungsverfahren oder Audit, welche zur Erlangung des Prädikats Voraussetzung sind, werden diese Fragen dann vertieft. Das Prädikat belegt somit, dass bei dem ausgezeichneten Unternehmen außer den »hard facts« auch die »soft facts« für den Erfolg zählen und sich die Organisation nicht nur für die Vereinbarkeit von Familie und Beruf einsetzt, sondern das Thema Chancengleichheit umfassend verfolgt. Es bescheinigt aber auch, dass die Organisation Ressourcen aus dem Potenzial und den besonderen Fähigkeiten der Frauen gewinnbringend einsetzt.

Da die Vereinbarkeit von Familie und Beruf noch immer ein Frauenthema ist und in vielen Unternehmen gleichgesetzt wird mit Frauenförderung und somit Chancengleichheit, ist dieses Prädikat durchaus interessant. Wird im Unternehmen auf eine familienbewusste Unternehmenskultur gesetzt, profitieren immer alle. Diversity ist so viel mehr als nur Frauenförderung. Zur Diversität in einem Unternehmen tragen viele Aspekte bei. Unter anderem auch Väter, die in Elternzeit gehen oder auf Teilzeit reduzieren, um sich vermehrt um ihre Familie zu kümmern. Das Prädikat TOTAL E-QUALITY ist also durchaus ein hilfreicher Indikator dafür, dass das Unternehmen zu Ihnen und Ihren Anforderungen passen könnte.

Die Liste aller mit dem Prädikat TOTAL E-QUALITY ausgezeichneten Unternehmen finden Sie unter www.total-e-quality.de.

Demografie Exzellenz Award

Seit 2008 gibt es den »Demografie Exzellenz Award«. Mit ihm werden jährlich Projekte in elf Kategorien ausgezeichnet, die anderen Mut machen sollen. Interessant für alle, die auf der Suche nach einem familienbewussten Unternehmen sind, sind die Gewinner aus der Kategorie »arbeiten & leben«. Hier liegt der Fokus auf der Vereinbarkeit von Familie und Beruf und dem betrieblichen Gesundheitsmanagement.

Bewerben können sich Unternehmen, Start-ups sowie öffentliche Organisationen und Kommunen. Die eingereichten Projekte werden in allen Kategorien nach ihrem Bezug zum übergeordneten Demografiethema beurteilt. Dabei wird geschaut, ob das Ziel beziehungsweise die Motivation des Projektes die Bewältigung einer demografischen Herausforderung war. Der Innovationsgrad ist ausschlaggebend, aber auch, ob das Projekt in ein strategisches Konzept eingebunden ist, weiterentwickelt wird und ob es mit anderen Maßnahmen ineinander greift. Das Projekt sollte eine Signalwirkung auf andere Organisationen haben und als Vorbild dienen. Gleichzeitig müssen aber auch hier Aufwand und

Nutzen in einem angemessenen Verhältnis zueinander stehen und die zur Verfügung stehenden Ressourcen optimal genutzt worden sein. Abschließend muss das Projekt unter Berücksichtigung der vorhandenen Rahmenbedingungen, wie zum Beispiel der Organisationsgröße, der finanziellen Ausstattung und der Branche, herausragen und auf andere Unternehmen übertragbar sein.

Eine Jury aus unabhängigen Expertinnen und Experten aus Politik, Wirtschaft und Wissenschaft entscheidet über die Gewinner.

CSR Jobs Award

Eine noch relativ junge Auszeichnung ist der »CSR Jobs Award«. Seit 2014 zeichnet die Plattform CSR Jobs & Companies in Kooperation mit creditform und UNICUM jährlich Arbeitgeber aus, die sich mit besonderen Projekten für ihre Mitarbeiterinnen und Mitarbeiter als »Arbeitgeber mit Verantwortung« bewiesen haben. Bewerben können sich Unternehmen, Behörden und Institutionen, die ihren Sitz in Deutschland haben. Auch hier gibt es Unterkategorien – eine davon ist die Kategorie »Unsere Familienkultur«. Die Gewinner werden von einem fachkundigen Juror oder einer fachkundigen Jurorin bestimmt.

kununu OPEN Company oder TOP Company

Unternehmen, die die Auszeichnung »kununu OPEN Company« erhalten wollen, müssen ihre Mitarbeiter lediglich aktiv dazu aufrufen, sie auf Kununu zu bewerten, die Bewertungen kommentieren und ein Unternehmensprofil auf der Kununu-Seite veröffentlichen.

Nicht mehr ganz so einfach ist es für alle, die sich mit dem Kununu-Siegel »Top Company« schmücken möchte. Hierfür muss das Unternehmen mehr als sechs Mal von (Ex-)Arbeitnehmenden bewertet worden sein und es muss durchschnittlich eine Bewertungspunktzahl von drei Punkten erreicht haben. Bewertet werden können hier unter anderem die Bereiche Gleichberechtigung, Umgang mit älteren Kollegen, aber auch die Arbeitsbedingungen und die Work-Life-Balance.

Das Famany-Siegel

Famany legt, wie auch die Bertelsmann Stiftung, den Fokus auf die Meinung der Mitarbeiterinnen und Mitarbeiter. Je nach Unternehmensgröße muss eine Mindestzahl von Arbeitnehmern den Arbeitgeber bewerten – von mindestens 5 bei bis zu 50 Mitarbeitern und bis zu mindestens 40 bei über 500 Mitarbeitern. Die Teilnehmer füllen einen dreiseitigen Fragebogen aus, der allgemeine Angaben zur Unternehmenskultur und den Angeboten des Unternehmens umfasst. Der Fokus liegt aber auf den Maßnahmen zur Vereinbarkeit von Familie und Beruf, wie zum Beispiel Kinderbetreuung und flexible Arbeitsmodelle.

Otto Heinemann Preis

Der einzige Preis für die Vereinbarkeit von Beruf und Pflege ist der 2015 erstmals vergebene Otto Heinemann Preis der spectrumK GmbH in Kooperation mit den Spitzenverbänden der BKKs und IKKs. Ausgezeichnet werden Unternehmen, die mit innovativen Ideen und in herausragender Weise für ihre Beschäftigten gute Bedingungen für die Vereinbarkeit von Beruf und Pflege schaffen. Teilnehmen können alle Unternehmen mit Beschäftigten in Deutschland – unabhängig von der Unternehmensgröße. Damit auch kleinere Unternehmen eine Chance haben, wird der Preis in drei Kategorien vergeben. Unternehmen bis 500, Unternehmen mit mehr als 500 und Unternehmen mit mehr als 2000 Mitarbeiterinnen und Mitarbeiter.

Eine fachkundige Jury, zusammengesetzt aus Vertretern aus Wirtschaft, Verbänden und Institutionen, wählt die drei besten Projekte in jeder Kategorie. Beurteilt wird dabei ausschließlich die Balance von Beruf und Pflege: Wie gelingt es dem Unternehmen, wirtschaftlichen Erfolg und pflegefreundliche Personalpolitik als Unternehmensphilosophie zu gestalten? Welche Ideen und Modelle existieren bereits und was ist geplant?

Beim Otto Heinemann Preis handelt es sich um einen noch wenig etablierten Preis. Noch finden sich in Deutschland nicht viele Unternehmen mit dieser Auszeichnung. Sollten Sie die Auszeichnung aber bei

Ihrem potenziellen neuen Arbeitgeber finden, ist das ein durchaus gutes Zeichen für ein großes Bewusstsein für die Herausforderungen von Vereinbarkeit von Beruf und Pflege, aber auch von Beruf und Familie.

Neben den überregionalen Zertifikaten, Auszeichnungen und Wettbewerben gibt es auch noch zahlreiche regionale. Eine detaillierte Liste mit Beschreibung finden Sie auf meiner Webseite www.lob-magazin.de. Für alle Unternehmen mit überregionalen oder auch regionalen Auszeichnungen kann man sagen, dass sie in aller Regel im »Familienbewusstsein« mehr als nur ein Feigenblattthema sehen. Eine Garantie ist es dennoch nicht. Um also einen noch besseren Einblick in die tatsächliche Unternehmenskultur des potenziellen Arbeitgebers zu erhalten, lohnt es sich, weitere Informationen über das Unternehmen zu sammeln – in deren Publikationen, im Internet oder auch im persönlichen Gespräch mit Angestellten.

KAPITEL 4
HOCHGLANZ UND REALITÄT

2020 werden dem deutschen Arbeitsmarkt 1,8 Millionen Fachkräfte fehlen. Noch ist dieser Fachkräftemangel nicht flächendeckend, aber einzelne Berufsfelder vermelden bereits gravierende Engpässe – insbesondere in den Gesundheits- und Pflegeberufen. Aber auch Ingenieure werden händeringend gesucht. Betroffen sind nicht nur kleine und mittelständische Unternehmen im ländlichen Bereich, auch Konzerne können ihre Stellen nicht mehr ohne weiteres besetzen. Das sinkende Angebot an Fachkräften, gepaart mit dem steigenden Bedarf an qualifizierten Arbeitskräften, hat zu einem Wandel auf dem Arbeitsmarkt geführt. Weg vom Arbeitgeber- hin zum Arbeitnehmermarkt. Das heißt nichts anderes, als dass sich heutzutage die Unternehmen bei den potenziellen Arbeitnehmerinnen und Arbeitnehmern bewerben. Bewerberinnen und Bewerber, die mit Anforderungslisten in die Bewerbungsgespräche kommen, sind keine Seltenheit mehr. Sie fordern familienbewusste Angebote wie flexible Arbeitszeiten und -orte und Unterstützung bei der Kinderbetreuung oder auch das Recht, irgendwann einmal ein Sabbatical einlegen zu können. Werden die Kriterien nicht erfüllt, wird der Bewerber/die Bewerberin den Arbeitsvertrag nicht unterschreiben.

Die Antwort der Unternehmen heißt: Employer Branding. Hierbei geht es darum, das eigene Unternehmen in einem optimalen Licht erscheinen zu lassen und zu einer Arbeitgebermarke zu machen. Mit dem Ziel, sich gegenüber den eigenen Mitarbeiterinnen und Mitarbeitern, aber auch potenziellen Bewerberinnen und Bewerbern als attraktiver Arbeitgeber zu positionieren, um so die Angestellten zu halten und neue zu gewinnen. Familienbewusstsein gehört seit Jahren zu den ausgewiesenen Erfolgsfaktoren zur Rekrutierung und Bindung von Fachkräften.

Große Unternehmen verfügen über einen ganzen Stab von Kommunikationsprofis, die auf Employer Branding spezialisiert sind. Zahlreiche Agenturen im gesamten Bundesgebiet beraten Unternehmen jeder Größe und jeder Couleur, wie sie sich optimal darstellen können. Man kann also davon ausgehen, dass zumindest die größeren Arbeitgeber auf ihrer Internetseite, in ihren Broschüren und sämtlichen anderen Kanälen auch das Thema Familienfreundlichkeit/Familienbewusstsein beziehungsweise Vereinbarkeit von Familie und Beruf nutzen, um sich zu positionieren. Aber das Internet ist ebenso wie das Papier geduldig. Es lohnt sich ein detaillierter Blick.

Anders sieht es noch bei den mittelständischen Unternehmen aus, die das Rückgrat der deutschen Volkswirtschaft ausmachen. 99,95 Prozent aller Unternehmen in Deutschland sind Mittelständler. In absoluten Zahlen sind das 3,67 Millionen mittelständische Unternehmen und nur 1 800 Großunternehmen. Insgesamt beschäftigt der Mittelstand 68 Prozent der Erwerbstätigen. Die Wahrscheinlichkeit, bei einem Mittelständler einen Job zu finden, ist also sehr groß.

In aller Regel gibt es hier individuelle Absprachen zwischen den Beschäftigten und dem Chef oder der Chefin. Auf der Internetseite des Unternehmens wird man diese vergeblich suchen. Auch haben diese Arbeitgeber oftmals kein Budget geschweige denn Kommunikationsexperten, die auf das Thema Familienfreundlichkeit spezialisiert sind. Es kann also schwierig werden, Informationen über deren Familienfreundlichkeit zu sammeln. Gleichzeitig hat die Candidate Journey Studie 2017 gezeigt, dass es nur knapp 40 Prozent der Unternehmen gelingt, ihre Unternehmenskultur, das Zusammenspiel von Team und Kollegen, die Work-Life-Balance oder Weiterbildungsmöglichkeiten aussagekräftig an Bewerber zu kommunizieren. Umso wichtiger also, das Unternehmen detailliert unter die Lupe zu nehmen.

Die Stellenanzeige

Beginnen wir mit der Stellenanzeige. Immerhin 70 Prozent der Stellen werden nach wie vor über Stellenausschreibungen besetzt. Ganz vorne dabei sind die Stellenausschreibungen in Onlinejobbörsen. Diese Stellenanzeige ist in aller Regel die erste Begegnung mit dem potenziellen Arbeitgeber und unterscheidet sich im Wesentlichen kaum von einem Arbeitszeugnis: Die Studie »Employer Telling« aus dem Jahr 2016 hat mehr als 120 000 Stellenausschreibungen im Internet analysiert und herausgefunden, dass die meisten Stellenanzeigen nichts als leere Worthülsen sind und sich die Unternehmen wenig kreativ von anderen abzuheben versuchen. Die meisten verwenden Floskeln wie »weltweit«, »führend«, »international« und »innovativ«. Auch das Angebot ähnelt sich. Die Liste der Top-Ten-Angebote von Arbeitgebern wird angeführt von »attraktive Vergütung« gefolgt von »Spaß«. »Familie« landet immerhin auf Platz 5.

Der Adecco Stellenindex Januar 2016 – eine Auswertung aus 166 Printmedien und 32 Onlinejobbörsen – zeigt, dass die Vereinbarkeit von Beruf und Familie in Stellenanzeigen immer mehr in den Fokus rückt. Immerhin schon circa 7 Prozent der Stellenanzeigen versprechen eine familienfreundliche Anstellung. Interessanterweise werden besonders klassisch männliche und karriereorientierte Berufssparten mit Vereinbarkeit beworben. 15 Prozent der mit Familienfreundlichkeit werbenden Unternehmen suchten im Bereich IT und Beratung, 10 Prozent im Bereich Vertrieb. Kein Wunder, denn auch diese Unternehmen müssen »weiblicher« werden. Eine »attraktive Vergütung«, Angebote zur »Familienfreundlichkeit« und »Weiterbildung« sind nicht mehr als austauschbare Hygiene-, aber keine Differenzierungskriterien für Arbeitgeber, schlussfolgert die Studie »Employer Telling«.

Dennoch sind bestimmte Begriffe in den Stellenanzeigen ein wichtiger erster Indikator. Man muss sie nur lesen können. Wer weiß, was sich hinter bestimmten Begriffen verbirgt und zwischen den Zeilen lesen kann, erkennt, ob es sich um ein familienbewusstes Unternehmen handelt oder nicht. Aber auch, ob die Stelle sich mit Familie vereinbaren lässt. Wenn Sie also festgestellt haben, dass die ausgeschriebene Stelle inhaltlich zu Ihnen passt, sollten Sie im zweiten Schritt genau schauen, ob auch alles andere für Sie stimmig ist. Daher gilt: Augen auf bei der Stellenanzeige!

Aussagen über die ausgeschriebene Stelle

Wird die Formulierung »außergewöhnlicher Einsatz« verwendet, kann man davon ausgehen, dass in diesem Unternehmen oder zumindest auf dieser Stelle unter hohem Zeitdruck gearbeitet wird und Überstunden an der Tagesordnung sind.

Wird eine »außergewöhnliche Belastbarkeit« vorausgesetzt, wird die Arbeitsbelastung tatsächlich hoch sein.

Kommen Begriffe wie »durchsetzungsstark«, »belastbar« oder »kritikfähig« vermehrt in der Stellenanzeige vor, kann dies durchaus auch für ein Umfeld mit eher rauen Umgangsformen und Druck von Vorgesetzten sprechen.

Werden nur die »üblichen Sozialleistungen« angeboten, heißt das leider nichts anderes, als dass das Unternehmen nur das tun wird, was notwendig ist. Nichts spricht dafür, dass dieses Unternehmen seine Mitarbeiter und Mitarbeiterinnen bei der Vereinbarkeit von Beruf und Familie unterstützt.

Wird »Mobilität« verlangt, bedeutet das nicht nur, dass der Arbeitgeber möchte, dass Sie über einen Führerschein und ein Auto verfügen. Es kann auch bedeuten, dass Sie viel unterwegs sein werden, sehr wahrscheinlich auch über die eigentlichen Arbeitszeiten hinaus und auch nicht immer am selben Einsatzort.

Nicht viel anders sieht es bei dem Schlagwort »Reisebereitschaft« aus. Meist handelt es sich hierbei nicht um die gelegentliche Dienstreise, die ja durchaus auch eine interessante Abwechslung sein kann. Reisebereitschaft bedeutet vielmehr, dass Sie sich bewusst sein müssen, auf dieser Position oft unterwegs zu sein.

Ist die Stelle in Vollzeit ausgeschrieben, Sie möchten aber lieber Teilzeit arbeiten, sollte Sie das auf keinen Fall abschrecken. Wie Sie schon gelernt haben, ist Teilzeit nicht gleich Teilzeit. Hinzu kommt: Je nach Flexibilität des Arbeitgebers können Sie eventuell doch mehr Stunden als ursprünglich geplant für den Job aufbringen (siehe dazu auch das Kapitel »Optimal aufgestellt für die Bewerbungsphase«). Flexible Arbeitszeiten werden heute fast in jeder Stellenanzeige geboten. Aber für die Flexibilität gibt es diverse Interpretationsmöglichkeiten. Flexibel kann heißen, dass Sie eine Kernarbeitszeit haben, in der Sie anwesend sein müssen. Es kann aber auch heißen, dass es dem Arbeitgeber weitestgehend egal ist, wann Sie persönlich anwesend sind. Wichtig ist nur, dass Sie Ihre Aufgaben erledigen. Hier sollten Sie also besser genau nachfragen.

Gut zu wissen: Unternehmen sind dazu verpflichtet, die Anzeigen gendergerecht zu formulieren, also immer sowohl die weibliche als auch die männliche Form zu verwenden. Rückschlüsse auf das Unternehmen können daher aus dieser Formulierung nicht gezogen werden.

Aussagen über das Unternehmen

In der Beschreibung des eigenen Unternehmens neigen viele zum sogenannten Bullshit-Bingo – wer die meisten Floskeln in der Selbstbeschreibung unterbringt, hat gewonnen. Eine der am häufigsten verwendeten Beschreibungen ist die Behauptung, ein »angenehmes Betriebsklima« zu haben. Aber mal ganz ehrlich: Davon gehen wir doch aus, dass das Klima »angenehm« ist. Würde man sich sonst bewerben wollen? Immerhin sucht das Unternehmen potenzielle Mitarbeiter und möchte diese nicht vergraulen.

Wird das Unternehmen als »dynamisch« beschrieben, könnte das auch bedeuten, dass es sich hier um eine eher chaotische Organisation handelt. Das muss man wollen.

Das genaue Gegenteil dazu ist die »eingespielte Mannschaft«. Diese Kollegen arbeiten aller Wahrscheinlichkeit nach schon seit vielen Jahren zusammen und sind daher auf der Suche nach jemandem, der oder die genau in diese Gruppe passt.

Ein Hinweis auf »Entwicklungsmöglichkeiten« kann auch ein Hinweis auf eine hohe Fluktuation sein. »Flache Hierarchien« bedeutet, dass Sie schnell in Entscheidungen eingebunden werden und zu den Konsequenzen werden stehen müssen.

Besondere Obacht ist geboten, wenn das Unternehmen sich als ein »Traditionsunternehmen« vorstellt. Ist Familienbewusstsein in diesem Unternehmen eine Tradition: ganz schnell bewerben. Wenn nicht: Aufpassen! Lieber im Bewerbungsgespräch einmal mehr nachhaken.

Der Internetauftritt

Eigentlich sollte man davon ausgehen können, dass sich im digitalen Zeitalter, in dem knapp 90 Prozent der Haushalte über einen Internetzugang verfügen und gefühlt jeder mindestens ein Smartphone besitzt, alle Unternehmen mit einer eigener Webseite präsentieren. So ist es aber nicht. Glaubt man dem Statistischen Bundesamt, betreiben nur circa 66 Prozent aller in Deutschland ansässigen Unternehmen eine eigene Webseite, angefangen beim Ein-Mann-Betrieb bis zum Konzern. Von den kleinen und mittelständischen Betrieben hat knapp ein Viertel keine Homepage – obwohl 93 Prozent sich durchaus der Bedeutung bewusst sind.

Konzentrieren wir uns in diesem Kapitel also auf die Unternehmen, die einen eigenen Internetauftritte haben und nutzen, um auf ihr Angebot für Arbeitnehmer aufmerksam zu machen. Denn: Ein genauer Blick lohnt sich auch hier.

Ein erster aussagekräftiger Indikator ist schon die Auffindbarkeit der Informationen zum Thema Vereinbarkeit von Familie und Beruf. Müssen Sie sich mühsam durch unzählige Seiten durchklicken, um das Angebot zu finden, oder werden Sie mit wenigen Klicks fündig?

Vorbildlich ist hier zum Beispiel die Bosch GmbH. Gleich auf der Startseite von »Karriere« zeigt Bosch in seinem internationalen Unternehmensauftritt, wie wichtig dem Unternehmen die Vereinbarkeit von Familie und Beruf ist. Unter »Dafür stehen wir als Arbeitgeber« findet man:

- »Im Gleichgewicht bleiben
- Entscheiden Sie sich für beides: Beruf und Privatleben.

• Spitzenleistungen brauchen einen Ausgleich. Ob mehr Zeit für die Familie, ein Hobby oder eine Fortbildung – wir unterstützen Sie aktiv dabei, Ihre privaten und beruflichen Ziele zu vereinbaren. Passen Sie mit uns Ihre Arbeit an Ihre Bedürfnisse an.«

Dass auch kleinere Unternehmen sich ihren Bewerberinnen und Bewerbern durchaus als familienbewusst darstellen können, zeigt das Unternehmen Alnatura – insgesamt arbeiten hier 2 700 Angestellte. Auf der Karriereseite werden unter der Überschrift »Alnatura bietet überzeugende Arbeitgeberleistungen« ganz konkret die familienbewussten Angebote aufgelistet. Angefangen bei »unbefristeten Arbeitsverträgen«, über »familienfreundliche Teilzeitmodelle« und »Wiedereinstiegsvorbereitungen nach der Elternzeit« bis hin zu »Yoga-Kursen«.

An wen wendet sich das Angebot?

Untersuchungen zeigen immer wieder, dass Väter sich vermehrt auch der Erziehung ihrer Kinder widmen wollen. Aus diesem Grund gibt es immer mehr Angebote, die sich speziell an Väter wenden, wie zum Beispiel ein Väternetzwerk oder die Freistellung von Vätern für die Vorsorgeuntersuchungen während der Schwangerschaft.

So schreibt beispielsweise die Fraport AG auf ihrer Internetseite im Bereich »Karriere«: »Der Wunsch oder die Notwendigkeit, berufstätig zu sein und Familie zu haben, stellt insbesondere Frauen vor eine große Herausforderung. Das Thema betrifft heute aber auch immer mehr Männer. Wo immer möglich, wollen wir unsere Beschäftigten bei der Vereinbarkeit von Beruf und Familie unterstützen. Eine Mutter, die nach der Elternzeit in den Beruf zurückkehren möchte, wird dabei ganz andere Vorstellungen von Unterstützung haben als ein alleinerziehender Vater mit schulpflichtigen Kindern.«

Wendet sich das Angebot in der Beschreibung ausschließlich an Frauen und damit an Mütter mit Kindern, deutet dies darauf hin, dass das Unternehmen noch nicht die ganze Bandbreite der Thematik erkannt hat.

Denn bei der Vereinbarkeit geht es nicht nur um Mütter, sondern auch um Väter und um die älteren Mitarbeiter.

Wird »Pflege« thematisiert?

Vereinbarkeit von Beruf und Familie bedeutet auch die Vereinbarkeit von Beruf und Pflege. Denn nicht jeder hat Kinder, aber in aller Regel haben alle noch Eltern, und die können pflegebedürftig werden. Gut, wenn das Unternehmen dann auch Angebote zur Vereinbarkeit von Beruf und Pflege hat.

Dass Angebote im Bereich »Pflege« nicht nur etwas für große Unternehmen oder gar Konzerne ist, beweist die Laudert GmbH & Co.KG. Das Unternehmen beschäftigt etwas mehr als 350 Mitarbeiter und erwähnt explizit, dass die Beschäftigten nicht nur Informationen, sondern auch Hilfestellung beim Thema Pflege von Angehörigen erhalten.

Was wird geboten?

Wenn Unternehmen es ernst mit der Vereinbarkeit meinen, bieten sie in aller Regel zahlreiche Maßnahmen an.

Allerdings sind die Art und der Umfang des Angebotes unter anderem abhängig von Größe, Branche und Lage. Ein Angebot, das für einen großen Dienstleister in Frankfurt sinnvoll ist, muss keineswegs auch für einen produzierenden Mittelständler mit vollkontinuierlichem Schichtbetrieb im Hinterland oder ein deutschlandweit aufgestelltes Handelsunternehmen passen.

Ein gutes Beispiel für ein Unternehmen, das seine familienfreundlichen Konzepte im Netz ausführlich vorstellt, ist das Bayernwerk mit Hauptsitz in Regensburg:

»Familienfreundliche Konzepte

Als familienfreundliches Unternehmen entwickeln wir seit Jahren familienfreundliche Konzepte, auf die unsere Mitarbeiter zurückgreifen können.

Dazu gehören flexible Arbeitszeitmodelle, verschiedene Teilzeitmodelle, unter anderem Sabbaticals, sowie mobiles Arbeiten (Homeoffice).

Für berufstätige Eltern steht in Regensburg eine betriebseigene Kinderkrippe für die Kinderbetreuung zur Verfügung, an anderen Standorten der Bayernwerk AG bieten wir weitere externe Kindergarten- und Krippenplätze an. In Regensburg und Bayreuth können bei Betreuungsengpässen Kinder mit an den Arbeitsplatz genommen werden, hier gibt es die Möglichkeit, ein Eltern-Kind-Zimmer zu nutzen.

Ferienbetreuungsprogramme an einigen Standorten erleichtern unseren Mitarbeiterinnen und Mitarbeitern, Familie und Beruf auch in den Schulferien unter einen Hut zu bringen.

Während der Elternzeit halten unsere Mitarbeiterinnen und Mitarbeiter durch ein Patenmodell den Kontakt zu ihren Kolleginnen und Kollegen und damit zum Unternehmen, um den Wiedereinstieg in den Beruf zu erleichtern.

Wir kooperieren seit Jahren sehr erfolgreich mit dem Elternservice AWO zusammen, um unsere Mitarbeiterinnen und Mitarbeiter in allen Lebenssituationen individuell und bedarfsgerecht zu unterstützen. Dazu gehören auch Informations- und Serviceangebote für Mitarbeiter mit pflegebedürftigen Angehörigen.

Ein ganzheitliches betriebliches Gesundheitsmanagement mit zahlreichen weiteren Aktivitäten unterstützt die bessere Vereinbarkeit von Beruf und Privatleben nachhaltig.«

Findet sich etwas zur Arbeitszeitgestaltung oder Telearbeit?

Nach wie vor gehören die Arbeitszeitgestaltung und die Telearbeit zu den zentralen Elementen einer familienfreundlichen Arbeitgeberpolitik. Deshalb sollte sowohl im Internet als auch in einer Unternehmensbroschüre auf das Thema eingegangen werden. Sei es, dass Mitarbeiter gezeigt werden, die flexible Arbeitszeiten oder Telearbeit nutzen, oder dass in einem allgemeinen Fließtext darauf verwiesen wird, dass es innerhalb des Unternehmens jederzeit möglich ist, auf Flexibilisierungswünsche von Arbeitnehmerinnen und Arbeitnehmern einzugehen.

Der Unternehmensblog der R+V ist hierfür ein positives Beispiel. Hier werden ausführlich diverse Arbeitszeitmodelle vorgestellt, Fragen zur Elternzeit beantwortet, allgemein auf das Thema »Balanceakt Beruf und Familie« eingegangen, aber auch die Notfall-Kinderbetreuung nicht ausgelassen.

Werden Mitarbeiterinnen und Mitarbeiter vorgestellt, die vereinbaren?

Ein weiterer Indikator für das Bewusstsein für die Familienfreundlichkeit und somit für die Kultur der Vereinbarkeit im Unternehmen sind Beispiele von Mitarbeitern. Das können Porträts ebenso wie Aussagen von Angestellten sein. Auch hier sollten Sie immer auch die Größe des Unternehmens im Hinterkopf behalten. Nicht jedes Unternehmen kann es sich leisten, viel Arbeitszeit oder Geld in die Kommunikation zu stecken. Und ein Porträt zu schreiben, kostet Zeit und Geld. Jedes Unternehmen kann es sich aber leisten, Aussagen von Angestellten zu sammeln und diese auf der Webseite zu veröffentlichen.

Stellt ein Unternehmen auf seiner Internetseite einen Mitarbeiter vor, der länger als die obligatorischen zwei Monate in Elternzeit gegangen ist, ohne Karriereeinbußen verzeichnen zu müssen, ist das ein guter Indikator dafür, dass der Arbeitgeber verstanden hat, dass das Thema kein reines Frauenthema ist.

Wie authentisch wird das Thema dargestellt?

Stoßen Sie auf einer Unternehmensseite auf porträtierte Mitarbeiterinnen und Mitarbeitern, bei denen immer alles glatt läuft, dann ist das glatt gelogen. Wer Familie und Beruf oder gar Beruf und Pflege vereinbart, steht immer wieder vor neuen Herausforderungen. Werden diese ignoriert oder schöngeredet, hat das Unternehmen die Tragweite wohl noch nicht ganz verstanden. Viel aussagekräftiger sind Porträts von Angestellten, die zeigen, vor welchen Herausforderungen sie stehen oder standen und wie das jeweilige Unternehmen sie dabei unterstützt hat.

Frauen in Führungspositionen

Die Studie »Vereinbarkeit 2020« der gemeinnützigen berufundfamilie Service GmbH und der Hochschule Ludwigshafen aus dem Jahr 2015 hat herausgefunden, dass sich Beschäftigte in drei Gruppen unterteilen lassen. Die größte Gruppe (67 Prozent) sind die sogenannten »Vereinbarer«. Sie wollen sich beruflich entwickeln, wünschen sich aber gleichzeitig auch genug Zeit für ihr Privatleben und die Familie. Diese Vereinbarer steigen meist dann in Führungspositionen auf, wenn sich ihnen die Chance bietet, aber eben nicht um jeden Preis. Diese Führungskräfte setzten sich dann auch gezielt für die Vereinbarkeit von Familie und Beruf ein. Da die Vereinbarkeit noch immer in den meisten Fällen Sache der Frauen ist, kann man sagen: Je höher der Prozentsatz von Frauen in Führungspositionen, desto wahrscheinlicher ist es, dass es sich bei diesem Unternehmen um ein familienbewusstes handelt.

Führung in Teilzeit

Auch konkrete Beispiele für flexible Arbeitsformen in höherer qualifizierten oder in Führungspositionen zeigen, dass in diesem Unternehmen Vereinbarkeit gelebt wird. Denn Vereinbarkeit ist ein Thema, das sich nur, wenn es top-down gelebt wird, auch in der Kultur verankern kann.

Wird Ansprechpartner für das Thema Vereinbarkeit genannt?

Auch wenn die Ansprechpartner in erster Linie für die Mitarbeiterinnen und Mitarbeiter da sind, bezieht ein Unternehmen durchaus Stellung, wenn es diese Person im Internet vorstellt. Bewerberinnen und Bewerber haben so die Möglichkeit, direkt mit der verantwortlichen Person Kontakt aufzunehmen und Fragen zur Vereinbarkeit abzuklären.

Explizit genannt werden eine Ansprechpartnerin oder ein Ansprechpartner für die Vereinbarkeit von Beruf und Familie nur selten. Die Basler AG gehört zu den Ausnahmen. Hier erfährt man direkt, wer für das Programm »Vereinbarkeit von Beruf und Familie« verantwortlich ist.

Unternehmensblog oder Corporate Blog

Noch gibt es nicht allzu viele Unternehmen, die sich mit einem Unternehmensblog oder Corporate Blog schmücken. Wenn ein Unternehmen allerdings über einen solchen Blog verfügt, können Sie daraus einige hilfreiche Informationen ziehen. Zwar fallen diese Blogs in den Bereich der Unternehmenskommunikation und sind daher nicht immer ganz objektiv, aber auch die Unternehmen haben mittlerweile erkannt, dass Schönfärberei nach hinten losgehen kann – ganz besonders dann, wenn Kommentare zugelassen sind. Surfen Sie also drauf los und schauen Sie, was Sie zum Thema »Vereinbarkeit«, »Beruf und Familie«, »Kinder« finden können. Auch hier gilt: Läuft alles immer glatt, ist dies eher unglaubwürdig.

Daimler war eines der ersten Unternehmen, das sich einen eigenen Unternehmensblog zugelegt hat. Im Themenfeld »Mitarbeiter & Gesellschaft« finden sich zahlreiche Artikel unter anderem zum Thema »Vereinbarkeit von Familie und Beruf«. Unter anderem Blogeinträge wie »Heute gehe ich mit Papa zur Arbeit« und »Weniger Arbeit = mehr Familie«. Sehr schön zu sehen: Die Bilder in dem Blog zeigen nicht nur Mütter mit kleinen Kindern, sondern auch Väter. Klares Indiz dafür, dass man sich hier tiefergreifender mit dem Thema auseinander gesetzt hat.

Auch Windwärts, ein noch relativ junges Unternehmen mit einer dementsprechend jungen Belegschaft, hat einen eigenen Unternehmensblog, in dem regelmäßig auch zum Thema »Vereinbarkeit von Beruf und Familie« gebloggt wird.

Welche Bildersprache wird verwendet?

Bilder sagen mehr als 1 000 Worte. Bilder spiegeln aber auch das Mindset des Arbeitgebers wider. Auch hier gilt: Sind nur Frauen mit Kindern zu sehen, kann davon ausgegangen werden, dass das Unternehmen noch nicht die ganze Bandbreite des Themas verstanden hat. Nur wenn auch Väter oder Mitarbeiterinnen und Mitarbeiter gezeigt werden, die Beruf und Pflege vereinbaren, hat das Unternehmen verstanden, was die Vereinbarkeit von Familie und Beruf bedeutet.

Ist Familienbewusstsein ein Teil der Unternehmensphilosophie oder des Leitbildes?

Viele Unternehmen geben sich ein Leitbild oder verschreiben sich einer Unternehmensphilosophie. Die beiden Begriffe werden dabei oft synonym verwendet und stehen für eine schriftliche Erklärung über ihr Selbstverständnis und ihre Grundprinzipien. Sowohl das Leitbild als auch die Unternehmensphilosophie sollen den Mitarbeiterinnen und Mitarbeitern eine Orientierung geben, deren Handeln beeinflussen und sowohl die Organisation als Ganzes als auch die einzelnen Mitglieder motivieren. Nach außen verdeutlicht es, wofür das Unternehmen steht. Ist Familienfreundlichkeit Teil des Leitbilds oder der Unternehmensphilosophie, kann davon ausgegangen werden, dass die oberste Führungsriege Wert auf dieses Thema legt und zumindest an einer Kultur der Vereinbarkeit gearbeitet wird.

Unternehmenspublikationen

Je nach Größe ist ein Unternehmen verpflichtet, bestimmte Berichte zu veröffentlichen. Dazu gehören der Geschäftsbericht und der Nachhaltigkeitsbericht. Aber selbstverständlich gibt es daneben noch zahlreiche andere Veröffentlichungen, mit denen sich die Unternehmen präsentieren.

darunter Imagebroschüren und Flyer. Diese Publikationen sind für die Öffentlichkeit gedacht und sollen in erster Linie für das Unternehmen werben. Sie geben Einblicke in das Unternehmen – in dessen Philosophie, Arbeitsweise, Struktur und Produkte oder Dienstleistungen – sowie oftmals auch Rückblicke in die Historie und Ausblicke in die Zukunft. In solchen Unternehmenspublikationen werden Sie nur wenige kritische Worte finden. Aber auch hier lässt es sich trefflich zwischen den Zeilen lesen.

Haken Sie im Bewerbungsgespräch oder in den sozialen Medien ruhig nach, ob das vorgestellte Angebot für alle gilt. Manche Unternehmen haben beispielsweise spezielle familienbewusste Angebot nur für Führungskräfte. Je nachdem, wie mit der Frage umgegangen wird, lässt das Rückschlüsse auf das Unternehmen zu (siehe dazu das Kapitel »Das Vorstellungsgespräch«).

Eher für die interne Kommunikation sind Unternehmenspublikationen wie die Mitarbeiterzeitung oder Kinderbücher, die den Mitarbeiterkindern Mamas beziehungsweise Papas Arbeitgeber vorstellen. Die Palette der Unternehmenspublikationen ist lang. Aber auch hier gilt wieder: Nicht jeder kann sich alles leisten. Und: Papier ist geduldig.

Die Mitarbeiterzeitung

Viele Unternehmen verfügen in der einen oder anderen Form über eine Mitarbeiterzeitung oder ein Mitarbeitermagazin. Auch wenn diese Publikationen zunächst einmal ausschließlich für die eigenen Mitarbeiterinnen und Mitarbeiter veröffentlicht werden, sind sich die Macher sehr wohl bewusst, dass auch Außenstehende sie lesen. Sie kennen jemanden, der oder die bei dem Unternehmen angestellt ist, bei dem Sie sich bewerben wollen? Viele Unternehmen bieten ihre Mitarbeiterpublikation mittlerweile schon als E-Paper an und das ist schnell verschickt. Wird »Beruf und Familie« thematisiert? Werden Mitarbeiterinnen und Mitarbeiter mit familiären Verpflichtungen vorgestellt? Oder werden zumindest die Ansprechpartner für das Thema genannt? Wenn ja, ist das ein gutes Zeichen. Das Unternehmen beschäftigt sich mit dem Thema und will alle Mitarbeiter erreichen.

Geschäftsbericht

Abhängig von der Größe und Rechtsform müssen Unternehmens einmal jährlich einen Geschäftsbericht veröffentlichen, um damit gegenüber ihren Anteilseignern und der interessierten Öffentlichkeit Rechenschaft abzulegen. Neben den gesetzlich vorgeschriebenen Angaben enthalten viele Geschäftsberichte darüber hinaus noch eine Reihe freiwilliger Angaben, die der Selbstdarstellung des Unternehmens dienen. Aber auch Unternehmen, die nicht gesetzlich dazu verpflichtet sind, einen Geschäftsbericht zu veröffentlichen, tun dies. Eine solche Publikation kann ebenfalls für die Recherche dienen.

Nachhaltigkeitsbericht

Ähnlich verhält es sich mit dem Nachhaltigkeitsbericht – einer Weiterentwicklung des Umweltberichts, der seit 2005 öffentliche Verwaltung und private Einrichtungen, sofern sie öffentliche Aufgaben wahrnehmen, dazu verpflichtet, Umweltinformationen nach Antragstellung zur Verfügung zu stellen. Als Umweltinformationen gelten unter anderem Daten über die Gesundheit der Mitarbeiterinnen und Mitarbeiter. Da die Vereinbarkeit von Familie und Beruf oft der »Gesundheit« zugeordnet wird, kann man auch hier fündig werden.

So schreibt beispielsweise BMW in seinem Nachhaltigkeitsbericht:

»Wir unterstützen unsere Mitarbeiter bei der Vereinbarkeit von Berufs- und Privatleben. Dazu bieten wir ihnen eine große Zahl unterschiedlicher Instrumente zur Flexibilisierung von Arbeitszeit und Arbeitsort sowie zur Betreuung von Kindern und pflegebedürftigen Angehörigen.

Arbeits- und private Lebenswelten vermischen sich immer mehr, ergänzen sich im Idealfall, beeinträchtigen sich unter Umständen aber auch. Die BMW Group möchte ihren Mitarbeitern eine ausgewogene Work-Life-Balance ermöglichen. Dabei sehen wir uns einer ganzen Reihe von Herausforderungen gegenüber. Die Individualisierung der Gesellschaft führt zu ganz unterschiedlichen Lebensmodellen. Das bedeutet: Nicht jedes Instrument passt für jeden Mitarbeiter. Hinzu kommt die Internationalisierung der BMW Group. Sie führt zu mehr internationalem Bezug inklusive Arbeiten über Zeitzonen hinweg, die mit dem Privatleben nicht immer einfach zu vereinbaren sind. Zudem unterscheiden sich die Anforderungen und Bedürfnisse von Land zu Land ganz erheblich. Weil wir wissen, dass nicht jedes Instrument für jeden Mitarbeiter passt, haben wir eine Vielzahl von Angeboten entwickelt, aus der unsere Mitarbeiter auswählen können. Auch entwickelt jeder Standort der BMW Group individuell mit Blick auf seine landesspezifischen Gegebenheiten eigene Maßnahmen.«

Insgesamt kann man sagen, dass Nachhaltigkeitsberichte durchaus ein Hinweis auf das Problembewusstsein des Unternehmens ist. Da die Unternehmen aber selbst die Schwerpunkte setzen können, ist es gleichzeitig aber auch immer Werbung in eigener Sache und Selbstdarstellung.

Unterwegs im Web 2.0

Dachte man gerade noch:»Was für ein familienbewusstes Unternehmen. Da möchte ich unbedingt arbeiten!«, kann es nach der Recherche im Internet schon ganz anders aussehen. Facebook, Twitter oder andere soziale Medien sind aus unserer Zeit gar nicht mehr wegzudenken. Und genau dahin sollten Sie bei Ihrer Suche nach einem familienbewussten Unternehmen auch schauen. Denn drei Viertel der deutschen Unternehmen setzen mittlerweile auf Social-Media-Instrumente und -Plattformen, um Bewerberinnen und Bewerber auf sich aufmerksam zu machen. Nahezu 100 Prozent der Unternehmen nutzen sowohl ihre eigene Karriereseite als auch Onlinejobbörsen, so der»ICR Recruiting Trends 2017«. Social-Business-Netzwerke wie Xing, LinkedIn und andere stehen bei über 70 Prozent der Unternehmen auf Platz drei für Veröffentlichungen; Facebook, Twitter und Co. nach Kanälen wie Bundesagentur für Arbeit und Jobmessen mit etwas über 50 Prozent auf Platz fünf. Kein Wunder, denn immerhin 78 Prozent der Stellensuchenden tummeln sich auf den Onlinestellenbörsen wie Monster, Stellenanzeigen.de und Stepstone, um eine neue Herausforderung zu finden. Vergleichsweise wenige

(43 Prozent) informieren sich auf der jeweiligen Unternehmenswebseite über offene Stellen, und 34 Prozent suchen über Business-Netzwerke wie Xing und LinkedIn nach der richtigen Stelle, aber auch nach dem passenden Arbeitgeber.

Das Interessante an den sozialen Netzwerken, Blogs, Bewertungs- und Videoplattformen: Sie erlauben ihren Nutzern, Fragen zu stellen und Kommentare zu hinterlassen. Das können schon mal unangenehme Fragen sein, und die Kommentare sind auch nicht immer freundlicher Natur. Wie die Unternehmen darauf reagieren, sagt viel über sie aus. Jetzt muss man »nur« noch zwischen den Zeilen lesen können.

Business-Netzwerke wie Xing und LinkedIn

Auf der Suche nach Bewerbern veröffentlichen mittlerweile knapp 60 Prozent der Unternehmen ihre Stellen auf Xing. Tendenz steigend. Weit abgeschlagen folgt auf Platz 2 LinkedIn mit 35 Prozent. Aber auch hier Tendenz steigend. Gleichzeitig gehört Xing zu den in Deutschland am häufigsten genutzten sozialen Medien, wenn es um die Jobsuche geht. So das Ergebnis des Social-Media-Atlas 2014/2015. Nur 4 Prozent suchen auf LinkedIn nach einer neuen Herausforderung, aber immerhin 8 Prozent auf Facebook. Eine Aussage über die Familienfreundlichkeit werden Sie aber weder auf Xing noch auf LinkedIn finden. Beide Plattformen dienen Unternehmen ausschließlich zur Präsentation.

Business-Plattformen sind aber durchaus hilfreich, wenn es darum geht, Mitarbeiterinnen und Mitarbeiter aus dem für Sie interessanten Unternehmen zu finden. Sie können hier nach dem jeweiligen Unternehmen filtern. Handelt es sich um ein großes Unternehmen oder gar einen Konzern, können Sie mit etwas Geschick sogar jemanden aus der Abteilung, in der Sie sich bewerben wollen, ausfindig machen. Stellen Sie eine offizielle Kontaktanfrage über das jeweilige Netzwerk. Schreiben Sie aber gleich dazu, warum Sie den Kontakt wünschen. Dann kann die angefragte Person entscheiden, ob sie die Anfrage annehmen und mit Ihnen in Kontakt treten möchte oder nicht. Wird die Kontaktanfrage positiv beantworten, können Sie jetzt Ihre konkreten Fragen stellen – entweder per Mail oder auch am Telefon.

Facebook, Twitter und Co.

Anders sieht es bei den Plattformen aus, die eine öffentliche Kommunikation zulassen. Obwohl Facebook in erster Linie dafür gedacht war, mit Freunden in Kontakt zu bleiben, hat es sich zu einer wichtigen Plattform entwickelt, um das Image eines Unternehmens zu transportieren. Kaum ein Unternehmen, das nicht auch eine Präsenz auf Facebook hat. Angefangen bei der Kosmetikerin um die Ecke bis hin zum Konzern mit Niederlassungen rund um den Erdball. Diese Präsenzen sind öffentlich zugänglich für alle. Sie können also davon ausgehen, dass Sie nicht die oder der einzige interessierte Bewerberin oder Bewerber sind. Wenn Sie hier Fragen stellen, sollten diese daher auch für andere interessant sein, wie beispielsweise:

- Welche familienfreundlichen Angebote gibt es in Ihrem Unternehmen?
- Wie viel davon darf ich in Anspruch nehmen?
- Kostet mich der Familienservice etwas?
- Kann ich auch Unterstützung für etwas erfragen, das bisher noch nicht angeboten wird?

Je interessanter die Fragen auch für andere sind, desto wahrscheinlicher erhalten Sie eine ausführliche Antwort.

Es gibt aber teilweise auch geschlossene Gruppen auf Facebook. Wer es genau wissen will, kann anfragen, ob er Mitglied in der Gruppe werden darf oder auch einzelne Personen aus der Gruppe anschreiben und so versuchen, an Informationen aus erster Hand zu kommen.

YouTube

Mit Videos können Unternehmen einen emotionalen Bezug zu ihren Zuschauern herstellen. Videos bieten aber auch den charmanten Vorteil, dass man damit schneller auf den Punkt kommen kann. Die meisten Videos sind nicht länger als drei bis vier Minuten und sehr geeignet für »Lesefaule«. Kein Wunder also, dass es immer mehr Unternehmen gibt, die sich auch auf YouTube präsentieren. Allerdings sei auch hier darauf hingewiesen: Diese Filme müssen interpretiert werden. Werden nur Mütter gezeigt, die Beruf und Familie vereinbaren, hat das Unternehmen die Tragweite der Thematik nicht verstanden. Werden auch Väter gezeigt, die beispielsweise in Elternzeit waren oder nachmittags ihre Kinder aus der Kita holen müssen und Mitarbeiterinnen und Mitarbeiter, die Beruf und Pflege vereinbaren, ist das ein guter Indikator für ein umfängliches Familienbewusstsein. Wird dann in den Videos nicht alles schöngefärbt, sondern auch auf die Herausforderungen eingegangen, ist das schon die halbe Miete.

Bewertungsplattformen und Familienfreundlichkeit

Der Markt der Arbeitgeberbewertungsplattformen im Netz wächst kontinuierlich. Neben allgemeinen Bewertungsplattformen kommen auch immer mehr Plattformen dazu, die sich zum Beispiel auf »Familienbewusstsein« fokussieren. Neben den Porträts für die Unternehmen bieten viele dieser Portale zusätzlich bereits Beschäftigten oder Ehemaligen die Möglichkeit, das Unternehmen zu bewerten. Ihnen als Bewerberinnen und Bewerber bieten diese Plattformen eine Chance, einen Blick hinter die Hochglanzkulissen der Unternehmenswebseite und der zahlreichen Unternehmensporträts im Netz zu werfen. Aktuelle und ehemalige Mitarbeiterinnen und Mitarbeiter, Praktikanten und Auszubildende bewerten hier ihren Arbeitgeber nach Kriterien wie »Betriebsklima«, »Vorgesetztenverhalten«, aber auch »Work-Life-Balance« und »Unternehmenskultur«. Für Unternehmen sind diese Plattformen zu einem wichtigen Bestandteil ihres Employer Branding geworden. Und für Bewerber zu einer echten Entscheidungshilfe. Mehr als jeder Vierte hat sich im Netz schon über die Bewertung eines Unternehmens informiert, und immerhin 70 Prozent von ihnen haben sich durch die Bewertung von ihrer Entscheidung beeinflussen lassen. Ein Blick darauf lohnt sich also immer. Ganz wichtig ist es aber, bei jeder Bewertung zu schauen, wie viele Personen das Unternehmen tatsächlich beurteilt haben. Ist es nur eine Person, lässt das nicht wirklich Rückschlüsse zu. Es handelt sich dabei höchstwahrscheinlich entweder um einen sehr unzufriedenen Mitarbeiter, der einfach mal Dampf ablassen wollte, oder eine Mitarbeiterin aus dem Bereich Unternehmenskommunikation. Zu den in Deutschland bekanntesten gehören: kununu.de, jobvoting.de und glassdoor.de. Weitere, nicht so bekannte, aber durchaus auch interessante sind: meinchef.de, companize.de und famany.com.

Auf die Antworten kommt es an!

Offensichtlich unterschätzen einige Unternehmen noch immer die Macht der sozialen Medien. Das Web 2.0 ist dafür bekannt, dass gerne mal geschimpft und kritisiert wird und ein Lob eher selten ist. Fast ein jedes Unternehmen hat schon mindestens einen Shitstorm hinter sich, denn nichts verbreitet sich schneller als negative Äußerungen und öffentliche Kritik. Als User der sozialen Medien dürfen Sie zu Recht erwarten, dass das Unternehmen Ihnen als kompetenter Kommunikationspartner zur Verfügung steht und Ihre Fragen beantwortet. Selbstverständlich sollte es aber auch professionell mit negativen Äußerungen und Kritik umgehen können. Was das mit Familienbewusstsein zu tun hat? Ganz einfach: Familienbewusstsein geht oft mit Respekt einher. Wer in den sozialen Medien respektvoll mit seinen Mitmenschen umgeht, legt auch Wert auf seine Mitarbeiterinnen und Mitarbeiter im Unternehmen, sieht sie als Menschen, die auch außerhalb des Unternehmens noch ein Leben haben.

Für einen professionellen Auftritt in den sozialen Medien benötigt man jedoch ein nicht unerhebliches Budget, und das hat nicht jedes Unternehmen. Insbesondere in kleinen Unternehmen ist nicht selten eine Person für Personal, Kommunikation und somit auch für die sozialen Medien zuständig. Das alles zu wuppen ist fast schon unmenschlich. Bei Ihrer Recherche sollten Sie also immer im Hinterkopf haben: Ist es ein großer Konzern, kann man erwarten, dass es eine Social-Media-Strategie hat und auch Personal, das sich darum kümmert. In kleinen und mittleren Unternehmen muss das nicht unbedingt der Fall sein. Bei diesen sollten Sie lieber den persönlichen Kontakt suchen.

Wie geht das Unternehmen mit Kritik um?

Lesen Sie Aussagen wie »Ihre Fragen dürfen Sie im Vorstellungsgespräch stellen« oder »Leute, die Seite ist echt nicht der geeignete Platz für Beschwerden«, können Sie davon ausgehen, dass man aller Wahrscheinlichkeit nach hier nicht konstruktiv mit Kritik umgeht. Gehen die Mitarbeiterinnen und Mitarbeiter aber offen mit Kritik um und geben auch mal Schwächen zu, ist das ein klares Indiz dafür, dass man hier kontinuierlich an sich arbeitet. Und mal ganz ehrlich: Die eierlegende Wollmilchsau gibt es nicht. Warum sollte also nicht auch in dem einen oder anderen Unternehmen etwas mal nicht rundlaufen.

Alles super? Dann sollten Sie skeptisch werden

Stoßen Sie ausschließlich auf positive Kommentare? Und die Rückfragen werden immer von den gleichen Personen gestellt? Ganz klar: Da stimmt was nicht. Entweder handelt es sich hier um Fake-Personen oder alle negativen Aussagen und Kritiken werden gelöscht.

Schauen Sie doch mal, wer sich hinter diesen Personen verbirgt. Gibt es sie wirklich und geben sie auch etwas von sich preis?

Wie schnell finden Sie die Kontaktpersonen in der Personalabteilung?

Sie wollen nicht nur über die sozialen Medien mit dem potenziellen Arbeitgeber chatten, sondern gerne ein persönliches Gespräch führen? Absolut legitim. Schottet sich die Personalabteilung aber komplett ab, ist das eher wenig vertrauenerweckend. Obwohl es nicht immer böse Absicht sein muss: Noch immer stehen viele Unternehmen den sozialen Medien skeptisch gegenüber.

Findet ein tatsächlicher Austausch zwischen Bewerbern und Unternehmen statt?

Wollen Sie wissen, wie es um das Familienbewusstsein in dem Unternehmen bestellt ist, dann dürfen Sie erwarten, dass individuell auf Ihre Frage eingegangen wird. Wird nur mit Floskeln geantwortet, wird das Thema noch nicht wirklich ernst genommen.

Offlinerecherche

Eine weitere Möglichkeit, sich über ein Unternehmen und seine familienbewusste Kultur zu informieren, sind Veranstaltungen wie ein »Tag der offenen Tür« oder eine der zahlreichen Jobmessen, wie sie deutschlandweit in regelmäßigen Abständen veranstaltet werden. Bei einem Tag der offenen Tür haben Sie die Möglichkeit, in ungezwungener Atmosphäre mit Mitarbeiterinnen und Mitarbeitern ins Gespräch zu kommen. Das kann an einem Stand sein, an dem sich das Unternehmen vorstellt, oder auch bei einer gemütlichen Tasse Kaffee und einem Stück Kuchen. Je lockerer die Atmosphäre, desto ehrlich werden die Antworten sein.

Messen sind meist etwas steifer. Außerdem werden Sie hier eher nicht auf Mitarbeiter stoßen, die sich kritisch über ihr Unternehmen äußern. Dennoch bieten Job-, Recruiting und Karrieremessen eine gute Gelegenheit, um mit Vertretern vieler Unternehmen ins Gespräch zu kommen und sich einen ersten Eindruck von deren Familienbewusstsein zu machen. Insbesondere auf der women&work oder der herCareer liegt ein Fokus auch auf der Vereinbarkeit von Beruf und Familie, da sich diese Messen in erster Linie an Frauen richten und dieses Thema gerne noch immer in Richtung »Frau« geschoben wird. Ausführliche Listen aller Job-, Recruiting- und Karrieremessen finden Sie im Internet auf Monster.de oder Karrierebibel.de.

Aber auch für die Offlinerecherche gilt: Informieren Sie sich vorab über das Unternehmen. Kommen Sie auf einer Messe an einen Stand und interessieren Sie sich für das Unternehmen, sollten Sie es sich zumindest schon mal im Internet angeschaut haben und wissen, welches familienbewusste Angebot hier öffentlich gemacht wird. Folgende Fragen können Sie dann immer noch persönlich klären.

Welche familienbewussten Angebote bietet Ihr Unternehmen neben ...
(den eventuell im Internet genannten)?
Nicht immer ist »je mehr desto besser«. Fragen Sie ruhig auch danach, wie das Angebot angenommen wird. Manche Unternehmen bieten eine Vielzahl von familienbewussten Unterstützungsmöglichkeiten – nur leider völlig am Bedarf der Mitarbeiterinnen und Mitarbeiter vorbei. Wird das Angebot angenommen, wissen Sie, dass sich das Unternehmen mit seinen Angestellten auseinandersetzt und das Angebot auf diese abgestimmt ist.

Wird Arbeiten in Teilzeit nur Frauen angeboten? Bis zu welcher Ebene wird Arbeiten in Teilzeit angeboten?
Arbeiten ausschließlich Frauen in Teilzeit und gibt es keine Frauen oder Männer in Führungspositionen, die Teilzeit arbeiten, können Sie davon ausgehen, dass es sich hier eher um ein Unternehmen handelt, das nicht familienbewusst aufgestellt ist.

Wer engagiert sich für das Thema?
Damit ist nicht der Ansprechpartner gemeint, sondern vielmehr die Führungsebene. Gibt es gar Vorbilder unter den Führungskräften, wie zum Beispiel einen Vater, der längere Zeit in Elternzeit war? Denn damit sich in einem Unternehmen eine familienbewusste Unternehmenskultur etablieren kann, muss das Thema »top down« gelebt werden. Soll heißen: Die oberste Führungsriege muss hinter dem Thema stehen und es treiben. Nur dann wird auch das mittlere Management sich darum bemühen, einen familienbewussten Führungsstil zu leben.

Kennen die Mitarbeiterinnen und Mitarbeiter die Meinung der obersten Chefs zum Thema Vereinbarkeit?
Diese Frage deckt sich zum Teil mit der vorherigen. Einen entscheidenden Unterschied gibt es allerdings. Wenn die Führungsebenen zwar

hinter dem Thema stehen, davon aber niemand Kenntnis hat, ist auch niemandem damit geholfen. Das Thema muss so offen kommuniziert werden, dass alle darüber Bescheid wissen. Nur dann kann man von einer familienbewussten Unternehmenskultur ausgehen.

Inwieweit engagieren sich der Betriebsrat und die Personalräte?

Hat das Unternehmen einen Betriebsrat oder Personalräte, sollten auch diese sich aktiv für die Vereinbarkeit von Familie und Beruf einsetzen, denn sie gehören zu den treibenden Kräften und können nach wie vor einiges im Unternehmen bewegen.

Wie viel »Gewicht« wird dem Thema gegeben? Wird regelmäßig zu dem Thema informiert?

Je regelmäßiger über die Vereinbarkeit von Familie und Beruf und die im Unternehmen angebotenen familienbewussten Angebote berichtet wird, desto ernster ist es der Unternehmensleitung, dass auch wirklich alle Mitarbeiterinnen und Mitarbeiter in den Genuss der Leistungen kommen.

Gibt es eine Servicestelle oder eine Ansprechpartnerin oder einen Ansprechpartner »Beruf und Familie«? Wo ist diese aufgehängt? Ist es eine Stabsstelle beim Vorstand oder wird die Funktion von jemandem nebenher noch erfüllt?

Zwar ist eine Servicestelle oder eine Ansprechperson kein Garant für eine familienbewusste Unternehmenskultur, aber sie sind oftmals dennoch ein entscheidender Schritt in die richtige Richtung. Ist die Stelle dann auch noch ziemlich weit oben angesiedelt, wird ihr in diesem Unternehmen eine große Bedeutung beigemessen.

Wer hat die Stelle inne? Eine Wiedereinsteigerin, für die keine andere Position gefunden wurde? Eine Angestellte, die das Thema verinnerlicht hat?

Hier wird es wahrscheinlich schwierig, eine Antwort zu erhalten, aber einen Versuch ist es wert. Immer wieder hört man oft, dass Frauen, die aus der Elternzeit zurückkehren, diese Position übertragen wird. Das kann auch schon mal die Ingenieurin sein, die zwar auch vor der Herausforderung der Vereinbarkeit steht, aber eigentlich doch lieber in ihrem eigentlichen Beruf tätig wäre. Besser ist es, wenn auf dieser Stelle eine Person sitzt, die aus dem Personalwesen kommt und noch dazu für das Thema brennt.

Können die Mitarbeiterinnen und Mitarbeiter die Fragen nicht beantworten, bedeutet das noch nicht unbedingt, dass es sich hier um ein nicht familienbewusstes Unternehmen handelt. Nehmen Sie die Fragen auf jeden Fall mit in das Bewerbungsgespräch!

Die 100-Prozent-Lösung gibt es nicht

Die Recherchemöglichkeiten erschlagen Sie? Ja. Es sind viele, aber Sie werden sehen, dass Sie nicht zu allem etwas finden werden. Große Konzerne haben ganze Stabsabteilungen, die sich um die Vereinbarkeit von Familie und Beruf kümmern. Das sieht nach außen toll aus und ist es bis zu einem gewissen Grad auch. Aber diese Unternehmen sind so riesig, dass eine familienbewusste Kultur nicht in allen Abteilungen garantiert ist (dazu mehr im Kapitel »Das Bewerbungsgespräch – zweite Runde«). Kleine Unternehmen bieten vielleicht nur einen Bruchteil der unterstützenden Möglichkeiten, diese aber aus tiefster Überzeugung. Oftmals kann das sehr viel mehr wert sein als ein Betriebskindergarten. Verlassen Sie sich also neben all diesen Möglichkeiten und denen sich daraus ergebenden Antworten auch auf ihren Bauch und darauf, ob Sie unbedingt in einem bestimmten Unternehmen arbeiten wollen. Sie werden nie die 100-Prozent-Lösung finden, weder für Ihr eigenes Vereinbarkeitskonzept noch für das familienbewusste Unternehmen. Sie werden immer wieder nachjustieren müssen, und vieles spielt sich mit der Zeit auch ein. Aber es gilt dennoch: Je familienbewusster Ihr zukünftiger Arbeitgeber ist und je besser er zu Ihrem Vereinbarkeitskonzept passt, desto leichter und entspannter wird Ihr Vereinbarkeitsalltag.

»Die Suche kann beginnen«
für die Querleserin und den Querleser

Es gibt zahlreiche Audits, Siegel und Wettbewerbe, um Unternehmen Familienbewusstsein zu bestätigen. Die bundes- und landesweit vergebenen sind in aller Regel ein guter Indikator dafür, dass es sich tatsächlich um ein familienbewusstes Unternehmen handelt.

Stellenanzeigen haben ähnlich wie Arbeitszeugnisse eine eigene Sprache. Wenn Sie wissen, was zwischen den Zeilen steht, können Sie aus einer Stellenanzeigen herauslesen, ob das Unternehmen wirklich familienbewusst ist und ob die ausgeschriebene Stelle zu Ihrem Vereinbarkeitsmodell passt.

Sowohl die Internetseite als auch alle anderen Publikationen eines Unternehmens lassen Rückschlüsse auf dessen Familienbewusstsein zu. Unternehmen, die ihre Kommunikation nur auf Frauen ausrichten, sind weniger in dem Thema engagiert als Unternehmen, die sich auch an Männer wenden. Außerdem sollte »Beruf und Pflege« thematisiert werden.

Auch Bewertungsplattformen können einen ersten Eindruck über das Familienbewusstsein eines Unternehmens vermitteln. Wie das Unternehmen im Netz mit Kritik umgeht, sagt viel über dessen Unternehmenskultur aus. Aber auch hier muss man zwischen den Zeilen lesen können.

KAPITEL 5
OPTIMAL AUFGESTELLT FÜR DIE BEWERBUNGSPHASE

Wenn Sie bis hier gelesen haben, wissen Sie bestimmt spätestens jetzt, wie Sie sich privat und im Job aufstellen wollen. Sie wissen, wie viele Stunden Sie arbeiten möchten. Wissen, wie Ihre Kinder betreut werden können. Wissen, welche Unternehmen für Sie in Frage kommen. Jetzt kann es eigentlich losgehen. Aber bevor Sie sich an das Bewerbungsschreiben machen, gibt es doch noch den ein oder anderen Punkt, der geklärt werden muss:

- Wie sieht es beispielsweise mit Ihrem Profil in den einschlägigen sozialen Netzwerken aus? Auf Xing? Auf LinkedIn?
- Sie haben sich für ein Teilzeitmodell entschieden, alle interessanten Positionen werden aber nur in Vollzeit angeboten. Haben Sie schon überlegt, dass Sie sich auch durchaus auf eine Vollzeitstelle bewerben können, um dann den potenziellen Arbeitgeber davon zu überzeugen, dass diese auch in Teilzeit ausgefüllt werden kann? Vielleicht können Sie auch so flexibel arbeiten, dass Sie vieles im Homeoffice erledigen können.
- Sind Sie überhaupt der Typ »Homeworker«? Es gibt Menschen, die können sich bestens im Homeoffice konzentrieren. Anderen fällt das so schwer, dass es eher ein Stressfaktor wird.
- Oder sagt Ihnen das Jobsharingmodell zu? Sie haben aber noch keinen Jobsharingpartner?

Bevor Sie sich jetzt also dem Arbeitsmarkt präsentieren, gibt es noch einiges zu bedenken und zu tun. Packen wir's an!

Das eigene Profil im Netz

Bevor es mit dem Bewerbungsschreiben und dem Lebenslauf losgeht, noch ein kleiner Exkurs zum eigenen Profil im Netz. Wer sich heute auf eine Stelle bewirbt, muss einkalkulieren, dass die Personaler des Unternehmens sich neben den Bewerbungsunterlagen auch die Profile in den einschlägigen sozialen Netzwerken wie Facebook, Xing und LinkedIn anschauen werden. Wie wichtig es ist, das eigene Profil im Netz zu jeder Zeit im Griff zu haben, zeigt eine Untersuchung des Digitalverbands Bitkom. 46 Prozent der von Bitkom befragten Personaler gaben an, dass sie sich in den sozialen Medien über die Bewerberinnen und Bewerber informieren. Dabei orientieren sie sich mit 39 Prozent hauptsächlich an den beruflichen Netzwerken wie Xing und LinkedIn und nur zu 24 Prozent an den Profilen in den eher privaten Netzwerken wie Facebook und Twitter. Nicht ohne Auswirkungen: 15 Prozent der Personalverantwortlichen hat sich aufgrund dieses Onlinechecks gegen eine Bewerberin oder einen Bewerber entschieden. Dabei waren es nicht die ausgelassenen Partybilder, die der Einladung zum Vorstellungsgespräch im Wege standen. Vielmehr waren es in erster Linie inkompetente fachliche Äußerungen, aber auch Beleidigungen, die dazu geführt haben, dass die Bewerber nicht in die nächste Runde kamen.

Interview

Susanne Hillmer ist Social-Media-Spezialistin. Seit vielen Jahren berät sie Unternehmen und Selbstständige und hilft ihnen durch den Dschungel der sozialen Medien. Das Ergebnis sind professionelle Profile und Strategien, die bei der Suche nach einem neuen Arbeitgeber nicht zum Hindernis, sondern zum Sprungbrett werden. Sie weiß: Ein bewusst gepflegtes Profil ergänzt die Bewerbungsunterlagen und rundet das Bild der Kandidatinnen und Kandidaten ab.

In welchen sozialen Netzwerken sollte man unbedingt unterwegs sein?
Für diejenigen, die einen Job suchen, aber auch für alle, die ihre Karriere aktiv gestalten wollen, sind die beiden gängigsten Plattformen Xing und LinkedIn wichtig. Obwohl LinkedIn mit weltweit über 500 Millionen Mitglie-

dern das größere Netzwerk ist, ist es bezogen auf die D-A-CH (Deutschland, Österreich, Schweiz) das kleinere. Hier liegt Xing mit 14 Millionen vorne. Allerdings findet man auf LinkedIn eher die Führungsriege und auf Xing eher Freiberufler und Angestellte. Es macht also Sinn, in beiden Netzwerken vertreten zu sein. Es muss ja auch nicht immer gleich die Bezahlversion sein. Ein Gratisprofil reicht in den meisten Fällen schon aus. Von Facebook als soziales Netzwerk für berufliche Kontakte rate ich noch ab. Facebook ist eher etwas für Unternehmen, die hier ihre Kunden erreichen wollen oder für den Privatgebrauch. Wer auf Facebook mit dem vollen Namen und echtem Foto unterwegs ist, sollte sich immer ganz bewusst sein, dass er damit zur öffentlichen Person wird. Alles, was man liked, kommentiert oder teilt, ist öffentlich. Sofern es nicht in den Einstellungen geändert wurde.

Heißt das, dass man auf Facebook lieber zweigleisig fahren sollte?
Ein Profil unter dem echten Namen, mit echten Bildern und eines unter einem Pseudonym?
Das kann eine Möglichkeit sein, um Privates von Beruflichem zu trennen.

Und wie sollte das Profil auf Xing und LinkedIn aussehen?
Bei beiden Netzwerken handelt es sich um berufliche Netzwerke. Alle Informationen, die hier preisgegeben werden, sollten sich auf den Beruf, die Qualifikationen und beruflichen Kompetenzen beziehen und nicht auf Persönliches. Wer beispielsweise schreibt, dass er »flexibel und an neuen Kontakten interessiert« ist, kann damit durchaus auch signalisieren, dass er auf dem Absprung ist. Auch hier gilt: Nichts bleibt ungelesen. Und die Folgen können durchaus unangenehm sein.

Xing hat hier den charmanten Vorteil, dass man sich unter den Einstellungen »Mein Profil ist sichtbar für …« entscheiden kann, wer alles Zugriff darauf haben soll. So ist es möglich, das beispielsweise »nur Recruiter« oder »nur Recruiter und direkte Kontakte« das Profil sehen können. LinkedIn bietet diese Möglichkeit auch, allerdings nur für zahlende Mitglieder.

Gibt man seinen Arbeitgeber im Profil mit an, wird man automatisch zum Markenbotschafter des eigenen Unternehmens. Man könnte also durchaus auch mal von Interessenten angefragt werden, wie es mit dem Familienbewusstsein im Unternehmen aussieht.

Wie sieht es aus mit Angaben zu Kindern und Familie?

Grundsätzlich würde ich davon abraten. Kinder sind nach wie vor ein Hindernis, wenn es darum geht, einen neuen Job zu finden. Man tut sich damit nicht wirklich selbst einen Gefallen. Gleichzeitig kommt es aber darauf an, ob Sie die Kinder im Bewerbungsschreiben oder im Lebenslauf nennen. Wenn ja, können Sie sie auch mit in Ihr Profil nehmen. Aber dann stellt sich die Frage, wo Sie sie erwähnen wollen. Denn »Kinder«, aber auch »Familie« gehören weder unter »Interessen« noch unter »Ich biete« noch unter »Berufserfahrung«. Immer wieder stoße ich in Profilen auf insbesondere Frauen, die »Familie« als Arbeitgeber nennen. Auch das halte ich für nicht angemessen.

Waren Sie in Elternzeit, dann können Sie das im Lebenslauf angeben. Wer auch immer Ihr Profil dann liest, kann dann gerne selbst Rückschlüsse aus dieser Information ziehen.

Entscheiden Sie sich dafür, die Kinder nicht zu nennen, sollten Sie darauf achten, dass sich aus Ihren Gruppenzugehörigkeiten keine Widersprüche ergeben. Wer auf Xing Mitglied bei beispielsweise »Akademikerin – und trotzdem Mutter« oder »Alleinerziehend & Vollzeit berufstätig« ist, sollte dies nicht öffentlich machen. Xing bietet die Möglichkeit, einzelne Gruppenmitgliedschaften zu verstecken. LinkedIn leider nicht.

Aber nur mit einem Profil ist es noch nicht getan, oder?

Nein. Wer einen neuen Job sucht oder das Profil dazu nutzt, die eigenen Fähigkeiten und Kompetenzen zu bewerben, sollte sich aktiv in den Business-Netzwerken bewegen. Suchen Sie sich die Gruppen auf LinkedIn und Xing, die zu Ihrem Profil passen. Beteiligen Sie sich hier aktiv an den Diskussionen. Werfen Sie auch selbst Themen und Denkanstöße in die Runde. Sie haben etwas zu sagen? Schreiben Sie es auf und posten Sie es. Sowohl auf Xing als auch auf LinkedIn können Sie Artikel veröffentlichen. Achten Sie aber darauf, dass alles, was Sie schreiben, fachlich korrekt ist.

Das hört sich nach sehr viel Arbeit an.

Es wäre dreist zu behaupten, dass das keine Arbeit ist. Am besten ist es, wenn Sie sich regelmäßig, und das heißt mindestens einmal pro Woche, an Diskussionen beteiligen und einmal im Monat einen längeren Beitrag schreiben. Legen Sie los und bleiben Sie dran! Es geht um Ihre Karriere.

Teilzeit statt Vollzeit

Teilzeitarbeit gehört zu den attraktivsten Arbeitszeitmodellen, um Familie und Beruf optimal vereinbaren zu können. Nach wie vor sind Jobs, die in Teilzeit angeboten werden und gleichzeitig anspruchsvoll sind, aber eher selten. Daher kann es durchaus sinnvoll sein, sich auf eine Vollzeitstelle zu bewerben und im Vorstellungsgespräch – am besten nicht gleich in der ersten Runde – dem Arbeitgeber ein Modell vorzuschlagen, dass beiden gerecht wird. Allerdings sollte, wer mit seinem Arbeitgeber ein Teilzeitmodell vereinbart, daher immer darauf achten, Handlungsspielräume einzubauen. Im Idealfall vereinbaren Sie realistische Arbeitsziele und nicht Anwesenheitszeiten.

Eine Vollzeitstelle teilzeitkompatibel machen

Es gibt Unternehmen – wie zum Beispiel die Bosch GmbH –, die haben »Teilzeit« zur Norm erhoben. Jede Stelle muss so ausgelegt sein, dass sie auch in Teilzeit ausgeübt werden kann. Noch ist das aber nicht in allen Unternehmen der Fall. Daher sollten Sie sich intensiv darauf vorbereiten, wenn Sie sich auf eine Vollzeitstelle bewerben, die Sie in Teilzeit ausüben wollen.

Grundvoraussetzung für Ihr Teilzeitkonzept ist die Stellenbeschreibung. Im Prinzip ist das nichts anderes als Ihr Haushaltsplan: eine Liste mit konkreten Aufgaben und Tätigkeiten, das Anforderungsprofil sowie die Über- und Unterstellungen. Die meisten Unternehmen, insbesondere die größeren, haben für jede Position eine solche Stellenbeschreibung. Aber viele eben auch nicht oder die Stellenbeschreibung entspricht nicht der tatsächlichen alltäglichen Arbeit. Selbst wenn es eine detaillierte Beschreibung gibt, ist es hilfreich, wenn Sie sich klar vor Augen führen, was Sie im Job leisten.

- Analysieren Sie die Stellenbeschreibung und überlegen Sie sich, welche Aufgaben Sie wie erledigen können. Fragen Sie, ob eine Umverteilung der Aufgaben auf andere möglich ist. Vielleicht möchte die eine oder andere Teilzeitkraft aufstocken? Immerhin zeigen diverse Studien immer wieder, dass viele der in Teilzeit arbeitenden Mütter gerne mehr Stunden leisten würden.

· Wenn Sie einen Teil der Aufgaben von zu Hause aus erledigen können, können Sie eventuell sogar mehr Stunden anbieten. Erklären Sie Ihrem potenziellen Arbeitgeber, welche Aufgaben Sie warum am besten von zu Hause aus erledigen können.

Legen Sie Ihrem Arbeitgeber nicht Probleme, sondern Lösungen vor. Das heißt nichts anderes als: Legen Sie Ihr Teilzeitkonzept vor. Weisen Sie auf Herausforderungen hin, bieten Sie dazu aber gleich auch eine oder mehrere Lösungsmöglichkeiten. Ihre Führungskraft kann dann die ihrer Meinung nach beste Lösung wählen. Das ist auch psychologisch ein guter Schachzug: Denn Sie zeigen Ihrem Vorgesetzten oder Ihrer Vorgesetzten damit, dass Sie sich alles sehr genau überlegt haben und lassen ihm oder ihr aber gleichzeitig noch die Entscheidungshoheit.

Unterbreiten Sie konkrete Vorschläge, wie Sie Ihre Arbeitszeiten zukünftig legen wollen, und seien Sie offen für Kompromisse.

Haben Sie sich schon überlegt, an welchen Tagen Sie arbeiten wollen? Oder wollen Sie jeden Tag arbeiten, dafür aber weniger Stunden pro Tag? Was machen Sie, wenn eine wichtige Besprechung ansteht und Sie eigentlich nicht arbeiten würden? Auf all diese Fragen sollten Sie eine Antwort haben. Seien Sie auch offen für Kompromisse.

Stellen Sie die Vorteile für das Unternehmen heraus

Vorurteil: Teilzeit kostet zu viel Geld!
Gegenargument 1: Eine Untersuchung des Instituts für Arbeitsmarkt- und Berufsforschung der Bundesagentur für Arbeit hat herausgefunden, dass Teilzeitmitarbeiter vielfach hoch motiviert, kreativer und ausgeglichener sind, weil sie in ihrem Privatleben ausreichend Zeit für den Ausgleich finden. Das führt dazu, dass Teilzeitmitarbeiter insgesamt weniger Fehlzeiten aufweisen. Die höheren Personalkosten werden dadurch und durch das geringere Gehalt mehr als ausgeglichen.

Gegenargument 2: Teilzeit bietet Unternehmen die Möglichkeit, den Personaleinsatz flexibler an den Bedarf und die Nachfrage des Marktes anzupassen. Das ist auch eine Möglichkeit für Unternehmen, Geld zu sparen. Gegenargument 3: Zufriedenere Mitarbeiterinnen und Mitarbeiter sind loyaler. Das führt zu einer geringeren Fluktuation und somit zu geringeren Wiederbeschaffungskosten.

Vorurteil: Wer Teilzeit arbeitet, erhält informelle und offizielle Informationen nicht.
Gegenargument: Führungskräfte sind oftmals viel unterwegs und während dieser Zeiten nicht am Arbeitsplatz anwesend. Niemand käme auf die Idee, dass sie deshalb wichtige Informationen nicht erhalten könnten.

Vorurteil: Wer nur reduziert anwesend ist, ist nicht wirklich motiviert.
Gegenargument: Eine Umfrage des Instituts für Arbeitsmarkt- und Berufsforschung hat herausgefunden, dass die meisten Teilzeitkräfte sogar motivierter und dadurch produktiver sind als ihre Vollzeitkolleginnen und -kollegen sind – unter anderem, weil sie sich weniger Zeit für den Plausch beim Kaffeeholen nehmen.

Vorurteil: Teilzeit funktioniert bei uns nicht!
Gegenargument: Hierbei handelt es sich um eine klassische Killerphrase. Ein wirkliches Argument dagegen zu finden, wird schwierig. Hier hilft es nur aufzuzeigen, dass es Unternehmen gibt, die Teilzeit schon mit großem Erfolg zur Norm gemacht haben. Wie zum Beispiel Bosch. Hier müssen alle Stellen so konzipiert sein, dass sie auch in Teilzeit ausgeführt werden können. Das gilt übrigens auch für Führungspositionen.

Weitere Argumente für eine Teilzeitbeschäftigung:

1. Die besten Ideen kommen den meisten nicht während der Arbeitszeiten, sondern unter der Dusche, beim Joggen oder während anderer Freizeitaktivitäten.

2. Ein Experiment in Göteborg hat gezeigt, dass eine 30-Stunden-Woche dazu führt, dass die Angestellten weniger krank sind.

3. Während der neu hinzugewonnenen Freizeit hat man jetzt Raum und Muße, sich weiterzubilden oder fachlich auf dem Laufenden zu bleiben.

4. Teilzeit verteilt Fachkompetenz auf mehrere Köpfe und fördert so das Wissensmanagement.

5. Teilzeitkräfte arbeiten oftmals fokussierter, weil sie ihre Aufgaben erledigt haben wollen, bevor sie nach Hause gehen.

Überlegen Sie, wie lange Sie in Teilzeit arbeiten wollen

Wollen Sie dauerhaft in Teilzeit arbeiten oder nur so lange, wie die Kinder noch klein sind? Bedenken Sie, dass Sie kein Recht auf eine Rückkehr in Vollzeit haben!

Vereinbaren Sie eine Testphase

Eine Testphase zu vereinbaren ist für Sie, aber auch für Ihren Arbeitgeber von großem Vorteil. So können Sie beide testen, ob und wie das Modell funktioniert. Vereinbaren Sie auch gleich einen Termin, zu dem Sie sich wieder treffen, um über ihre Erfahrungen zu sprechen und gegebenenfalls das Konzept anzupassen. In der Bewerbungsphase sollten Sie das Thema Teilzeit erst ansprechen, wenn Sie den Eindruck haben, dass das Unternehmen grundsätzlich an Ihnen interessiert ist und die Chemie stimmt. Stimmt der Sympathiefaktor, ist oftmals mehr machbar als zu Anfang gedacht.

Tipps für die Umsetzung
- Kommunizieren Sie Ihren Kollegen klar, wann Sie anwesend sind und wann nicht.
- Für Notfälle sollten Sie eine »Notrufnummer« hinterlassen.
- Seien Sie offen für Verbesserungsvorschläge.

Worauf Sie in der Vertragsgestaltung achten sollten

Je nach Tätigkeit kann es sein, dass der Arbeitgeber einen Teilzeitarbeitsvertrag anbietet, in dem eine geringe Stundenzahl pro Monat vereinbart wird und weitere Stunden je nach Auftragslage oder Bedarf hinzukommen. Klingt erst mal gut. Der Schuss kann aber auch nach hinten losgehen, denn nicht nur der Arbeitsaufwand ist nicht kalkulierbar, auch das Gehalt variiert von Monat zu Monat. Das kann positiv sein, wenn mehr Stunden gefordert werden, aber eben auch negativ. Ein große Nachteil für Sie: Eine verlässliche Planung ist nicht gegeben. Zwar ist es arbeitsrechtlich nicht erlaubt, Mitarbeiter kurzfristig einzuberufen, viele Arbeitnehmer lassen sich aber dennoch darauf ein, weil sie befürchten, sonst ihren Job zu verlieren. Wer mit so vielen Unsicherheiten Haushalt und Kinderbetreuung organisieren will, muss ein Organisationstalent sein und über ein exzellentes, flexibles und zuverlässiges Netzwerk verfügen. Ist das der Fall: Gratulation! Achten Sie aber dennoch darauf, dass Ihr Arbeitsvertrag nicht ausschließlich flexible Arbeitsstunden enthält. Denn auch das ist nicht rechtens. In einem solchen Fall können Sie immer auf eine Mindeststundenzahl von zehn Stunden pro Woche bestehen, die auch dann bezahlt werden müssen, wenn Sie weniger arbeiten.

Telearbeit

Von zu Hause aus arbeiten. Keine langen Wege zum Arbeitsplatz. Immer da sein, wo auch die Kinder sind. Das hört sich alles ganz toll und vielversprechend an. Und für viele ist es *das* Allheilmittel für die Herausforderungen von Beruf und Familie. In der Bildsprache sieht das dann so aus: Glücklich strahlende Mutter mit noch glücklicher strahlendem Kind auf dem Schoß vor einem Laptop. Sieht klasse aus. Die Realität ist aber leider eine ganz andere. Konzentriert arbeiten und sich gleichzeitig um die Kinder kümmern funktioniert nicht. Die Kinder haben kein Gespür dafür, wann Sie gerade einem besonders wichtigen Gedanken nachgehen. Es interessiert sie auch herzlich wenig, wenn Sie gerade einen wichtigen Telefontermin haben. Dafür sind Kinder zu impulsiv – auch wenn sie aus dem Kleinkindalter raus sind. Aber nicht nur die Kinder können ein »Störfaktor« sein, auch Sie selbst können sich im Weg stehen, wenn es darum geht, daheim zu arbeiten. Seien Sie ganz ehrlich zu sich selbst, wenn Sie die nachfolgenden Fragen beantworten. Sollten Sie die meisten Fragen mit »ja« beantworten: Perfekt! Dann ran an die Verhandlung. Sollten Sie die meisten Fragen mit »nein« beantworten: Kein Problem! Es hat auch seine Vorteile, die Arbeit nicht immer und überall dabei zu haben.

Persönliche Voraussetzungen für Telearbeit

Arbeiten Sie gern alleine und können Sie sich auch selbst motivieren?
Mal auf einen Kaffee in der Kaffeeküche *vorbeischauen*, in der Mittagspause ein kleines Schwätzchen mit den Kollegen und Kolleginnen halten, ein Schulterkopfer der zufriedenen Chefin, ein High-five des Kollegen. Wie wichtig ist Ihnen das?

Können Sie sich auf Ihre Arbeit konzentrieren?
Auch dann wenn die Waschmaschine piept, die Spülmaschine noch nicht ausgeräumt ist und eigentlich auch noch ganz dringend gesaugt werden müsste? Lassen Sie sich von schreienden Kindern ablenken, obwohl die Babysitterin eigentlich alles im Griff hat? Respektiert Ihr Umfeld, dass Sie einen Telearbeitsplatz haben?

Wie steht es um Ihr Zeitmanagement?
Sind Sie in der Lage, Ihren Arbeitstag selbstständig und effektiv zu organisieren?

Können Sie Ihr Berufsleben von Ihrem Privatleben trennen und nach getaner Arbeit abschalten?
»Dienst ist Dienst und Schnaps ist Schnaps«, heißt es so schön. Das gilt insbesondere für die Telearbeit. Auch wenn der Schreibtisch gleich um die Ecke steht, sollten Sie Feierabend und Wochenende machen können und sich nicht selbst ausbeuten.

Wie technikaffin sind Sie?
Können Sie sich selbst helfen, wenn Schwierigkeiten in der EDV oder am PC auftreten? Nutzen Sie gerne die neuesten Kommunikationstools?

Räumliche Voraussetzungen für Telearbeit

• Entspricht Ihr Arbeitsplatz zu Hause den gesetzlichen Anforderungen bezüglich Ergonomie, Licht, Raumklima etc.?
• Sind die benötigten Anschlüsse vorhanden?
• Können Sie den Raum abschließen?
• Wer trägt eventuelle Investitionskosten?

Organisatorische Voraussetzungen für Telearbeit

• Sind die Kommunikationswege klar geregelt?
• Wen können Sie fragen, wenn Probleme auftauchen?
• Sind die Arbeitszeiten mit Ihnen abgesprochen und fest vereinbart?
• Gibt es Kernzeiten, in denen Sie immer erreichbar sein müssen?
• Wie wird die Arbeitszeiterfassung dokumentiert?
• Haben Sie klare Zielvereinbarungen?
• Ist eine Vertragslaufzeit festgelegt?
• Können Sie auf Ihren alten Arbeitsplatz im Büro zurückkehren?
• Werden die Sicherheits- und Gesundheitsbedingungen an Ihrem Telearbeitsplatz überwacht?
• Sind Sie trotz Telearbeit noch ein vollwertiger Mitarbeiter, eine vollwertige Mitarbeiterin?
• Ist der Betriebs-/Personalrat oder sonstige Interessenvertretung für Telearbeiter zuständig?

50 Prozent im Büro, 50 Prozent im Homeoffice

Eva arbeitet als Projektmanagerin im öffentlichen Dienst und war froh, als ihr Arbeitgeber im August 2016 endlich eine Betriebsvereinbarung für die Arbeiten im Homeoffice verabschiedete.»Ich bin wieder voll eingestiegen, als meine Kinder drei und vier Jahre alt waren, musste aber feststellen, dass Familie mit einer Vollzeitstelle für mich nicht vereinbar war. Ich habe daher vor einigen Jahren auf 34 Stunden reduziert. Dauerhaft im Homeoffice arbeiten war damals von Arbeitgeberseite nicht gewünscht. Telearbeit wurde immer nur zeitlich begrenzt zugelassen«, erzählt Eva.

Heute arbeitet Eva durchschnittlich zehn Stunden im Homeoffice und die restliche Zeit im Büro. Sie könnte 50 Prozent ihrer Arbeitszeit im Homeoffice verbringen, also bis zu 17 Stunden – auch wenn sie wieder auf Vollzeit aufstocken würde. Möchte sie aber nicht. »Meine 34-Stunden-Woche kombiniert mit Homeoffice ist ein Luxus für mich. Eine wirkliche Erleichterung meines Alltags«, berichtet die zweifache Mutter. Obwohl sie ehrlich zugibt, dass das Arbeiten im Homeoffice nicht immer einfach ist.

Als die Kinder noch klein waren und Eva nur stundenweise vom Homeoffice aus gearbeitet hat, war das nur möglich, während die Kinder in der Kita waren oder bei Freunden. Heute ist das anders. Die Kinder sind im Teenageralter und wissen, wann Mama nicht gestört werden darf und wann mal Zeit für eine kleine Zwischenfrage ist. »Aber nicht nur die Betreuung der Kinder, während man von zu Hause aus arbeitet, ist herausfordernd, man muss auch lernen, eigenverantwortlich und selbstständig zu arbeiten. Und man braucht eine große Portion Disziplin: Nicht nur wenn es darum geht, sich an den Schreibtisch zu setzen. Man muss auch lernen, sich die wohlverdiente Freizeit zu gönnen und nicht doch noch mal die Mails zu checken. Nicht doch noch mal schnell etwas fertig zu machen, das auch bis morgen noch Zeit hätte. Wenn man das kann, ist eine Kombination, wie ich sie lebe, ideal. Und ich bin der Überzeugung, dass es auch für meinen Arbeitgeber ideal ist, denn im Homeoffice arbeite ich wesentlich effektiver als im Büro.«

0,5 + 0,5 = 1,5 – Jobsharing, die etwas andere Teilzeit

Sie wollen in Teilzeit arbeiten, finden aber keinen entsprechenden Job? Alle interessanten Jobs werden nur in Vollzeit angeboten? Dann sollten Sie über Jobsharing nachdenken. Wie schon in Kapitel 1 beschrieben, teilen sich hier zwei Mitarbeiterinnen oder Mitarbeiter einen Job. Die Herausforderung ist hier »nur«, den richtigen Tandempartner oder die richtige Tandemparterin zu finden. Beginnen Sie die Suche am besten in Ihrer unmittelbaren Umgebung. Zum Beispiel in Ihrem Bekanntenkreis. Gibt es hier jemanden, mit dem Sie sich gut vorstellen könnten, im Team zu arbeiten? Auch frühere oder Noch-Kollegen mit einem ähnlichen Wunsch sind eine gute Option. Wenn Sie schon mal mit der Person zusammengearbeitet haben, umso besser. Dann wissen Sie bereits, ob und wie die Zusammenarbeit als Team funktioniert.

Aber es muss nicht zwangsläufig eine Person sein, die Sie schon kennen. Mittlerweile gibt im Netz bereits Anbieter, die Tandempartner zusammenbringen. Einer davon ist Tandemploy. Diese Plattform bietet mit ihrem Matching eine ganz praktische Möglichkeit, um einen passenden Jobsharingpartner zu finden. Außerdem bekommen Jobsharinginteressierte eine Community zum Austausch mit Gleichgesinnten. Hier finden sie konkrete Hilfestellung und Inspiration zu flexiblen Arbeitsformen. Und der passenden Arbeitgeber wird gleich mitgeliefert.

Gehören Sie zu den Leserinnen und Lesern, die ihren Arbeitgeber nicht wechseln wollen, aber eine bessere oder andere Balance von Beruf und Familie finden möchten? Möchten oder müssen Sie Ihre Stunden reduzieren, aber Ihr Job ist nicht in Teilzeit machbar? Mit einem Tandem bekommt Ihr Arbeitgeber doppelte Power, und Sie können Ihre Stelle behalten und Ihren Wunsch nach weniger Wochenstunden realisieren.

Worauf Sie bei der Wahl Ihres Tandempartners achten sollten:

- Gegenseitiges Vertrauen und Respekt sind eine entscheidende Grundvoraussetzung. Dazu gehört, dass die Kommunikation untereinander, aber auch mit der Geschäftsführung und den Kollegen stets offen und transparent sein muss.
- Gemeinsame Werte und zueinander passende Ziele.
- Charaktere und Erfahrungen dürfen auseinandergehen. Ergänzt sich ein Tandem perfekt und können die Aufgaben nach den jeweiligen Stärken aufgeteilt werden, profitieren alle davon: die Tandempartner, das Unternehmen, aber auch die Kolleginnen und Kollegen.
- Sowohl Sie als auch Ihr Tandempartner sollte gut kommunizieren können und sowohl Verantwortung als auch Lob gerne teilen.
- Beide sollten über ein gutes Zeitmanagement verfügen.
- Für beide sollte eigenverantwortliches Handeln selbstverständlich sein.

Den Arbeitgeber vom Jobsharingmodell überzeugen

Ihr Arbeitgeber, oder potenzieller Arbeitgeber, findet Jobsharing zu umständlich? Dann sollten Sie sich diese Liste mit schlagkräftigen Argumenten, die in Zusammenarbeit mit Tandemploy entstanden ist, ganz genau durchlesen und die für Sie und den Arbeitgeber passenden Argumente herauspicken.

Argumente gegen Jobsharing und wie Sie sie entkräften können

Argument: Der Verwaltungsaufwand für ein Tandem ist zu groß und es geht zu viel Arbeitszeit für Absprachen verloren.

Gegenargument 1: Der gesamte Organisationsaufwand bei einem eingespielten Tandem beläuft sich auf etwa ein bis zwei Stunden pro Woche. Aufgabenverteilung, Absprachen, Arbeitspläne und freie Tage machen die Tandems unter sich aus.

Gegenargument 2: Verschiedene Studien zeigen, dass Jobsharer in der Mehrheit sehr selbstständig denkende und handelnde Menschen sind, die gleichzeitig bereit sind, sich überdurchschnittlich stark zu engagieren.

Argument: Zwei Mitarbeiter in Teilzeit kosten mehr als eine Vollzeitkraft.

Gegenargument 1: Die Sozialabgaben durch Jobsharing sind nur minimal höher und werden durch Krankheits- und Urlaubsvertretung und die höhere Produktivität mehr als ausgeglichen.

Gegenargument 2: Zwei Menschen stellen beim Jobsharing dem Unternehmen ihr Wissen, ihre Erfahrung und ihr Know-how zur Verfügung. So entstehen innerhalb des Tandems ganz von alleine unterschiedliche Impulse, Ideen und Lösungen. Die Innovationsfähigkeit, Kreativität und Einsatzbereitschaft werden verdoppelt.

Gegenargument 3: Bei geringerer Arbeitsbelastung (durch Jobsharing) arbeiten Mitarbeiter übrigens nachweislich konzentrierter und fokussierter und sind somit als Tandem insgesamt produktiver als eine Vollzeitkraft.

Gegenargument 4: Durch insgesamt weniger Stress, mehr Zeit und die damit verbundene höhere Zufriedenheit sinkt die Fluktuationsrate in

Unternehmen. Dadurch entsteht ein Wettbewerbsvorteil durch Wissenserhalt.

Weitere gute Argumente gegen die Bedenken eines Arbeitgebers:

- Durch Jobsharing wird das Unternehmen transparenter und agiler und macht einen ersten Schritt in Richtung Flexibilisierung und digitale Transformation.
- Unternehmen können durch Jobsharing die Zusammenarbeit verschiedener Generationen oder die Integration internationaler Fachkräfte besser managen, indem sie generationenübergreifende oder internationale Tandems aufbauen
- Kommen die Jobsharer aus unterschiedlichen Abteilungen, findet ein innerbetrieblicher Wissenstransfer statt. Wissenssilos werden aufgebrochen, neue Projekte und Kooperationen können im Unternehmen entstehen.
- Folglich sind Jobsharer genau die Changemaker, die innovativ einen Wandel einleiten und die Unternehmen heute dringend brauchen.

Die eierlegende Wollmilchsau

Julia und Dinah gehören zu den alten Hasen im Jobsharing. Gemeinsam arbeiten sie auf einer Position im Corporate Marketing bei einem internationalen Handelskonzern. Dazu kam es eher zufällig. Beide hatten zeitlich versetzt auf derselben Position gearbeitet. Als Dinah in Elternzeit ging, war Julia ihre Elternzeitvertretung, und als Dinah dann wieder zurückkam, war ein Jobsharing die optimale Lösung. So konnten beide beides haben: einen erfüllenden Job und Zeit für ihre Familien.

Julia und Dinah ergänzen sich ideal. »Es war nicht immer einfach, aber wir hatten beide eine steile Lernkurve. Zwar hatten wir schon vorher in Projekten zusammengearbeitet, aber es ist etwas anderes, wenn man denselben Verantwortungsbereich teilt. Wir haben die Herausforderung aber als Bereicherung empfunden und uns gegenseitig gestützt. Fachlich wie emotional. Julia ist davon überzeugt: »Dinah und ich sind sehr verschieden und genau das ist unser Vorteil. Wir ergänzen uns in unseren Stärken und sind dadurch die so oft gesuchte eierlegende Wollmilchsau.«

Gut vorbereitet in das Gespräch

Jetzt, da Sie die Argumente gegen ein Jobsharing entkräften können, geht es darum, sich optimal auf das Gespräch mit dem potenziellen Arbeitgeber vorzubereiten. Oberstes Gebot: Ihr Arbeitgeber möchte sich keine Probleme einkaufen, sondern Lösungen präsentiert bekommen. Daher gilt:

- Zeigen Sie Initiative: Überlegen Sie sich schon vor dem Gespräch mit Ihrem Arbeitgeber, wie Ihre Kommunikation untereinander aussehen soll und wie Sie sich organisieren wollen.
- Erstellen Sie ein gemeinsames Arbeitszeitmodell mit einer möglichen Stunden- und Aufgabenverteilung. Zeigen Sie Ihrem Arbeitgeber in einer Wochenübersicht, wie das Jobsharing konkret aussehen kann.

»Optimal vorbereitet in die Bewerbungsphase«
für Querleserinnen und Querleser

Personalerinnen und Personaler erkundigen sich in den sozialen Netzwerken über Bewerberinnen und Bewerber. Auf Facebook lieber zwei Profile anlegen: ein professionelles unter dem richtigen Namen und ein anonymisiertes für den Privatgebrauch. Achten Sie daher darauf, dass Ihr Profil in den Businessnetzwerken Professionalität ausstrahlt.

Sie haben eine passende Vollzeitstelle gefunden, wollen aber in Teilzeit arbeiten. Überlegen Sie jetzt, wie Sie den Arbeitgeber davon überzeugen können, den Job in weniger Stunden zu erledigen.

Vielleicht können Sie aber auch so flexibel arbeiten, eventuell in Kombination mit Telearbeit, dass auch Vollzeit möglich ist.

Telearbeit ist nicht jedermanns Sache. Können Sie sich selber motivieren und organisieren? Sind Ihre räumlichen Begebenheiten geeignet für Telearbeit?

Viele anspruchsvolle Stellen werden noch nicht in Teilzeit ausgeschrieben. Haben Sie sich für ein Jobsharingmodell entschieden, müssen Sie sich jetzt auf die Suche nach einem Tandempartner machen.

KAPITEL 6

VOM BEWERBUNGSSCHREIBEN ZUM VORSTELLUNGSGESPRÄCH

Sie haben einige familienbewusste Unternehmen identifiziert, für die Sie gerne arbeiten möchten? Sie wissen, welches Arbeitszeitmodell für Sie und Ihre Familie in Frage kommt? Und dann haben diese Unternehmen auch tatsächlich Stellen ausgeschrieben, die genau auf Sie und Ihre Qualifikationen passen? Dann nichts wie ran!

Einfacher gesagt als getan, werden Sie jetzt denken. Stimmt. Denn egal wie familienbewusst das Unternehmen sich präsentiert, beim Anschreiben, Lebenslauf, aber auch bei den Vorbereitungen für das Bewerbungsgespräch stellen sich allen Eltern die grundlegenden Fragen: Sollen der Familienstand oder Kinder erwähnt werden oder nicht? Soll die Elternzeit im Lebenslauf aufgeführt werden? Und wenn ja, wie?

Die Rollenbilder und die damit verbundenen Vorurteile gegenüber jungen Frauen und Müttern, aber auch jungen Vätern, die in Teilzeit oder reduzierter Vollzeit arbeiten wollen, sitzen tief. Nicht nur auf Seiten der Arbeitgeber, auch bei uns selbst. Je genauer man die Vorurteile – auch die eigenen – kennt, desto besser kann man sich darauf vorbereiten. Denn sich bewerben heißt nichts anderes als »Werbung für sich« zu machen. Es gibt zahlreiche Ratgeber, die Tipps geben, wie man richtig Werbung für sich macht. Daher wird darauf hier nicht weiter eingegangen. Sehr wohl aber, wie Sie sich als Mutter oder auch Vater ins richtige Licht stellen und selbstbewusst mit Ihrem Status »Eltern« umgehen. Welche Angaben Sie im Anschreiben und im Lebenslauf machen sollten. Auf welche Fragen Sie sich vorbereiten sollten. Wie Sie mit Fangfragen, aber auch unzulässigen Fragen umgehen sollten, und nicht zuletzt, welche Fragen Sie bezüglich Familienbewusstsein stellen sollten.

Am Ende des Kapitels werden Sie den für sich richtigen Weg gefunden haben und wissen, dass der Status »Eltern« für Unternehmen eher ein Gewinn als ein Risiko ist, und Sie können selbstbewusst in die Bewerbungsphase eintreten.

(Vor)urteile stimmen – oder auch nicht

Auch wenn die Vereinbarkeit von Beruf und Familie schon bei einem Großteil der Familien zur Normalität geworden ist, hält sich hartnäckig der Glaube, dass der Status »Eltern« eher ein Nachteil als ein Vorteil ist. Insbesondere dann, wenn es sich um die Mutter handelt. Dass diese Annahme nicht von der Hand zu weisen ist, beweisen die zahlreiche Beispiele von Frauen, die dafür »bestraft« werden, Kinder zu haben. Das spiegelt sich nicht nur im Gehalt wider, sondern auch im Bewerbungsgespräch. Zum Teil hängt das, wie Iris Bohnet in ihrem Buch »What Works« beschreibt, mit statistischer Diskriminierung zusammen. Zum Beispiel wenn es darum geht, dass Personaler davon ausgehen, dass Mütter eher als Väter ihre Arbeitszeiten zugunsten der Familie reduzieren. Die Zahlen geben ihnen Recht. Auch im Jahr 2016 war die Teilzeit bei berufstätigen Müttern die Regel und bei Vätern die Ausnahme. Von den in Vollzeit erwerbstätigen Eltern mit Kindern unter sechs Jahren waren 28,1 Prozent Mütter und 94 Prozent Väter. Genau anders herum ist es bei den in Teilzeit beschäftigten Eltern. 71,9 Prozent der Mütter mit Kindern unter sechs Jahren arbeiten in Teilzeit und lediglich 6 Prozent der Väter. Die Zahlen verändern sich auch nur geringfügig, wenn die Kinder älter als sechs Jahre sind. In Vollzeit arbeiten dann 34,6 Prozent der Mütter und 95,7 Prozent der Väter; Teilzeit sind es 65,4 Prozent der Mütter und magere 4,3 Prozent der Väter.

Neben der statistischen Diskriminierung gibt es laut Bohnet aber auch noch stereotype Vorstellungen, die sich beharrlich in den Köpfen vieler festgesetzt haben, wie: »Mütter sind öfter krank als Frauen ohne Kinder« oder »Männer, die länger als zwei Monate in Elternzeit gehen, wollen keine Karriere machen«. Diese (Vor)urteile sind nicht ganz von der Hand zu weisen, aber Kinder zu haben bringt so viele Vorteile mit sich, dass die Nachteile damit locker aufgewogen werden.

Eigene Vorurteile

Aber mal ganz abgesehen von den Vorurteilen, die Arbeitgeber gegenüber berufstätigen Mütter und Väter, die in Teilzeit arbeiten haben: Wie sieht es denn mit Ihren eigenen Vorurteilen gegenüber berufstätigen Müttern aus? Und was denken Sie von Teilzeit arbeitenden Vätern? Sind Sie diesen Gruppen gegenüber frei von Vorurteilen? Auf https://implicit.harvard.edu/implicit/germany können Sie sich selbst testen. Sie werden – eventuell mit Schrecken – feststellen, dass auch Sie vor Vorurteilen nicht gefeit sind. Im Prinzip nicht schlimm, wenn Mütter und Väter sich damit nur nicht wider ihres (bewussten) Wissens selbst hemmen würden. Umso wichtiger also, dass Sie optimal vorbereitet in die Bewerbungsphase gehen, um auf etwaige Vorurteile standfest reagieren zu können.

Überlegen Sie genau, welche Vorurteile Sie selbst gegenüber berufstätigen Müttern beziehungsweise Vätern, die in Teilzeit arbeiten wollen oder denen die Familie wichtiger ist als der Beruf, haben. Sie kennen den Spruch:»Selbsterkenntnis ist der erste Schritt zur Besserung.« Der gilt auch hier. Nur wenn Sie Ihre eigene Einstellung kennen, können Sie daran arbeiten, sie abzulegen. Viele Vorurteile werden nachfolgend widerlegt. Aber vielleicht tritt das eine oder andere Vorurteil ja auf sie zu. Vielleicht haben Sie tatsächlich Kinder, die anfälliger sind für Krankheiten als andere. Vielleicht wollen Sie tatsächlich nicht Karriere machen. Das ist alles okay. Entschuldigen müssen Sie sich dafür nicht. Es ist aber gut, wenn Sie das wissen und entsprechend darauf reagieren können.

Wenn das Vorurteil nicht auf Sie zutrifft, machen Sie Ihrem Gegenüber deutlich, dass Sie um die Vorurteile wissen, aber nicht zu der Kategorie Mütter beziehungsweise Väter gehören, die die Klischees erfüllen. Weisen Sie anhand von Beispielen nach, dass Sie zum Beispiel nur selten fehlen, weil Sie die Kinderbetreuung auch im Notfall organisiert haben. Erklären Sie, dass Ihre Kinder auch einen Vater oder eine Mutter haben und Sie sich nachts abwechseln, wenn die Kleinen mal krank sind beziehungsweise dass Ihre Partnerin oder Ihr Partner den Nachtdienst übernimmt, wenn am nächsten Tag ein wichtiger Termin ansteht.

Vorurteil versus Realität – Eltern sind besser als ihr Ruf

Eltern sind öfter krank als Angestellte ohne Kinder! Stimmt nicht. Glaubt man den Statistiken, fehlen Eltern unter 40 Jahren durchschnittlich lediglich zwei bis drei Tage mehr als ihre Kolleginnen und Kollegen ohne Kinder. Laut Gesundheitsreport 2016 der Techniker Krankenkasse, waren Beschäftigte ab einem Alter von 40 Jahren und mit familienversicherten Kindern statistisch gesehen 2015 im Schnitt sogar 2,3 Tage weniger krankgeschrieben als Beschäftigte ohne Kinder.

Berufstätige Mütter wollen keine Karriere machen! Stimmt nicht. Die Ergebnisse der Studie »Karrierek(n)ick: Kind« der Bertelsmann Stiftung zeigen, dass Mütter in Führungspositionen keinesfalls weniger motiviert und engagiert sind als andere Führungskräfte. Sie verfügen im Gegenteil über viele Ressourcen, die sie zusätzlich stärken, ihre Kompetenzen erweitern und ihnen neue Blickwinkel eröffnen.

Berufstätigen Müttern ist der Beruf nicht wichtig! Stimmt nicht. Zwar stellen Frauen nach der Geburt eines Kindes andere Anforderungen, wie flexiblere Arbeitszeiten (52 Prozent), kürzere Arbeitszeiten (30 Prozent), Telearbeit (28 Prozent) oder weniger Überstunden (26 Prozent), aber ihre Ansprüche an den Job als solches haben sich nicht verändert. So das Ergebnis der Frankfurter Karrierestudie »Karriereperspektiven berufstätiger Mütter«.

Berufstätige Mütter sind in Gedanken immer bei den Kindern! Stimmt nicht. Wie unter anderem der Office Performance Index des PEP-Instituts belegt, arbeiten insbesondere Mütter sehr effizient. Sie haben ein gutes Stressmanagement, arbeiten verlässlich, denken oft für das Team mit und hinterfragen im Vergleich zu ihren männlichen Kollegen sehr viel früher und kritischer, ob eine Aufgabe wirklich notwendig und Erfolg versprechend ist.

Eltern sind chronisch überfordert! Stimmt zum Teil. Die Studie »Die deutsche Angst vorm Kinderkriegen« des Kölner Marktforschungsinstituts Rheingold zeigt: 56 Prozent der Mütter fühlen sich überfordert. Nicht viel anders sieht es bei den Vätern aus. Auch sie reiben sich auf zwischen den Anforderungen, die der Spagat zwischen Familie und Beruf erfordert. Laut Allensbach-Institut (IfD-Umfrage 10053, April 2010) wünschen sich 61 Prozent der Bevölkerung eine verbesserte Vereinbarkeit von Familie und Beruf. Wenn das Unternehmen Sie also bei den Herausforderungen der Vereinbarkeit unterstützt, gehören Sie nicht zu den chronisch Überforderten. Hinzu kommt auch, dass Sie als Eltern im Trainingslager »Familie« zahlreiche Elternkompetenzen erlernen können, die Ihnen dabei helfen, mit Stress umzugehen. Darunter auch eine gewisse Stressresilienz.

Eltern sind ständig müde! Stimmt, aber auch nur zum Teil und auch nicht für alle. Es gibt sie, die kleinen Quälgeister, die alle zwei Stunden wach werden und dann wissen wollen, dass Papa und Mama noch da sind. Wenn die Kleinen Zähne bekommen, Bauchschmerzen haben oder erkältet sind, sind Nächte nicht unbedingt erholsam. Zum Ausgleich gehen viele Eltern aber auch früher zu Bett, regelmäßiger an die frische Luft und haben weniger durchfeierte Nächte als ihre kinderlosen Kollegen.

Eltern haben eigentlich keine Zeit für den Job! Ein Vorurteil, das nicht ganz von der Hand zu weisen ist. Selbstverständlich wollen Eltern auch Zeit mit ihren Kindern verbringen. Das kann dazu führen, dass sie weniger Zeit im Unternehmen verbringen. Das heißt aber nicht, dass sie weniger Leistung bringen. Eltern lernen sehr schnell, effizient und zielorientiert zu arbeiten, um die restliche Zeit mit den Kindern verbringen zu können. Eine Win-Win-Situation für Arbeitgeber und Eltern, denn die Leistung wird in weniger Zeit erbracht und es müssen somit weder Überstunden ausbezahlt noch abgefeiert werden.

Elternkompetenzen – ein Gewinn für jedes Unternehmen

Eltern erwerben mit der Erziehung ihrer Kinder Fähigkeiten, die sie im Berufsleben für ihren Arbeitgeber gewinnbringend einsetzen können. Wie diese den Personalern »verkauft« werden können, weiß Joachim E. Lask. Als Familientherapeut und Elterncoach in Unternehmen, aber auch als Wirtschaftspsychologe und Berater von Führungskräften kennt er sowohl die Seite der Unternehmen und deren Anforderungen als auch die der Eltern und deren Kompetenzen. Die wesentlichen von Eltern erlernten Kompetenzen hat er in vier Kategorien unterteilt:

1. **Beziehungsorientierte Kompetenzen** Dazu gehören Fähigkeiten wie Verständnis, Zuhören und klares, für alle nachvollziehbares Sprechen.

2. **Aufgabenorientierte Kompetenzen** Darunter versteht Lask die Fähigkeit, Anweisungen zu geben, klare Ziele zu formulieren, Konsequenz, aber auch sinnhaftes Erklären.

3. **Selbstkompetenzen** Wer Kinder erzieht, tut dies ohne Anweisung von außen (die gut gemeinten Tipps der eigenen (Schwieger-)Eltern ausgenommen …). Eltern lernen hier Selbststeuerung. Eine wichtige Grundvoraussetzung für beispielsweise das Arbeiten 4.0.

4. **Arbeitsweise** Über diese drei Kompetenzen hinaus erlernen die Eltern Zuverlässigkeit, für Kinder elementar wichtig. Sie werden kreative Problemlöser und erhalten einen Crashkurs in Zeitmanagement, der regelmäßig aufgefrischt wird. Kurzum, sie entwickeln sich zu Projektmanagerinnen und Projektmanagern, die auch wirtschaftlich denken.

Bewerberinnen und Bewerbern empfiehlt der Elterncoach genau zu untersuchen, welche Kompetenzen für die ausgeschriebene Stelle relevant sind, und diese dann im Anschreiben mit den eigenen Familienkompetenzen zu untermauern. Wenn auch Sie wissen wollen, welche Kompetenzen Sie im Zusammenleben mit Ihrer Familie oder auch im Ehrenamt erlernt haben, bietet Joachim E. Lask auf www.kompetenzexpert.de das kostenfreie Webinar »Informelles Lernen« an. Außerdem lernen Sie, wie Sie die Kompetenzen so in Worte fassen können, dass auch Ihr potenzieller Arbeitgeber den Mehrwert für sich erkennt.

Der selbstbewusste Umgang mit dem »Karrierreknick Kind«

Eltern befinden sich im Gegensatz zu ihren kinderlosen Kollegen in einem permanenten Trainingslager für Sozialkompetenzen. Und die Trainer sind hart. Sie lassen nichts durchgehen. Sie sind schonungslos in ihrem Urteil und ebenso schonungslos in ihrer Unnachgiebigkeit, wenn sie der Meinung sind, dass eine Lektion noch nicht erlernt wurde. Eltern entwickeln über die Jahre große Empathie für andere, werden kreativ bei der Suche nach Lösungen, können sich meist sehr gut organisieren, sind geduldig und kommunikationsstark. Sir Winston Churchill (1874–1965) sagte einmal: »Es ist einfacher, eine Nation zu regieren, als vier Kinder zu erziehen.« Jetzt müssen es nicht immer gleich vier Kinder sein, aber: Niemand muss sich dafür entschuldigen, Kinder zu haben. Auch nicht dafür, sich Zeit für die Kinder genommen zu haben. Auch muss sich niemand dafür entschuldigen, Beruf und Familie vereinbaren zu wollen.

Auf die eigene Einstellung kommt es an!

Stefanie kennt beide Seiten: die der Bewerberin mit Kind und die der Personalerin. Ihr erstes Kind hatte sie noch während ihres Wirtschaftspsychologiestudiums bekommen. Als es an die Bewerbungen ging, war die Kleine zwei Jahre alt. Stefanie hatte sich ganz bewusst dafür entschieden, in ihren Bewerbungen weder ihr Kind noch ihren Familienstatus zu erwähnen. Sie ist davon überzeugt, dass »beides nichts mit meinen Kompetenzen zu tun hat«. Erst während des ersten Bewerbungsgesprächs erwähnte sie ihr Kind. Unter anderem, weil sie sich zwar auf eine Vollzeitstelle beworben hatte, aber eigentlich Teilzeit beziehungsweise in reduzierte Vollzeit arbeiten wollte. »Mein erster Arbeitgeber bot mir dann aber so viel Flexibilität, dass ich tatsächlich Vollzeit gearbeitet habe«, erzählt Stefanie. Auch bei ihrem zweiten Arbeitgeber bewarb sie sich auf eine Vollzeitstelle. Die Position war ausgeschrieben für 40 Stunden. »Mein Profil passte perfekt auf die Stelle. Das hat die Verhandlungen einfacher gemacht«, weiß Stefanie. Sie weiß aber auch, dass es ein Geben und Nehmen ist. »Ich biete absolute Flexibilität und selbstständiges Arbeiten. Dann erwarte ich das auch von meinem Arbeitgeber«, so die Personalerin. »Dass ich ein Kind habe, war bei beiden Arbeitgebern kein Problem.« Viel habe das aber auch mit ihrer eigenen Einstellung zur Vereinbarkeit von Familie und

Beruf zu tun. Heute arbeitet sie als Personalerin bei einem Mittelständler mit deutschlandweit 800 Mitarbeitenden. Immer wieder ist auch sie in Bewerbungsgesprächen mit Müttern dabei und beobachtet, dass es oftmals die Frauen selbst sind, die das Kind zum Problem machen. Der Arbeitgeber möchte aber das Gefühl haben, die Stelle gut besetzt zu haben. Das hat er nur, wenn er nicht schon beim Vorstellungsgespräch mit Problemen konfrontiert wird. Sie ist daher der festen Überzeugung: »Je selbstverständlicher die Bewerberin mit dem Thema Kind umgeht, desto weniger ist es letztendlich ein Problem.«

Das Anschreiben

Diese erste Kontaktaufnahme mit dem hoffentlich zukünftigen Arbeitgeber gehört für alle zu den großen Hürden. Das ist auf der einen Seite beruhigend, macht es aber auf der anderen nicht wirklich besser. Abgesehen von dem großen weißen Blatt, das vor einem liegt, stehen insbesondere Mütter, aber natürlich auch Väter vor der entscheidenden Frage:»Kinder schon im Anschreiben erwähnen oder nicht?« Viele haben Bedenken, dass sie sofort aussortiert werden, wenn klar wird, dass neben dem Job auch familiäre Verpflichtungen bestehen. Die große Frage hinter»Kinder erwähnen? Ja oder nein? Familienstand angeben? Ja oder nein?« ist daher immer die nach der Interpretation der Angaben durch die Personalerinnen und Personaler.

Die Variante »Schonungslos ehrlich«

Sie können sich aber auch für die Variante »schonungslos ehrlich« entscheiden. Es gibt viele Mütter und Väter, die sagen »Wenn mich mein Arbeitgeber wegen meiner Kinder nicht will, will ich ihn auch nicht.« Diese Einstellung hat auch ihre Legitimation. Immerhin wollen Sie dauerhaft vertrauensvoll miteinander arbeiten. Warum also mit Verheimlichungen starten?

Florian Böhner leitet die Personalabteilung der Trevisto AG in Nürnberg. Als Personaler weiß er zum einen um die unter Personalern noch immer verbreiteten Vorurteile gegenüber jungen Frauen und Müttern. Als Führungskraft in einem jungen IT Unternehmen weiß er aber auch, dass es Branchen gibt, die sich diese Vorurteile gar nicht mehr leisten können. Viele Unternehmen müssen das »Risiko« einzugehen, eine Mutter oder auch einen Vater, der sich vermehrt um seine Kinder kümmern möchte, einzustellen.»Bei Trevisto ist das kein Kriterium. Vielmehr machen wir uns Gedanken darüber, wie wir den Wiedereinstieg optimal gestalten oder berufstätige Eltern im Unternehmen halten können«, erklärt er und empfiehlt daher, die Kinder zu erwähnen. Zum einen weil es ja keinem weiterhilft,»Kinder zu verschweigen«, zum anderen aber auch, weil er der Überzeugung ist, dass Kinder einen Menschen verändern.»Junge Menschen ohne Kinder setzen oftmals andere Schwerpunkte als junge Eltern. Während die einen sich eher Seminare und eine berufliche Förderung wünschen, legen die meisten jungen Eltern eher einen Schwerpunkt auf flexible Arbeitszeiten.« Aus seiner Sicht ist es hilfreich, wenn man sich als Personaler darauf einstellen kann.

»Mein Arbeitgeber soll gleich wissen, welchen Stellenwert das Thema Familie hat«

Meral Grube ist Projektmanagement-Assistentin. Auch bei ihr stand die Stellenbeschreibung immer an erster Stelle. Der Job sollte interessant sein und sie fordern. Gleichzeitig sollte der Arbeitgeber aber auch Rahmenbedingungen zur Verfügung stellen, die eine Vereinbarkeit von Beruf und Familie ermöglichen. Das bedeutet für sie: Empathie für Mütter und Väter, flexible Arbeitszeiten, die Möglichkeit, im Homeoffice zu arbeiten, sowie Betreuungsplätze, sofern es die Firmengröße ermöglicht.»Aus meiner Sicht ist es absolut notwendig, das Thema offen anzusprechen. So kann sich der Arbeitgeber darauf einstellen und ist darüber informiert, welchen Stellenwert meine Familie bei mir hat«, erklärt Grube, der eine Work-Life-Balance nicht erst, seit sie Kinder hat, wichtig ist. Aus diesem Grund hat Meral ihre Kinder, die zu dem Zeitpunkt ihrer Bewerbung zwei Jahre und ein Jahr alt waren, schon im Lebenslauf erwähnt und später im Bewerbungsgespräch auch zum Thema gemacht.»Wenn man nicht darüber spricht, führt das in den meisten Fällen zu Frust. Die Dinge laufen dann nicht so, wie man es sich vorgestellt hat.«

Bei dieser Variante ergeben sich unterschiedliche Herangehensweisen, je nachdem, ob Sie sich aus der Elternzeit heraus bewerben, den Arbeitgeber wechseln wollen oder noch ganz am Anfang Ihrer beruflichen Karriere stehen.

Sie bewerben sich aus der Elternzeit heraus, sind aber noch in Teilzeit erwerbstätig?
In diesem Fall können Sie die Elternzeit und somit Ihre Kinder unerwähnt lassen. Beides ist nicht von Relevanz. Konzentrieren Sie sich voll und ganz auf Ihre Kompetenzen.

Sie haben sich dafür entschieden, dass Sie Ihre Kinder und auch die Elternzeit erwähnen wollen, bewerben sich aus der Elternzeit heraus und haben sich nebenher ehrenamtlich betätigt oder weitergebildet?
Haben Sie zum Beispiel im Ehrenamt die Schulkantine geleitet? Super! Hier haben Sie Führungserfahrung der ganz besonderen Art gesammelt. Warum? Ganz einfach: Sie mussten nicht nur Menschen führen, sondern diese auch noch ganz besonders motivieren. Während Angestellte am Ende des Monats für ihre Tätigkeit eine finanzielle Entschädigung bekommen und diese im Zweifelsfall schon mal zumindest etwas motivieren kann, arbeiten Ehrenamtliche nur für die Ehre. Die zu befriedigen ist nicht einfach.

Waren Sie Elternsprecherin oder Elternsprecher? Sind Sie in einem Verein oder Verband aktiv?
Klasse! Dann erwähnen Sie das. Achten Sie aber immer darauf, dass Sie hier nicht zu dick auftragen und sich immer an den in der Stellenausschreibung geforderten Fähigkeiten orientieren. Auch sollte die Elternzeit auf keinen Fall eine zu große Rolle in Ihrem Anschreiben spielen.

Haben Sie die Elternzeit zur Weiterbildung genutzt oder gar einen Abschluss gemacht?
Erwähnen! Das zeigt, dass Sie immer am Ball geblieben sind.

Befinden Sie sich gerade in der Elternzeit und arbeiten während dieser Zeit nicht und gehen auch keiner ehrenamtlichen Tätigkeit nach? konzentrieren Sie sich auf Ihre Soft Skills. Wer Kinder betreut und erzieht, erwirbt in dieser Zeit eine Vielzahl von Soft Skills, die auch im Berufsleben sehr hilfreich sein können. Mütter und Väter haben gelernt, mit Belastungen umzugehen. Sie sind in aller Regel besser organisiert und äußerst flexibel. Außerdem haben sie im »Trainingslager Familie« eine höhere Frustrationsgrenze und im Umgang mit dem Nachwuchs meist einiges an Kommunikationstalent entwickelt – um nur einige zu nennen. Der ganz große Vorteil von Eltern ist hier, im Gegensatz zu all den Angestellten, die diese Soft Skills in Weiterbildungen von wenigen Tagen erlernen sollen: Ihr Lernen ist nachhaltig.

»Kinder sind meine Privatangelegenheit«

Grundsätzlich gilt: Im Bewerbungsschreiben kommt es auf Ihre Fähigkeiten an. Es geht darum, ob Sie für die Stelle geeignet sind und um Ihre Qualifikation für den Job – und nicht Ihre Rolle als Mutter oder Vater. Gleichzeitig muss sich niemand dafür entschuldigen, Kinder zu haben. Annemette ter Horst ist Geschäftsführerin der Karriereberatung econnects und berät seit 2001 Menschen, die sich beruflich verändern wollen oder müssen, darunter auch viele Mütter. Die Vorurteile vieler Arbeitgeber gegenüber Müttern gehören bei ihr zum Alltag. »Ein Vorurteil, das sogar öffentlich zugegeben wird, ist, dass Mütter zu oft wegen ihrer Kinder zu Hause bleiben«, berichtet sie. Eher subtil herrschten Vorurteile vor wie: Die hormonelle Veränderung durch eine Geburt führt dazu, dass Frauen nicht mehr klar denken können. Dass sie emotionaler werden. Dass sie kein Interesse mehr an Karriere haben, da sich ihre Prioritäten mit der Geburt des Kindes verschoben haben. »Manche gehen sogar so weit, dass sie meinen, Frauen wären dann nicht mehr zu einer Karriere fähig. Aber alles ganz unterschwellig«, so die Karriereberaterin. Aus diesen Gründen rät sie Müttern dazu, Kinder im Bewerbungsschreiben nicht zu erwähnen. Auch nicht im Lebenslauf.

Ihr Tipp: Wer in Elternzeit war, war während dieser Zeit in einem Unternehmen angestellt. Es gibt kein Gesetz, welches besagt, dass eine

Elternzeit im Zeugnis erwähnt werden muss. Das Gleiche gilt für eine Beschäftigung in Teilzeit. Auch das muss im Zeugnis nicht erwähnt werden.

»Kinder sagen nichts über meine Qualifikationen aus!«

Andrea Reif weiß, was es bedeutet, sich als Mutter zu bewerben. Der PR-Spezialistin, Bloggerin und Mutter von drei Kindern war es schon immer wichtig, einen anspruchsvollen Job zu haben. Als sie nach einem unternehmensinternen Stellenwechsel feststellen musste, dass ihre neue Führungskraft ihr nicht zutraute, in reduzierter Vollzeit einen anspruchsvollen Job zu erledigen, beschloss sie, das Unternehmen zu wechseln. Die Auswahl der Teilzeitstellen, die sie beruflich gereizt hätten, war begrenzt. Daher hat sie sich primär auf Vollzeitstellen beworben, und um die erste Hürde – die Einladung zum Bewerbungsgespräch – leichter zu nehmen, erwähnte sie die Kinder weder im Anschreiben noch im Lebenslauf. Musste sie auch nicht, denn sie hat immer gearbeitet und somit keine erklärungsbedürftigen Lücken im Lebenslauf.

Erst im Vorstellungsgespräch kamen die Kinder dann zur Sprache. »Ich wollte zwar die Stelle, aber eben nicht in Vollzeit, sondern lieber in reduzierter Vollzeit, sprich 30 Stunden pro Woche. Das konnte ich meinem neuen Arbeitgeber nur mit meinen Kindern begründen«, erzählt sie. Auf die Frage, warum sie die Kinder nicht erwähnt hätte, antwortete Andrea: »Weil meine Kinder nichts über meine Qualifikationen aussagen.« Und auf die Frage nach der Betreuung in Notfällen, wenn beispielsweise die Kinder krank sind:»Die Kinder haben auch einen Vater.«

Andrea ist der festen Überzeugung, dass man Kinder als eine Selbstverständlichkeit behandeln muss. »Ich will mich nicht für meine Kinder rechtfertigen. Meine Kinder gehören zu meinen Leben genauso wie mein Job.« Das Ergebnis: Andrea bekam den Job. Seit sie sich selbstständig gemacht hat, weil sie noch flexibler arbeiten wollte, arbeitet sie für ihren Arbeitgeber freiberuflich.

Was sagt das Gesetz?

Kinder im Anschreiben oder im Lebenslauf zu erwähnen, ist nicht gesetzlich verpflichtend. Gleichzeitig darf aber auch nicht gelogen werden, denn dann droht die fristlose Kündigung, sobald die Lüge aufgedeckt wurde.

Das Allgemeine Gleichbehandlungsgesetz (AGG) besagt, dass Bewerberinnen und Bewerber nicht aus Gründen der Rasse oder der ethnischen Herkunft, des Geschlechts, der Religion oder Weltanschauung, einer Behinderung, des Alters oder der sexuellen Identität benachteiligt oder gar abgelehnt werden dürfen. Das Gesetz sagt aber nichts darüber aus, ob Angaben zu Kindern oder Familienstand gemacht werden müssen. Rein formal gilt: Diese Informationen sind privat und von keinerlei Relevanz für die Stellen. Sie sind freiwillig und nicht verpflichtend. Eine Ausnahme gibt es aber: Kirchliche beziehungsweise religiöse Arbeitgeber fordern in ihren Stellenausschreibungen schon mal die Angaben zu Familienstand und Kinder. In diesem Fall sollten Sie, wenn Sie nicht gleich aussortiert werden wollen, die Angaben auch machen.

Für alle gilt aber: Überlegen Sie sich genau, wann Sie Ihre Kinder erwähnen wollen. Erwähnen Sie Ihre Kinder im Lebenslauf, können Sie sie auch im Anschreiben kurz ansprechen. In aller Regel reicht es aber, wenn Sie schreiben, dass die Betreuung der Kinder zu jeder Zeit gewährleistet ist.

Der Lebenslauf

Die Tatsache, dass die Angaben über den Familienstatus und zu den Kindern freiwillig sind, vereinfacht die Entscheidung nicht wirklich. Sollten Sie sich dafür entscheiden, die Kinder zu erwähnen, setzen Sie die Angaben nicht an den Anfang, sondern möglichst an den Schluss des Lebenslaufs unter »Persönliche Daten«. Damit stellen Sie sicher, dass sich die Personaler beim Lesen Ihres Lebenslaufs zunächst einmal auf Ihre Kompetenzen und Ihre bisherigen Errungenschaften konzentrieren.

Definitiv erwähnen sollten Sie die Elternzeit und damit die Kinder nur dann, wenn Sie ansonsten einen Lücke im Lebenslauf haben. Lücken sind nie gut.

Haben Sie sich während der Elternzeit weitergebildet, kann das im Lebenslauf so aufgeführt werden:

Aktuell

Seit 03/2017   Elternzeit
- Teilnahme an diversen Fortbildungen
  - Wirtschaftsenglisch, IHK Frankfurt
  - Buchhaltung 1–3
  - MS Office

Bewerben Sie sich aus der Elternzeit heraus und kümmern sich ausschließlich um die Familie, dann kann das im Lebenslauf so aussehen:

Berufserfahrung

Seit 09/2013   Mein Arbeitgeber GmbH, Frankfurt
Sales Manager
- Personalverantwortung für 10 Mitarbeiterinnen und Mitarbeiter
- Kundenbetreuung und Neukundengewinnung
- Verhandlungsführung in englischer und spanischer Sprache
- Seit März 2017 in Elternzeit

Tipps für Alleinerziehende

Sowohl der Status »ledig« als auch »geschieden« in Verbindung mit einem kleinen Kind wird gerne gleichgesetzt mit wenig Flexibilität und noch mehr Fehlzeiten als bei »verheiratet« oder »in einer Partnerschaft lebend« mit kleinem Kind. Hinzu kommt, dass bei einer ledigen Person mit Kind davon ausgegangen wird, dass sie privat bereits einmal gescheitert ist. Scheitern ist in unserer deutschen Gesellschaft noch immer negativ besetzt. Überlegen Sie daher gut, ob Sie Ihren Familienstatus anbringen. Der Familienstand muss nicht angegeben werden.

Ist Ihr Kind älter als 12 Jahre, sieht es schon wieder ganz anders aus. Die meisten Kinderkrankheiten sind durchgestanden – die Fehlzeiten reduzieren sich aller Wahrscheinlichkeit nach. Hinzu kommt, dass eine alleinerziehende Person auf das Gehalt angewiesen ist und somit eine zuverlässige Angestellte sein wird.

Als Alleinerziehende zurück in den Beruf

Als Patricia vor drei Jahren aus der Selbstständigkeit heraus wieder eine Festanstellung suchte, war ihre Tochter drei Jahre alt und Patricia gerade allein erziehende Mutter geworden. Als allein Erziehende noch dazu mit einem kleinen Kind einen Job zu finden, war gar nicht so einfach. Im Fokus stand damals die Suche nach einem Arbeitsplatz, weniger die Suche nach einem familienbewussten Arbeitgeber. Nach diversen Absagen hat sie »irgendwann begonnen, meine Tochter weder im Anschreiben noch im Lebenslauf zu nennen«, erzählt sie. Mit Erfolg. Ihrem Arbeitgeber hat sie erst bei der Vertragsunterzeichnung von ihrem Kind erzählt. Auch nach dem familienbewussten Angebot hat sie sich beim Interview nicht erkundigt. Musste sie aber auch nicht, denn ihr zukünftiger Arbeitgeber hat von sich aus über das Gleitzeitangebot, Arbeitsverkürzungen durch Überstunden und vieles mehr berichtet. »Was man mir zu den Konditionen erzählt hatte, schien mir zu diesem Zeitpunkt besser als vieles, was ich vorher gehört und angeboten bekommen hatte.«

Aber obwohl Patricia mit ihrer Vorgehensweise erfolgreich war, meint sie, dass sich etwas in der Arbeitswelt ändern muss, und ist der Überzeugung, dass junge Eltern die Veränderung in der Hand haben. »Kinder gehören zum Leben dazu. Sie sind kein Makel, sondern ein Selbstverständnis. Ein guter Arbeitgeber sollte eine Antwort auf die Vereinbarkeit haben und Eltern wie kinderlose Arbeitnehmer behandeln. Ein offener Umgang mit dem Thema und offensives Einfordern von Gleichstellung scheint der einzige Weg hin zu einer Verbesserung der Bedingungen für arbeitende Eltern zu sein. Es ist daher essenziell wichtig, dass auch Männer diese Themen ansprechen. Beide Geschlechter sollte es interessieren und Chefs sollten nicht zwischen Müttern und Vätern unterscheiden dürfen, wenn wir eine Gleichstellung von Frauen und Männern auf dem Arbeitsmarkt wollen.«

Das Vorstellungsgespräch

Gratulation, Sie haben es bis zum Vorstellungsgespräch geschafft! Das Bewerbungsgespräch bietet die letzten noch notwendigen, wertvollen Hinweise. Fachlich erfüllen Sie offensichtlich die Kriterien, die sich Ihr zukünftiger Arbeitgeber wünscht. Jetzt kommt es darauf an, dass Sie in jeder Hinsicht gut vorbereitet sind. Dass Sie Kinder haben, wird er bereits mitgekommen haben – sofern Sie die Kinder im Anschreiben oder Lebenslauf erwähnt haben. Wenn nicht, ist jetzt der richtige Zeitpunkt gekommen. Denn spätestens, wenn Sie den Job bekommen haben und Ihr Arbeitgeber Ihre Lohnsteuerkarte von Ihnen ausgehändigt bekommt, wird er erfahren, dass Sie Mutter beziehungsweise Vater sind. Wenn Sie die Checkliste aus Kapitel 2 »Kinderbetreuung« konsequent durchgearbeitet haben, wissen Sie, welche Anforderungen Sie stellen. Sie wissen aber auch, was Sie nicht benötigen, und können auf Fragen, die die Betreuung Ihrer Kinder betreffen, fundiert antworten.

Wenn es Unternehmen mit dem Familienbewusstsein ernst meinen, haben sie meist ein breites Angebot an Maßnahmen. Fragen Sie also ruhig, wie das Unternehmen seine Personalpolitik familienbewusst gestaltet. Es ist heutzutage mehr als üblich, danach zu fragen. Und wenn Sie eher fragen als fordern, sich bewusst sind, dass nicht alles geht, nimmt Ihnen das kein Personaler übel. Wenn doch, ist es nicht das richtige Unternehmen.

Grundsätzlich ist es wichtig, als berufstätige Mutter und berufstätiger Vater im Bewerbungsgespräch für sich klare Verhältnisse zu schaffen. Dieses Gespräch legt die Basis für eine möglichst lange und erfolgreiche Zusammenarbeit. Wenn man als Bewerber die eigenen Erwartungen vollständig ignoriert, ist man später enttäuscht. Es ist aber entscheidend, den richtigen Ton für Fragen beziehungsweise Botschaften bezüglich der Vereinbarkeit von Familie und Beruf zu finden und diplomatisch abzuwägen, was zum Gegenüber passt.

Wie offensiv gefragt werden kann, ist sehr branchen- und unternehmensabhängig. Je akuter der Fachkräftemangel in einer Branche bereits spürbar ist, desto mehr investieren Unternehmen in familienbewusste Maßnahmen und eine familienbewusste Unternehmenskultur. Erfahrungsgemäß bieten größere Konzerne eher umfangreiche, kostenintensive Betreuungsmöglichkeiten und Familienprogramme an als kleinere, mittelständische Unternehmen. Bedenken Sie aber auch: Je größer das Unternehmen, desto wahrscheinlicher ist es, dass einzelne Abteilungen sich in Bezug auf die Familienfreundlichkeit stark unterscheiden. Hier sollte also besonders gut hingeschaut werden. Wichtig ist auch: Je größer ein Unternehmen ist, desto wahrscheinlicher kann es sich einen ganzen Stab an Mitarbeiterinnen und Mitarbeitern leisten, der sich ausschließlich um Vereinbarkeitsthemen kümmert. Das heißt aber nicht, dass ein kleineres Unternehmen, das nur eine Person oder noch weniger für dieses Thema angestellt hat, weniger familienbewusst ist. Oftmals sind es gerade die kleineren Unternehmen, die sehr viel flexibler auf die Anforderungen einzelner Mitarbeiter eingehen können.

Trotz Schwangerschaft den Job bekommen

Ute Zimmermann war bereits Mutter einer Tochter, als sie sich 2011, gerade wenige Wochen mit dem zweiten Kind schwanger, bei einer Agentur in Oberhausen vorstellte und den Job bekam.

Schon 2010 hatte Ute sich bei der Agentur beworben und eine Zusage bekommen. Utes damaliger Noch-Arbeitgeber hatte ihr dann aber so ein gutes Angebot gemacht, dass sie erst einmal ablehnte. Als dann 2011 wieder eine Stelle frei wurde, rief der Geschäftsführer der Oberhausener Agentur bei ihr an und fragte, ob sie als Pressereferentin bei ihm tätig werden wolle. »Ich habe von Anfang an mit offenen Karten gespielt und von meiner Schwangerschaft erzählt. Ich war erst wenige Wochen schwanger. Gesehen hätte also niemand etwas«, berichtet Ute. Ute weiß, dass viele Faktoren dazu beigetragen haben, dass sie eingestellt wurde. »Es war ein großer Vorteil, dass man mich schon kannte«, erzählt Ute rückblickend.

Dass beide Chefs selbst Familie haben, hat auch geholfen. Ausschlaggebend war aber letztendlich, dass sie den Chefs in Aussicht stellte, nach dem Mutterschutz – also nach 14 Wochen– direkt wieder einzusteigen. Ihr Mann hat mit Kind Nummer zwei ein Jahr Elternzeit genommen.

Die Schwangerschaft war nicht mehr zu verbergen

Daniela war mit ihrem zweiten Sohn im neunten Monat schwanger, als sie sich 2009 auf eine Planstelle als Lehrerin für Mathematik, Sport und Spanisch an einem Gymnasium in Rheinland-Pfalz bewarb und angenommen wurde.»Das Bewerbungsgespräch fand im Mai statt. Meine Schwangerschaft zu verbergen, wäre nicht möglich gewesen, denn das Kind wurde schon kurze Zeit später geboren«, erzählt Daniela. Ihr großer Vorteil: Die Stelle sollte erst nach den Sommerferien, also im September, besetzt werden. Bis dahin wäre der Kleine vier Monate alt und die junge Familie würde somit ein paar Monate Zeit haben, sich einzuspielen. Auch wollte Daniela nicht gleich mit einem vollen Deputat einsteigen.»Ich hatte ausgehandelt, dass ich 18 Stunden arbeiten würde. Diese Stunden sollten alle am Vormittag sein, damit ich nach der sechsten Stunde mein Kind bei der Tagesmutter abholen konnte.« Der Arbeitgeber ist darauf eingegangen.

Ab dem ersten Schultag stillte Daniela den Kleinen morgens, pumpte Milch ab und brachte es zur Tagesmutter.»Es lief alles super entspannt. Nie gab es Probleme«, erzählt die mittlerweile dreifache Mutter. Es lief alles sogar so entspannt, dass Daniela sich recht bald dafür entschied, wieder voll zu arbeiten, und sich sogar noch eine Schwangerschaft zutraute. Mit Kind Nummer drei war es dann aber leider nicht ganz so einfach. Während Danielas zweiter Sohn ein ganz ausgeglichener kleiner Mann war, der immer und überall problemlos blieb, war die Drittgeborene schwieriger. In dieser Zeit war es sehr hilfreich, dass die Frau des Schulhausmeisters als Tagesmutter arbeitete und Daniela bei ihr einen Betreuungsplatz bekam.»Ich hatte mit der Schulleitung Stillzeiten vereinbart. So konnte ich voll arbeiten und zwischendurch immer auch die Kleine stillen.«

Das ist jetzt sieben Jahre her. Inzwischen sind die Kinder alle im schulpflichtigen Alter und Daniela genießt es, ihren Job als Lehrerin mit den drei Kindern zu vereinbaren.

Von Standardfragen, Fangfragen und unerlaubten Fragen im Bewerbungsgespräch

In Bewerbungsgesprächen gibt es drei verschiedene Arten von Fragen: typische Standardfragen, Fangfragen und nicht zulässige Fragen. Mit typischen Fragen, wie die nach der Motivation, und Fangfragen, wie zum Beispiel »Was halten Sie von Ihrer letzten Chefin?« möchte Ihr Gegenüber mehr über Ihre Ziele, Werte, Motivation und sogar Ihre Arbeitsweise erfahren. Gegen diese Fragen ist also nichts einzuwenden. Etwas einzuwenden gibt es aber gegen die unzulässigen Fragen, die noch immer von Personalern gestellt werden. Das einzig Positive an diesen Fragen ist, dass Sie die Fragen nicht beantworten müssen. Und wenn Sie doch darauf reagieren, muss die Antwort nicht der Wahrheit entsprechen. Wichtig ist dabei nur, dass Sie flüssig antworten. Niemand darf merken, dass Sie lügen.

Eine der leider noch immer am häufigsten gestellten Fragen ist die nach einer akuten Schwangerschaft. Sollten Sie tatsächlich schwanger sein und man sieht es Ihnen noch nicht an, können Sie darauf mit einem klaren Nein antworten.

Haben Sie sich auf einen Job beworben, der von Ihnen als Schwangere nicht ausgeführt werden darf, weil Ihre eigene Gesundheit oder die des Kindes gefährdet wären? Oder weil er mit solch einem großen körperlichen Einsatz verbunden ist, dass er mit einer Schwangerschaft unvereinbar ist? Auch in diesem Fall müssen Sie nicht wahrheitsgemäß antworten. Das hat der Europäische Gerichtshof 2003 entschieden. Das mit der Schwangerschaft einhergehende Beschäftigungsverbot ist dem Urteil zufolge lediglich zeitlich befristet. Die Bewerberin kann also ihrer Tätigkeit nach der Schwangerschaft in vollem Umfang nachgehen. Bei der Schwangerschaft handelt es sich daher nicht um eine dauerhaft fehlende Eignung. Daher ist die Nichteinstellung aufgrund einer Schwangerschaft als eine geschlechtsbezogene Diskriminierung zu werten und unzulässig.

Nicht die Wahrheit sagen dürfen Sie selbst dann, wenn Sie sich schwanger auf eine Schwangerschaftsvertretung bewerben. Das ist zwar hart für den Arbeitgeber, aber es gibt hierfür sogar einen Präzedenzfall aus dem Jahr 2012. Das Landesarbeitsgericht Köln (Az.: 6 Sa 641/12) hatte damals entschieden, dass auch eine Schwangere, die nur befristet als Schwangerschaftsvertretung eingestellt werden soll, dem Arbeitgeber gegenüber nicht offenbaren muss, dass sie schwanger ist. Selbst wenn der Zweck eines befristeten Vertrags die Vertretung einer Schwangeren ist, bleibt die Frage nach der Schwangerschaft unzulässig.

Auch dürfen Sie nicht danach gefragt werden, ob Sie bereits Kinder haben. Aber dass Sie Kinder haben, wird spätestens klar, wenn die Lohnsteuerkarte vorliegt. Erklären Sie am besten, wie Ihre Kinder betreut werden. Wenn Sie sich Kapitel für Kapitel durch das Buch gearbeitet haben, haben Sie bereits den perfekten Plan. Wenn nicht, wird es spätestens jetzt bei der Vorbereitung für das Gespräch Zeit. Lesen Sie sich das Kapitel »Kinderbetreuung« nochmals genau durch und legen Sie sich (gemeinsam) einen Plan zurecht. Zeigen Sie, dass Sie sich intensiv Gedanken gemacht haben und auf alle Eventualitäten vorbereitet sind.

Ganz wichtig: Sie müssen sich nicht dafür entschuldigen oder rechtfertigen, dass Sie Kinder haben. Weder vor Ihrem zukünftigen Arbeitgeber noch vor sich selbst.

Der Umgang mit unzulässigen Fragen

Sie sitzen wider Erwarten in einem Vorstellungsgespräch, in dem Ihnen genau diese unzulässigen Fragen gestellt werden? Sie haben die Wahl: Bleiben und das Gespräch bis zum bitteren Ende durchziehen oder das Gespräch abrupt beenden und gehen. Sind es nur eine oder zwei unzulässige Fragen, sollten Sie bleiben und das Gespräch weiterhin freundlich und professionell führen. Vergessen Sie nicht, Sie haben es in der Hand, ob Sie auf solche Fragen wahrheitsgemäß antworten oder Ihrem Gegenüber eine Lüge auftischen.

Gehören Sie zu den Menschen, die nicht so gut lügen können, gleichzeitig die Fragen aber auch nicht unkommentiert lassen wollen? Dann weisen Sie Ihren Interviewpartner darauf hin, dass es sich hierbei um nicht zulässige Fragen handelt. Je nach Reaktion können Sie dann immer noch die Reißleine ziehen. Das erfordert natürlich Mut, aber denken Sie immer daran: Auf keinen Fall sollten Sie sich unter Preis verkaufen. Auch Sie dürfen Grenzen setzen und sollten das sogar. Sie kommen nicht als Bittsteller zu dem Bewerbungsgespräch. Das Unternehmen hat Sie eingeladen, weil Sie Fähigkeiten haben, die das Unternehmen zum eigenen Nutzen einsetzen möchte. Selbstverständlich erhalten Sie dafür am Ende eines jeden Monats auch eine »Aufwandsentschädigung«, aber es macht Sie gleichzeitig zu einem Verhandlungspartner auf Augenhöhe. Wie zu Beginn des Buches bereits beschrieben: Der Arbeitsmarkt befindet sich in einem Wandel – weg vom Arbeitgeber-, hin zu einem Arbeitnehmermarkt. Je nach Qualifikation müssen sich die Unternehmen nämlich ziemlich strecken, um neue qualifizierte Mitarbeiter und Mitarbeiterinnen zu finden.

Je besser Sie auf die Fragen vorbereitet sind und je souveräner Sie sowohl auf die typischen Fragen als auch auf die Fangfragen antworten können, desto besser. Das Gleiche gilt aber auch für Fragen, die in einem Bewerbungsgespräch eigentlich gar nicht zulässig sind. Aber wie antworten auf Fragen, die vordergründig so gar nichts mit der Qualifikation zu tun haben? Juristisch korrekt? So, wie ein Wiedereinstiegscoach es empfehlen würde? Oder schlagfertig? Lesen Sie sich die Antworten durch und überlegen Sie, womit Sie sich am wohlsten fühlen. Im nächsten Schritt formulieren Sie die Antworten so um, dass Sie aus Ihrem Mund authentisch wirken, und dann gilt: Üben, üben, üben. Vor dem Spiegel. Mit dem Partner beziehungsweise der Partnerin. Mit Freundinnen und Freunden. Die Antworten müssen Ihnen in Fleisch und Blut übergehen.

Beginnen wir mit den juristisch korrekten Antworten. Sandra Runge ist Rechtsanwältin, Bloggerin, Buchautorin und selbst Mutter von zwei Kindern. In ihrem Buch »Don't worry, be Mami« und auf ihrem Blog smart-mama.de geht sie rechtlichen Fragen rund um das Thema »Muttersein«, aber selbstverständlich auch »Vatersein«, nach. Sie weiß, welche Fragen zulässig sind und welche nicht. Sie weiß, bei welchen Fragen Sie nicht wahrheitsgemäß zu antworten brauchen und bei welcher Sie vielleicht doch besser offen und ehrlich bleiben.

Juristisch korrekt antworten

Was denkt Ihr Partner über Ihren Wiedereinstieg?
Diese Frage ist unzulässig, da sie den privaten Bereich der Bewerberin tangiert – nämlich die Beziehung zu ihrem Partner. Der Arbeitgeber möchte mit dieser Frage erfahren, ob die Bewerberin von ihrem Partner Rückendeckung im Job erhält. Falls nicht, wird der Arbeitgeber denken: »Oha, hier gibt es Konflikte, die eventuell auch die Leistungsfähigkeit meiner Bewerberin betreffen können.« In der Frage schwingt auch mit, wer denn zu Hause bleibt, wenn die Kinder krank sind. Die Frage verletzt das Persönlichkeitsrecht der Bewerberin. Die Folge: Die Frage muss nicht wahrheitsgemäß beantworten werden.

Wie werden Sie die Betreuung der Kinder organisieren?
Auch diese Frage – die männlichen Bewerbern in der Regel nicht gestellt wird – ist unzulässig, da sie den privaten Bereich betrifft. Die Art und Weise der Betreuung hat nichts mit den beruflichen Fähigkeiten der Bewerberin zu tun, sondern ist eine familieninterne, organisatorische Frage. Natürlich hat der Arbeitgeber ein großes Interesse daran, in Erfahrung zu bringen, ob die Betreuung der Kinder gesichert ist. Daher sollte man diese Frage auch beantworten. Allerdings ist es rechtlich zulässig, die Betreuungssituation zu beschönigen beziehungsweise besser darzustellen, als sie in Wahrheit ist.

Trauen Sie sich wirklich zu, diese Stelle voll auszufüllen?
Solange die Frage nicht mit der Unterstellung, »weil sie Mutter sind und daher überfordert sein könnten«, gestellt wird, bestehen keine rechtlichen Bedenken. Hier gilt: Die Bewerberin sollte dem Arbeitgeber unbedingt antworten, dass sie die Stelle voll ausfüllen kann. Zusammenhänge in Bezug auf die »Doppelbelastung« aufgrund der Kinder sollte sie aber keinesfalls thematisieren.

Können Sie sich mit Kindern überhaupt für den Beruf motivieren?
Diese Frage unterstellt, dass die Bewerberin aufgrund ihrer Eigenschaft als Mutter eigentlich überhaupt keine Lust hat zu arbeiten. Sie erfolgt

vor dem Hintergrund eines längst überholten Rollenverständnisses, wonach eine Mutter grundsätzlich nicht berufstätig sein sollte. Eine Schlechterstellung in beruflicher Hinsicht wird vom Arbeitgeber für normal befunden und gebilligt. Die Frage stellt daher eine Diskriminierung wegen des Geschlechtes dar und ist somit unzulässig.

Sind Sie nicht überqualifiziert für die Position?
Diese Frage ist zulässig, da sie an die beruflichen Fähigkeiten der Bewerberin anknüpft.

Was haben Sie während der letzten Jahre unternommen, um beruflich am Ball zu bleiben?
Auch gegen diese Frage bestehen keine rechtlichen Bedenken. Der Arbeitgeber hat ein berechtigtes Interesse daran zu erfahren, was die Bewerberin während einer längeren Auszeit – wie zum Beispiel der Elternzeit – unternommen hat, um ihre beruflichen Fähigkeiten aufrechtzuerhalten oder zu erweitern.

Was tun Sie, wenn Ihr Kind mal krank ist?
Diese Frage wird Bewerberinnen leider immer wieder gestellt, da viele Arbeitgeber Angst vor den Fehlzeiten haben. Auch hier gilt das oben Gesagte: Die Frage ist familienintern, organisatorisch und hat nichts mit den beruflichen Fähigkeiten der Bewerberin zu tun. Die Bewerberin kann daher auch die Betreuungssituation im Falle eines erkrankten Kindes beschönigen.

Wie sieht Ihre private Lebensplanung im Moment aus?
Diese Frage ist unzulässig, denn damit verlässt der Arbeitgeber den Bereich der beruflichen Fähigkeiten. Auch wenn die Frage sehr allgemein gestellt ist: Sie zielt eindeutig auf den Lebensstand und die Familienplanung der Bewerberin ab und stellt damit einen unzulässigen Eingriff in das Persönlichkeitsrecht dar. Folge: Die Frage muss nicht wahrheitsgemäß beantwortet werden.

Christiane Maurer ist Spezialistin für die Optimierung von Arbeits- und Kommunikationsprozessen. Zu ihren Themenschwerpunkten gehört unter anderem die Frau in Beruf und Familie. Seit vielen Jahren coacht sie Wiedereinsteigerinnen bei der Rückkehr in den Beruf. Sie kennt die Fangfragen und unzulässigen Fragen, die insbesondere Müttern gestellt werden, und weiß, wie man darauf reagieren sollte.

Antwort-Tipps eines Wiedereinstiegscoachs

Was denkt Ihr Partner über Ihren Wiedereinstieg?
Wir haben die Entscheidung, wer wie viel arbeitet, gemeinsam getroffen. Uns beiden ist es wichtig zu arbeiten und wir wollen beide unsere Kinder/unser Kind erziehen. Mein Partner arbeitet Vollzeit/Teilzeit und ich will Vollzeit/Teilzeit arbeiten. An welche Verteilung der Stunden haben Sie gedacht? Wie sehen die Anforderungen für die Wochentage aus?

Wie werden Sie die Betreuung der Kinder organisieren?
Die Betreuung ist sowohl aus Sicht der Eltern als auch für Sie als Arbeitgeber wichtig. Daher haben wir neben der Hauptbetreuung durch Schule/Krippe/Kita/Kinderfrau/Au-pair/... noch ein zweites Netz. Unsere Eltern/Freunde/ehemalige Tagesmutter/... sind verfügbar, wenn wir sie brauchen. Bietet Ihr Unternehmen eine Ad-hoc-Betreuung oder kooperiert es mit einer Kita oder Ähnliches?

Trauen Sie sich wirklich zu, diese Stelle voll auszufüllen?
Ich habe in der bisherigen Elternzeit meine Fähigkeiten zur Selbstorganisation, Konfliktmanagement und Motivation weiter ausgebaut – um nur einige Fähigkeiten zu nennen, die für diese Stelle wichtig sind und bei Kindererziehung und Familienorganisation täglich eingesetzt werden. Welche konkreten Anforderungen sehen Sie, die wichtig sind, um die Stelle voll auszufüllen?

Können Sie sich mit Kindern überhaupt für den Beruf motivieren?
Ich arbeite für mich und nicht für meine Kinder. Der Wiedereinstieg ist mir wichtig, weil ich weiter erwerbstätig sein möchte. Mein Beruf gibt mir Bestätigung und verschafft mir Zufriedenheit. Damit bin ich auch ein tolles Vorbild für meine Kinder.

Sind Sie nicht überqualifiziert für die Position?
Das können wir im weiteren Gespräch gerne herausfinden. Welche meiner Qualifikationen könnte ich auf dieser Stelle nicht voll einbringen?

Was haben Sie während der letzten Jahre unternommen, um beruflich am Ball zu bleiben?
In Bezug auf meine Soft Skills muss ich als Elternteil nichts zusätzlich tun, um am Ball zu bleiben. Als Mutter/Vater habe in der bisherigen Elternzeit meine Fähigkeiten zur Selbstorganisation, Konfliktmanagement und Motivation weiter ausgebaut – um nur einige Fähigkeiten zu nennen, die für diese Stelle wichtig sind und bei Kindererziehung und Familienorganisation täglich eingesetzt werden. Zu den fachlichen Themen habe ich Vertretung in der Elternzeit geleistet/Seminare besucht/Fachliteratur kontinuierlich gelesen/mich mit Kollegen ausgetauscht/Messen besucht/...

Was tun Sie, wenn Ihr Kind mal krank ist?
Kinder sind oft nur wenige Tage am Stück krank. Das kann also in meine Teilzeitstruktur passen. Mein Partner hat mit seinem Arbeitgeber gesprochen, wir teilen uns die Betreuung unseres kranken Kindes auf. Gerade für solche Situationen haben wir auch das zweite Netz in der Betreuung: Unsere Eltern/Freunde/ehemalige Tagesmutter/... sind verfügbar, wenn wir sie brauchen.

Und wenn mein Kind wirklich so krank ist, dass der Kinderarzt attestiert, dass es nur von mir zu Hause betreut werden kann, können wir auch über mobiles Arbeiten in einem bestimmten Umfang sprechen. Wie sind die Möglichkeiten für mobiles Arbeiten bei meiner neuen Stelle?

Wie sieht Ihre private Lebensplanung im Moment aus?
Bei mir ist alles auf »Go« für den Wiedereinstieg. Die Betreuung ist organisiert, auch mit dem zweiten Netz. Ich bin fachlich bereit und freue mich auf die Fortsetzung meiner Berufstätigkeit. Wenn die Frage beinhaltet, ob wir über weitere Kinder nachdenken, so kann ich Ihnen sagen, dass meine Familienplanung abgeschlossen ist (*Anmerkung: Hier muss man nicht die Wahrheit sagen*). Das bedeutet, dass Sie mit einer Mitarbeiterin rechnen können, die die nächsten Jahre verlässlich und motiviert arbeitet.

Gehören Sie zu denen, die sich auf keinen Fall die Butter vom Brot nehmen lassen wollen und lieber schlagfertig antworten? Dann hat Deutschlands Schlagfertigkeitsqueen und Autorin des gleichnamigen Buches, Nicole Staudinger, ein paar Tipps. Aber Achtung, Schlagfertigkeit hat insbesondere in einem Vorstellungsgespräch viel mit Sympathie zu tun. Sind Sie sich sympathisch und haben Sie das Gefühl, dass Ihr Gegenüber die Antworten »nicht in den falschen Hals« bekommt, können Sie schlagfertiger sein. Ist dies nicht der Fall, sollten Sie sich zurückhalten.

Tipps der Schlagfertigkeitsqueen

Ist Schlagfertigkeit in einem Vorstellungsgespräch angebracht?
Warum denn nicht? Laut Definition bedeutet es erst einmal, dass wir geistesgegenwärtig und schnell reagieren. Wer wünscht sich das nicht von seiner Mitarbeiterin? Man darf es halt bloß nicht mit »zickig werden« verwechseln.

Worauf muss ich achten, wenn ich in einem Vorstellungsgespräch schlagfertig antworten möchte?
Der Ton macht die Musik. Immer und überall. Vor der Schlagfertigkeit steht das richtige Selbstbild, und das inkludiert, dass ich mir über meine Stärken, aber auch über meine Schwächen sehr bewusst bin. Wer

authentisch bleibt und zu sich steht, bei dem kommt die Schlagfertigkeit von ganz alleine.

Wie kann ich mich darauf vorbereiten?

Es gibt kniffelige Fragen, bei denen man sich bewusst sein muss, dass sie kommen könnten, auch wenn wir alle wissen, dass die meisten davon nicht erlaubt sind. Ich würde mir schon vorher die Frage stellen: Was willst du antworten? Und willst du in einer Firma, die so etwas fragt, überhaupt arbeiten.

Auf die Frage nach der Gehaltsvorstellung kann man sich gut vorbereiten. Die bringt uns ja meist aus dem Konzept. Mit der richtigen Körperhaltung (gerader Kopf, sicherer Blickkontakt) und dem richtigen Ton kann aber eigentlich wenig schiefgehen.

Wie würden Sie auf die folgenden Fragen schlagfertig antworten?
»Sind Sie schwanger?«
Diese Frage ist sooo unzulässig, dass ich persönlich da auch recht knapp antworten würde: »Nö. Sie?«

»Wie sieht Ihre zukünftige Lebensplanung aus?«
In einem süffisanten Ton: »Möchten Sie ein Teil davon werden?«
Oder aber etwas selbstbewusster: »Zum nächsten Ersten fange ich hier an zu arbeiten, in drei Jahren leite ich dann die Abteilung und in fünf Jahren sitze ich da, wo Sie jetzt sitzen.«
Aber Achtung: Immer ganz freundlicher Tonfall!

So viel zu den Fragen aus Sicht der Bewerberinnen und Bewerber.

Etwas anders sieht es aus, wenn man die Position des zukünftigen Arbeitgebers einnimmt. Denn nicht jeder Personaler oder jede Personalerin, die solche Fragen stellt, bringt damit per se mangelndes Familienbewusstsein zum Ausdruck. Vielleicht sind diese Fragen relevant für die Stelle oder einfach organisatorischer Natur. So meint der Personalleiter der Trevista AG Florian Böhner (siehe auch Seite 157) beispielsweise, dass die Frage nach der Kinderbetreuung zwar nicht erlaubt, aber dennoch wichtig für einen Arbeitgeber ist: »Wenn ich weiß, dass jemand

Kinder hat, und weiß, wie die betreut werden, kann ich ein ganz anderes Verständnis für diesen Menschen aufbringen, wenn zum Beispiel das Kind krank ist oder die Tagesmutter kurzfristig ausfällt.«

Diese Fragen sollten Sie im Jobinterview stellen

Personaler aus familienbewussten Unternehmen sprechen das Thema Familienbewusstsein im Vorstellungsgespräch von alleine an. Sie klären Sie über das familienbewusste Angebot auf, angefangen bei den Arbeitszeiten über das Angebot für Familien bis hin zu freiwilligen Leistungen. Abgesehen von den Fragen, die Sie bezüglich des Unternehmens und der ausgeschriebenen Stelle haben, können Sie im Vorstellungsgespräch aber auch selbst Fragen nach dem Familienbewusstsein stellen beziehungsweise Fragen, die Rückschlüsse auf das Familienbewusstsein im Unternehmen zulassen.

Im Kapitel »Arbeitszeitmodelle für mehr Vereinbarkeit« haben Sie sich Gedanken dazu gemacht, wie Ihr zukünftiges Arbeitszeitmodell aussehen soll. Sie wissen, wie viele Stunden Sie arbeiten können, wie flexibel Sie sind und welche Unterstützung Sie von Ihrem Arbeitgeber erwarten. Jetzt geht es darum abzuklopfen, wie Sie beide zusammenkommen können. Denken Sie aber daran: Ihr zukünftiger Arbeitgeber möchte nicht den Eindruck haben, dass er sich mit Ihnen Probleme einkauft. Stellen Sie daher nicht gleich Forderungen. Haben Sie immer auch einen Plan B parat und diskutieren Sie ruhig konstruktive Lösungen. In dem Gespräch geht es um ein Geben und Nehmen, auch in den Verhandlungen um die Unterstützung bei der Vereinbarkeit von Familie und Beruf.

Sie hatten in Ihren Recherchen rausgefunden, dass das Unternehmen eine eigene Kita hat, und müssen jetzt feststellen, dass alle Plätze vergeben und die Wartezeiten lang sind? Vielleicht bietet das Unternehmen ja eine Unterstützung bei der Suche nach einer Alternative an – zum Beispiel einen Kitaplatz in Wohnortnähe oder eine Tagesmutter zur Überbrückung, bis ein Platz in der Unternehmens-Kita frei ist.

Das Unternehmen bietet keine wirklich flexiblen Arbeitszeiten? Wenn Überstunden im Unternehmen nicht üblich sind, müssten die Arbeitszeiten somit zuverlässig sein. Auch das kann für die Vereinbarkeit von Familie und Beruf sehr hilfreich sein.

Oder das Gehalt ist nicht ganz das, was Sie sich vorgestellt haben? Vielleicht übernimmt der Arbeitgeber aber zum Beispiel die Kita-Kosten oder bietet andere Sozialleistungen, die durchaus auf das Gehalt gerechnet werden können.

Fragen zur Stelle

- Warum wurde die Stelle wieder frei?
- Ist es möglich, meinen künftigen Arbeitsplatz zu besichtigen?
- Kann ich mich eventuell mit anderen Angestellten unterhalten?
- Wie würden Sie meinen typischen Arbeitstag beschreiben?
- Muss man in dieser Position viel reisen?

Was diese Fragen nach der Stelle mit Familienbewusstsein zu tun haben? Wenn Sie wissen, warum die Stelle frei wurde, können Sie damit eventuell Rückschlüsse auf die Führungskraft, aber auch auf die mit der Stelle verbundene Belastung ziehen. Bei der Besichtigung des Arbeitsplatzes können Sie sich einen Eindruck von der Atmosphäre machen, die in dieser Abteilung herrscht. Stehen auf den Schreibtischen Bilder von Familien oder von Kindern? Sind eventuell sogar selbstgemalte Bilder vom Nachwuchs aufgehängt? Das wäre ein Hinweis darauf, dass Kinder offen gezeigt werden dürfen und kein Manko sind.

Die Stadt Hanau beispielsweise geht ganz offen mit der Vereinbarkeit von Beruf und Familie ihrer Angestellten um. Überall im Rathaus hängen Bilder, auf denen Mitarbeiterinnen und Mitarbeiter mit ihren Kindern zu sehen sind. Unter jedem Bild steht dann noch ein kleiner Text über die Person und ihren Beruf.

Fragen zum Familienbewusstsein

- Gibt es bei Ihnen Gleitzeit oder echte Vertrauensarbeitszeit?
- Gibt es die Möglichkeit flexibler Arbeitszeitmodelle?
- Wie viele Überstunden leisten die Mitarbeiter aktuell im Durchschnitt pro Woche?
- Haben Sie eine Betriebsvereinbarung zum Thema Telearbeitsplatz?
- Kann ich stundenweise von zu Hause aus arbeiten?
- Welche zusätzlichen Sozialleistungen bieten Sie Ihren Mitarbeiterinnen und Mitarbeitern?

Fragen zur zukünftigen Führungsperson

- Wer wird mein direkter Vorgesetzter sein?
- Was hat er oder sie für einen Hintergrund?
- Wie würden Sie den Führungsstil meiner/meines Vorgesetzten beschreiben?

Weniger Kontrolle, mehr Freizeit

Die easySoft. GmbH mit Sitz in St. Johann hat sich ganz bewusst für eine familienbewusste Führungskultur entschieden.»2008 merkten wir drei Geschäftsführer, dass das Unternehmen nicht mehr gut lief. Unsere Werte Menschlichkeit, Gesunderhaltung und Familie wurden nicht von allen Mitarbeitern gleich getragen«, berichtet Andreas Nau, Geschäftsführer und Vater von vier Kindern.»Wir haben uns dann ganz bewusst dazu entschieden, Regeln aufzustellen, die unseren Kollegen mehr Freiheiten und somit der Familie mehr Raum geben.« Heute darf bei easySoft sonntags nicht gearbeitet werden, auch Dienstreisen werden nicht sonntags angetreten.

Es gelten Vertrauensarbeitszeiten – jeder arbeitet so, wie er es für sinnvoll hält.»Selbstverständlich gibt es Teammeetings, an denen unsere Mitarbeiter teilnehmen müssen. Auch die Kunden müssen bedient werden, aber wann und wie das geschieht, liegt in der Hand des jeweils verantwortlichen Mitarbeiters«, so Andreas Nau.

Das Ergebnis: Führung ist einfacher geworden. Die Geschäftsführer müssen heute weniger regulierend eingreifen. Die Mitarbeiter sind engagierter, denn alle wollen die gesetzten Ziele erreichen.

Fragen zur Unternehmenskultur

- Warum arbeiten Sie für dieses Unternehmen?
- Wie würden Sie Ihre Unternehmenskultur beschreiben?
- Wie hoch ist der Anteil von Frauen in Führungspositionen?
- Gibt es Führungskräfte, die in Teilzeit arbeiten?
- Wie werden Mitarbeiter bei Ihnen gefördert und entwickelt? Gilt das auch für Mütter und Väter?
- Gibt es ein Budget für Weiterbildungen?
- Wie häufig finden Mitarbeitergespräche statt?

Auch entscheidend: Wie war das Klima, in dem das Gespräch stattfand? Drehte sich das Gespräch um Ihre Qualifikation oder ausschließlich darum, wie Sie die Kinderbetreuung organisieren? Ist Letzteres der Fall, könnte es sein, dass es sich hier um einen Arbeitgeber handelt, dessen Kultur noch nicht wirklich familienfreundlich ist.

Das Bewerbungsgespräch – zweite Runde

Spätestens jetzt wird es richtig spannend. Sie befinden sich im Endausscheid und können sich realistische Hoffnungen auf den Job machen. Haben Sie sich in einem größeren Unternehmen beworben, werden Sie auch spätestens jetzt auf Ihren zukünftigen Vorgesetzten treffen. Dies ist die für Sie entscheidende Person bezüglich Familienbewusstsein. Joachim E. Lask (siehe Seite 153 f.) unterscheidet zwei Führungstypen. Für den einen ist es eine Selbstverständlichkeit, dass seine Mitarbeiterinnen und Mitarbeiter Beruf und Familie vermischen. Diese nennt Lask die Integrativen. Es sind Führungskräfte, die von ihren Mitarbeitern lediglich verlangen, dass sie während einer gewisse Kernarbeitszeit anwesend sind. Darüber hinaus ist für sie ein Arbeiten im Homeoffice, wo es durchaus auch mal zu Überschneidungen mit der Familie kommen kann, selbstverständlich. Auch darf während der Arbeitszeit mal mit der

Familie telefoniert werden – selbstverständlich immer vorausgesetzt, dass die vereinbarte Leistung erbracht wird.

Dem gegenüber stehen Führungskräfte, die eine klare Trennung von Familie und Beruf verlangen. Ein Arbeiten im Homeoffice wird von diesen eher ungern gesehen. Kinder im Notfall mit ins Büro bringen, eventuell im vorhandenen Eltern-Kind-Zimmer arbeiten: ein No-Go.

Beide Typen haben etwas für sich. Wenn eine Führungskraft eine klare Separation beider Lebensbereiche verlangt, wissen Sie, worauf Sie sich einstellen müssen. Auch das kann sehr hilfreich sein. Um nun herauszufinden, ob die zukünftige Führungskraft Ihrer Vorstellung eines familienbewussten Führungsstils entspricht, sollten Sie folgende Fragen stellen:

»Darf ich mein Kind im Notfall mitbringen?«
Machen Sie aber gleich klar, dass Notfälle die Ausnahme bleiben. Schließlich ist eine Arbeitsstelle kein Kinderspielplatz.

»Wollen Sie wissen, welche Kompetenzen ich über meine beruflichen Qualifikationen hinaus noch mitbringe?«
Das können Ihre Elternkompetenzen sein, aber auch Kompetenzen, die Sie auf einem ganz anderen Gebiet erworben haben.

»Werden Sie diese nutzen?«
Reagiert die Führungskraft auf diese Fragen offen, können Sie davon ausgehen, dass es sich bei ihr um eine Person handelt, die gegenüber Müttern und Vätern aufgeschlossen ist. Sie weiß, welche wertvollen Kompetenzen Eltern, aber eben nicht nur Eltern, in ihrer Freizeit erwerben und dass diese auch für den Job hilfreich sein können.

Reagiert die Führungskraft eher abweisend, überlegen Sie sich genau, ob Sie damit leben können. Sie müssen nicht den erstbesten Job nehmen. Die Beispiele vieler berufstätiger Mütter und vieler Väter, die Arbeitszeiten reduziert haben oder längere Zeit in Elternzeit gehen konnten, ohne berufliche Nachteile zu haben, sollten Ihnen Mut machen.

**»Vom Bewerbungsschreiben zum Vorstellungsgespräch«
für Querleserinnen und Querleser**

Eltern, die Beruf und Familie vereinbaren, bieten ihren Arbeitgebern viele Vorteile. Sie haben als Eltern Kompetenzen entwickelt, die sie für den Arbeitgeber gewinnbringend einsetzen können.

Ob man die Kinder im Bewerbungsschreiben oder Lebenslauf erwähnt, ist Ermessenssache. Ist Ihr Motto: »Meine Kinder sind meine Privatangelegenheit und sagen nichts über meine Qualifikationen aus«, dann können Sie die Kinder unerwähnt lassen.

Ist Ihr Motto: »Mein Arbeitgeber soll gleich wissen, welchen Stellenwert meine Familie hat«, sollten Sie die Kinder erwähnen. Für einen Arbeitgeber mit einer familienbewussten Unternehmenskultur sind Kinder kein Makel.

Es gibt keine gesetzliche Verpflichtung, Kinder oder Familienstatus zu erwähnen. Auch ist es gesetzlich nicht geregelt, dass Elternzeit oder Teilzeit im Arbeitszeugnis erwähnt werden muss.

Vorurteile sind etwas Menschliches und haben immer auch bis zu einem gewissen Grad ihre Berechtigung. Wer die unterschwelligen Vorurteile gegenüber Müttern und Vätern, die Beruf und Familie vereinbaren wollen, kennt, kann sich darauf vorbereiten und in der Bewerbungsphase damit umgehen.

Es gibt Fragen, die ein Arbeitgeber im Bewerbungsgespräch nicht fragen darf. Die Antworten darauf dürfen von den Bewerberinnen und Bewerber beschönigt werden. Sie müssen nicht wahrheitsgemäß antworten.

Bewerberinnen und Bewerber sollten Fragen zum Familienbewusstsein eines Unternehmens stellen, wenn sie sich Unterstützung wünschen.

Eine familienbewusste Kultur im Unternehmen hängt in erster Linie von den jeweiligen Vorgesetzten ab. Die Einstellung der Führungskraft gegenüber der Vereinbarkeit von Beruf und Familie zu kennen, erleichtert nachher den Arbeitsalltag.

KAPITEL 7
AUF DER KARRIERELEITER NACH OBEN

»Du willst Karriere machen?« Aber du bist doch Mutter!«»Wie machst du das dann mit der Kinderbetreuung?«»Der Kleine muss bis 18.30 Uhr in der Betreuung bleiben? Warum hast du dann überhaupt ein Kind?« Ja, wir sind im 21. Jahrhundert angelangt. Ja, es gibt immer mehr Mütter, die trotz Kind Karriere machen. Aber ja, diese Fragen werden noch immer gestellt. Noch sind es in erster Linie Mütter, die im Vorstellungsgespräch und im Gespräch mit ihren Freunden und Bekannten mit diesen Fragen konfrontiert werden. Männer werden eher schief angeschaut, wenn sie das Gegenteil machen, nämlich Stunden reduzieren und keinen beruflichen Aufstieg anstreben. Noch herrscht in den Köpfen vieler die Überzeugung, die Mutter gehöre zu den Kindern und der Vater habe für den Familienunterhalt zu sorgen. Eine Einstellung, die von Männern wie Frauen getragen wird. Wie bereits erwähnt, reduzieren viele Frauen ihre Arbeitszeiten, sobald der Nachwuchs auf der Welt ist. Viele lehnen Führungspositionen ab, weil sie der Meinung sind, dass eine Vereinbarkeit von Familie und Beruf nicht möglich ist – viele sogar schon, bevor sie überhaupt schwanger sind. Aber was ist mit den Vätern dieser Kinder?

Auf der Webseite von *Emotion* (www.emotion.de/psychotest/familie-oder-karriere) gibt es einen Test, dessen Ergebnis zeigen soll, ob man als Frau eher Kinder oder Karriere will. Die dort gestellten Fragen sind gar nicht mal schlecht, aber die möglichen Antworten spiegeln wider, wie unsere Gesellschaft tickt. Nicht ein einziges Mal kann man sich für die Karriere entscheiden und dem Partner die Kinder überlassen. Immer ist die Entscheidung für den Partner oder die Kinder eine Entscheidung gegen die Karriere. Das ist in der Realität aber nicht so. Ein Blick über die Grenzen reicht, um zu sehen, dass in Frankreich, Dänemark oder Schweden Frauen sehr wohl auch als Mutter Karriere machen können. Das hat viel mit den besseren Rahmenbedingungen, unter anderem der

Kinderbetreuung, zu tun, aber auch mit der Einstellung innerhalb der Gesellschaft gegenüber Müttern, die Karriere machen wollen. Und Karriere kann man nun mal in den meisten Fällen nur machen, wenn man Vollzeit oder vollzeitnah berufstätig ist. Das setzt voraus, dass die Kinder betreut sind. Ganztags. In Deutschlands Köpfen sind die Vorbehalte gegenüber »Fremdbetreuung« aber groß. Schaut man sich die Kinder in den genannten Ländern an, sieht man – wie die Kultur- und Literaturwissenschaftlerin Barbara Vinken feststellt –, dass »die Kinder unserer französischen und dänischen Nachbarn nicht neurotischer sind als unsere Kinder. Sie haben keine ernsthaften Leistungsblockaden und sind auch nicht emotional gestört, obwohl dort die ganztägige Betreuung in Tagesstätten und später in Schulen zum Alltag gehört. Auch der Familiensinn ist dort nicht weniger ausgeprägt als hier.«

Neben den gesellschaftlichen Vorbehalten gegenüber einer beruflich erfolgreichen Mutter erschweren die bei vielen Führungskräften tief sitzenden, bereits erwähnten Vorurteile gegenüber berufstätigen Mütter den beruflichen Aufstieg. Noch immer halten sie Mütter für weniger flexibel, weniger engagiert und weniger motiviert.

Aber auch bei deutschen Frauen ist die Entscheidung für ein Kind nicht zwangsläufig eine Entscheidung gegen die Karriere. Das zeigt sich auch in der »1. Frankfurter Karrierestudie: Karriereperspektiven berufstätiger Mütter«. Danach gefragt, ob sie in ihrer aktuellen Position Beruf und Familie zufriedenstellend vereinbaren könnten, antworten 83 Prozent der Teilnehmerinnen mit »Ja«. Gleichzeitig gehört aber die Vereinbarkeit von Familie und Beruf mit 58 Prozent zu dem größten bisher erlebten Karrierehindernis. Hierin unterscheiden sie sich nur marginal von den Frauen ohne Führungsverantwortung (60 Prozent), dicht gefolgt von fehlenden Aufstiegsmöglichkeiten (36 Prozent) und etablierten Männernetzwerken (30 Prozent).

Vor einigen Jahren erschien ein Buch mit dem Titel: »Die Alles ist möglich-Lüge. Wieso Familie und Beruf nicht zu vereinbaren sind«. Ein pauschalisierender Titel, der für einigen Wirbel sorgte. Aber von welcher Alles-ist-möglich-Lüge sprechen wir? Von der Lüge, dass ein Teilzeitjob, eine Stelle in reduzierter Vollzeit – sprich 70 bis 80 Prozent – oder eine Führungsposition im mittleren Management nicht mit der Familie vereinbar ist? Oder sprechen wir von einem Job im Topmanagement?

Es kommt sehr darauf an, was Sie unter »alles« verstehen. Eine Mutter oder auch ein Vater, die oder der sich dafür entschieden hat, Karriere zu machen, muss »Opfer« bringen. Mit einer Entscheidung für die Familie – und damit ist die Entscheidung gemeint, viel Zeit mit der Familie zu verbringen – entscheidet man sich in aller Regel gegen eine Topmanagement-Funktion. Denn diese erfordert einen hohen beruflichen Einsatz. Doch eine leitende Position in einem Unternehmen innezuhaben und diese mit Familie zu vereinbaren, das geht durchaus. Sicher, es ist herausfordernd. Aber es gibt bereits etliche Vorbilder, die das erfolgreich umsetzen. Immer mehr Angestellte, aber auch Unternehmen entdecken gerade das Modell des Jobsharings. Dieses erlaubt Eltern, sich sowohl im Job als auch in der Familie zu verwirklichen. Wenn auch mit Abstrichen.

Auch der Anwesenheitsmythos stellt die Vereinbarkeit von Familie und Beruf vor große Herausforderungen. Noch ist in den meisten Unternehmen die Führungsebene davon überzeugt, dass nur der Karriere machen kann und will, der permanent einsatzbereit und erreichbar ist. In diesem Kapitel geht es um die mittlere und obere Führungsposition und wie Sie sich für eine solche Stelle positionieren müssen. Denn: Es tut sich was. Wie Stefanie Bilen in ihrem Buch »Mut zu Kindern und Karriere« zeigt, sind immer mehr Arbeitgeber durchaus bereit, Frauen im »gebärfähigen Alter« und Mütter mit kleinen Kindern in ihre Teams zu holen. Nicht zuletzt deshalb, weil auch Frauen mit über 40 Jahren noch Mutter werden und immer mehr Väter aufgrund von Elternzeit ausfallen können.

Ziel: Vorstandsetage

Sie haben für sich und mit ihrem Partner oder ihrer Partnerin beschlossen, dass Sie Karriere machen werden? Als Frau gehören Sie mit dieser Entscheidung zur deutlichen Mehrheit der weiblichen Bevölkerung. Laut der Studie »Frauen auf dem Sprung« aus dem Jahr 2013 wollen 71 Prozent der Frauen Karriere machen. Sie wollen viel Geld verdienen, auf eigenen Füßen stehen, aber sie wollen auch Kinder.

Warum eine strategische Karriereplanung dabei so wichtig ist und wie so eine Planung aussehen kann, weiß Barbara Lutz. Sie ist Gründerin des Frauen-Karriere-Index sowie Geschäftsführerin und Gesellschafterin der Barbara Lutz Index Management GmbH und Mutter von zwei Kindern im Teenageralter. Bevor sie ihr eigenes Unternehmen gründete, hat sie viele Jahre in unterschiedlichen Unternehmen in leitenden Positionen gearbeitet und große Unterschiede zwischen amerikanischen und französischen Arbeitgebern auf der einen sowie deutschen Arbeitgebern auf der anderen Seite festgestellt. Sowohl bei ihrem amerikanischen als auch französischen Arbeitgeber war ihre familiäre Situation immer ihre Privatangelegenheit. »Ich wurde während meiner Schwangerschaften maximal gefragt, ob es mir gut ginge. Wenn ich das bejahte, war das Thema auch durch«, berichtet sie. Ganz anders bei ihrem deutschen Arbeitgeber. »Hier begegneten mir die Themen ›Kinder‹ und ›Familie‹ ständig. Immer wurde ich gefragt, ob und wie ich das vereinbaren würde. In deutschen Unternehmen herrscht ein völlig anderes Mindset. Und auch in der deutschen Gesellschaft sind Kinder keine Selbstverständlichkeit (mehr). Aber genau da müssen wir hin.«

Interview

Professorin Dr. Yvonne Ziegler ist vierfache Mutter. Über 16 Jahre war sie in leitenden Positionen im In- und Ausland tätig. Seit 2007 hat sie eine Professur an der Fachhochschule Frankfurt am Main inne. Seit 2010 ist sie Studiengangleiterin des MBA Aviation Management. Von 2010 bis 2013 war sie außerdem Dekanin des Fachbereichs Wirtschaft und Recht und ist der Überzeugung: »Strategische Planung macht sich bezahlt.«

Sie haben erst viele Jahre in einem großen Konzern gearbeitet und sind dann an die Hochschule gewechselt. War die größere Flexibilität der Grund für Ihren Wechsel?

Zum einen das, zum anderen, weil ich den Eindruck hatte, in der Firma an die »gläserne Decke« gestoßen zu sein. Konkret festgemacht habe ich das an dem Mutterthema.

Sie haben Kinder also zunächst als Karrierebremse erfahren müssen?

Ja. Das ging sogar so weit, dass beim vierten Kind mein Vorgesetzter mich eindringlich anschaute und sagte: »Frau Ziegler, jetzt werden Sie doch endlich vernünftig und bleiben zu Hause.« Prägend war auch die Situation, als er mich in einem Meeting mit den Worten vorstellte:»Das ist Frau Ziegler, sie ist Mutter.«

Wie haben Sie reagiert?
Ich war sprachlos. Selbstverständlich habe ich mich noch selbst vorgestellt. Das Interessante ist jedoch, wie entlarvend diese Aussage war. Meine Mutterschaft war also das, was mein Vorgesetzter zu meiner Person abgespeichert hatte.

In der freien Wirtschaft bedeutet eine längere Elternzeit das Ende der Karriere. Gilt das auch für die Hochschulen?
Die Hochschulen sind um einiges fortschrittlicher. Elternzeit wird wie selbstverständlich genommen, wobei die Angestellten nach der Elternzeit auch wieder ganz selbstverständlich in ihren alten Job zurückkehren. Ein Beispiel: Eine Kollegin war Studiendekanin in der Akademischen Selbstverwaltung. Sie hat zwei Jahre Elternzeit genommen und wurde danach direkt wieder ins Dekanat gewählt.

Sie sind Ihre Karriereplanung also richtig professionell angegangen?
Ich bin ein sehr strategischer Mensch und plane immer fünf Jahre im Voraus. Ich hatte mich aber auch schon intensiv mit dem Thema befasst und quasi dazu promoviert. Mein Thema waren die »Japanischen Karrierefrauen«. Ich habe mir schon damals überlegt:»Wie bekommt man das hin?« »Welche Fallstricke gibt es?« Da wurde mir klar: Man braucht Geld, um komfortable Lösungen zu finanzieren. Wenn es dann konkret wird, muss man sowohl den Exit als auch den Entry klar an das Unternehmen kommunizieren. Da gilt natürlich: Je kürzer man weg ist, desto einfacher ist der Wiedereinstieg. Ich habe auch immer versucht, Lösungen anzubieten. Beim ersten Kind war es unproblematisch, da ich wusste, dass mein Team tolerant ist und nichts dagegen hat, wenn ich das Kind zur Arbeit mitbringe. Das geht natürlich nicht überall. Das zweite Kind habe ich zwischen zwei Jobs bekommen. Beim dritten Kind habe ich eine Vertretung für mich gesucht. Es gibt ja immer ehrgeizige Nachwuchsführungskräfte, die nur zu gerne mal eine Abteilungsvertretung machen. Und beim letzten Kind hat meine Firma die Gelegenheit zur Rationalisierung genutzt. Mein Arbeitsplatz fiel

weg, und ich hatte Zeit, die vollen zwölf Monate Elternzeit zu nehmen und meinen Wechsel an die Hochschule weiter voranzutreiben. Schon drei Jahre vor Kind Nummer vier hatte ich begonnen, die Weichen dorthin zu stellen.

Also alles ganz strategisch angehen?

Ja. Zwar klappt es nicht immer, aber dann muss man eben flexibel reagieren.

Kontakte, Kontakte, Kontakte

Ein Großteil der Führungspositionen wird über Vitamin B besetzt, genauer gesagt 70 Prozent. Gut, wenn man jemanden kennt, der einen empfehlen kann. Selbst wenn die Stelle noch ausgeschrieben wird, hat man über den persönlichen Kontakt schon mal die erste Hürde genommen. Kontakte sind aber auch noch für etwas ganz anderes gut. Insbesondere, wenn Sie als berufstätige Mutter Karriere machen wollen. Sie werden in Ihrem Berufsleben auf einigen Widerstand treffen, der allein darauf zurückzuführen ist, dass Sie Mutter sind. Wenn man sich dann von Zeit zu Zeit mit Gleichgesinnten austauschen und der ganzen Situation eventuell sogar etwas Lustiges abgewinnen kann, ist das sehr hilfreich.

Das dicke Fell

Sind Sie auch der Meinung, dass Kind und Karriere sehr wohl vereinbar sind? Gut. Noch besser: Sie stehen damit nicht alleine. Es gibt sie, die Frauen, die auch mit Kindern oder trotz der Kinder Karriere machen. Wer als Mutter Karriere machen will, braucht ein dickes Fell, denn Frau muss nicht nur gegen die Vorbehalte aus der Gesellschaft und oftmals aus dem unmittelbaren Umfeld ankämpfen, sondern gleichzeitig viel Energie und nicht selten auch Geld aufwenden, um sowohl die Hausarbeit als auch die Kinderbetreuung zu organisieren und zu finanzieren – sofern sich nicht der Partner dazu entschließt, diese Aufgaben zu übernehmen.

Interview

Ein Berufsleben ohne Kinder kennt Emese Weissenbacher nicht. Sie wurde schon vor ihrem Studium schwanger. Das zweite Kind kam nach dem Vordiplom zur Welt. Beim Berufseinstieg beim Filterhersteller Mann + Hummel im schwäbischen Ludwigsburg waren ihre Kinder sieben und drei Jahre alt. Heute studieren beide Medizin und Emese Weissenbacher ist zur Topführungskraft aufgestiegen. Als Group Vice President Europe ist sie für fünf Produktionswerke und rund 2 500 Mitarbeiter verantwortlich. Meine ehemalige Kollegin Lydia Hilberer hat sie getroffen und gefragt, wie sie ihren anspruchsvollen Job mit zwei Kindern vereinbart.

Wussten Sie schon immer, dass Sie Kinder haben wollen?
Es war eine bewusste Entscheidung, früh Kinder zu haben. Sicherlich eine Prägung des Kulturkreises – ich komme aus Rumänien. In den sozialistischen Ländern ist es eine Selbstverständlichkeit, dass auch Mütter arbeiten. In meiner Klasse gab es maximal einen Mitschüler, dessen Mutter Hausfrau war.

Sind Sie bei Ihren Bewerbungen offen damit umgegangen, dass Sie Kinder haben?
Ich wurde unter der Voraussetzung eingestellt:»Frau Weissenbacher muss um 17 Uhr den Stift fallen lassen.« Aber ich glaube, dass es kaum einen Tag gab, an dem ich den Stift um 17 Uhr hätten fallen lassen können. Ich bin allerdings immer kurz vor 17 Uhr vom Schreibtisch aufgestanden und habe die Kinder abgeholt. Danach bin ich mit den Kindern ins Unternehmen zurück oder nach Hause, um dort nach dem Abendprogramm wieder zu arbeiten.

Sind Sie auch an Grenzen gestoßen?
Es gehört zu den wichtigsten Regeln, dass man die eigenen Grenzen und die Möglichkeiten klar kommuniziert. Meine Grenze war der Großraum Ludwigsburg. Diesen konnte ich vor dem Schulabschluss meiner Kinder nicht für längere Zeit verlassen. Hin und wieder auf Geschäftsreisen zu gehen war in Ordnung. Meinen Hauptsitz verlegen konnte ich nicht. Das wurde akzeptiert und es kamen keine Angebote, die ich ablehnen musste.

Gab es Momente, in denen es Ihnen schwerfiel, Beruf und Familie zu haben?

Für mich war es eine Herausforderung, die Kinder bewusst in ihrer Entwicklung zu begleiten. Meine Tochter hat sehr gerne Theater gespielt. Eine ihrer Lieblingsrollen war der Kasper. Ich habe eine der wichtigsten Vorstellungen verpasst. Das kann ich mir bis heute nicht wirklich verzeihen. Ich rate jungen Frauen daher immer, darauf zu achten, dass kein Bereich zu kurz kommt. Wenn man seinen Beruf sehr liebt und seine Zeit aufopfert, geht das sehr schnell zu Lasten der Familie. Wenn man bereit ist, diesen Preis zu zahlen, fällt es einem auch nicht schwer, dieses Leben zu leben.

Profitieren Sie als Führungskraft von Ihrer Erziehungserfahrung?

Bei beidem muss man Prinzipien haben und eine Vorstellung davon, wie man ein Unternehmen oder Kinder führt beziehungsweise erzieht. Man muss Kinder ernst nehmen. Nicht anders sieht es mit den Mitarbeiterinnen und Mitarbeitern im Unternehmen aus. Ich habe zum Beispiel mit meinen Kindern nie Babysprache gesprochen. Kinder sind schon im Kleinkindalter intelligente Lebewesen. Liebe, Geduld und Konsequenz – das sind Regeln, die ich zu Hause und auch im Unternehmen angewendet habe. Deswegen wundert es mich manchmal, wenn Menschen sich zu Hause anders verhalten als im Unternehmen. Das wäre für mich Nonsens und würde mich zusätzlich Energie kosten. Wenn das in Einklang miteinander steht, dann entsteht auch Authentizität.

Wie wichtig ist Karriereplanung, wenn man Kinder haben möchte?

In der Theorie heißt es immer, dass man sich Fünfjahresziele aufschreiben soll. Ich habe das nie gemacht. Damals wie heute konzentriere ich mich immer auf das, was ich gerade mache, und versuche, das so gut wie möglich zu machen. Wenn man seine Aufgaben mit Leidenschaft erledigt und das Ergebnis liefert, das die Empfänger erwarten oder deren Erwartungen sogar übertrifft, kommt in aller Regel die Karriere von alleine. Das heißt nicht unbedingt ein Schritt nach oben auf der Karriereleiter. Manchmal geht es auch seitwärts. Wenn man sich die Karrierewege von Frauen anschaut, sind Schornsteinkarrieren eher selten. Bei den meisten ist es eine Zickzackkurve. Aber jede wird Ihnen versichern, dass jede Station eine Bereicherung im Leben war. Man kann auf jeder Station etwas mitnehmen, das für die nächste Station wichtig und nützlich ist.

Was raten Sie den jungen Frauen allgemein, die beides machen wollen?
Ich habe drei Ratschläge: Können fängt mit Wollen an. Einfach ins tiefe Wasser springen und dem Leben vertrauen, dass sich die Rahmenbedingungen so entwickeln, wie man es braucht. Außerdem: Mut zur Lücke. Stolpersteine sind dafür da, eine Treppe in den Himmel zu bauen. Und schließlich: Einen Partner haben, der bereit ist, diesen Weg mitzugehen.

Mütter an die Macht

Interview
Andrea Och startete 1992 bei einem Hidden Champion ihre Karriere, die sie 1999 zu einer der Top-5-Unternehmensberatungen führte. Dort nahm sie in nur drei Jahren vier Hierarchiestufen und wurde zur jüngsten Bereichsleiterin der Märkte Versicherungen und Gesundheitswesen.

Heute macht sie aus führenden Frauen der Wirtschaft Topmarken, um Leistung leuchten zu lassen. 2013 veröffentlichte sie ihr Buch: »Lust auf Macht. Wie (nicht nur) Frauen an die Spitze kommen!«

Insgesamt gibt es nur wenige Frauen in Führungspositionen. Wird es noch schwieriger, wenn die Frauen bereits Mutter sind?
Um es auf den Punkt zu bringen: Frauen haben es schwer – Mütter haben es noch einmal schwerer!

Es ist schon paradox: Frauen stellen heute die Mehrzahl der Hochschulabsolventinnen, steigen als hoch motivierte Leistungsträgerinnen in Wirtschaft und Wissenschaft ein, bilden sich zu wertvollen Fach- und Führungskräften weiter und trotzdem sind sie kaum in Spitzenpositionen zu finden. Und das nicht nur wegen mangelnder Vereinbarkeit von Familie und Beruf. Denn: 40 Prozent aller Hochschulabsolventinnen um die 40 haben gar keine Kinder und werden auch keine bekommen. Doch auch diese Frauen scheitern! Zum einen an Stereotypen. Noch immer ist die typische, deutsche Topführungskraft männlich, 50, weiß und deutsch.

Zum anderen an hierarchischen, macht- und statusaffinen Strukturen, die Frauen abschrecken.

Vor diesem Hintergrund erscheint es zwangsläufig, dass Mütter mit Auszeichnung und Doktortitel nur die Wahl haben, entweder aus dem Job auszusteigen oder in Teilzeit die Karriereleiter zu verlassen. Selbst wenn sich Mütter bewusst dazu entscheiden, ihren Beruf nicht hintenanzustellen, sondern ihre Karriereziele weiter aktiv zu verfolgen, wird ihnen mit Bekanntgabe der Schwangerschaft meist automatisch das Gegenteil unterstellt. In dieser Situation rate ich Frauen, von sich aus aktiv zu werden und deutlich zu kommunizieren, dass sie weiterhin an ihren Karrierezielen festhalten.

Hinzu kommt ein gesellschaftliches Problem: Im sozialen Umfeld werden ambitionierte, berufstätige Frauen mit Kindern in Deutschland noch immer argwöhnisch beäugt und schnell als Rabenmütter abgestempelt. Man kann es niemandem recht machen – auch nicht sich selbst. Das ist nämlich das nächste Dilemma: Nur allzu oft machen sich Mütter selbst zu viel Druck. Sie haben die Illusion, an allen Fronten – in der Firma und in der Familie – perfekt sein zu müssen. Das ist ein Anspruch, dem niemand genügen kann. Er führt zwangsläufig zu Schuldgefühlen und endet mit Kapitulation. Nicht Perfektion, sondern Effektivität ist gefragt!

Wie können Mütter, die sich für eine Führungsposition bewerben, punkten?

Mütter sind bereits an der Familienfront Führungskräfte. Sie sind top organisiert, stressresistenter, fokussierter, gehen flexibel mit Herausforderungen um, tragen Verantwortung, treffen Entscheidungen – nicht nur zum eigenen Vorteil. Das sind alles wertvolle Führungseigenschaften einer agilen Führungskraft, die vor dem Hintergrund der Digitalisierung dringend gesucht werden. Das sollte sich jede Mutter, die auch beruflich mehr Führungsverantwortung übernehmen will, bewusstmachen und kommunizieren.

Microsoft hat dazu 2014 eine Studie in Auftrag gegeben und 2 000 Frauen und 500 Arbeitgeber befragt, wie sich die Job-Performance durchs Kinderkriegen verändert habe. Fast die Hälfte der Mütter sagte, dass sich ihr Zeitmanagement verbessert hat. Ein Viertel der Mütter gab sogar an, produktiver als der Partner zu sein.

Viele Frauen glauben, als Mutter in einer Führungsposition nicht mehr den vollen Einsatz bringen zu können. Sie lehnen Führungspositionen ab, selbst wenn das Unternehmen jede erdenkliche Unterstützung für die Vereinbarkeit von Familie und Beruf bietet. Was sagen Sie diesen Frauen?

Viel schlimmer: Viele Frauen drücken schon auf die Karrierebremse, wenn sie auch nur in Betracht ziehen, in den nächsten Jahren eventuell schwanger werden zu wollen.

Mein Rat an arbeitende Mütter: Traut Euch! Es gibt viel zu gewinnen: Anerkennung im Job, finanzielle Unabhängigkeit, Entwicklungspotenziale. Und auch jede Menge Spaß. Ähnliches gilt für zu Hause: Arbeitende Mütter können trotz Stress ausgeglichener und zufriedener sein. Sie empfinden oft eine große Genugtuung, wenn sie beides haben können: ein glückliches Familienleben und Erfolg im Beruf. Das kann an beiden Fronten beflügelnd wirken.

Damit Karrieremütter nicht an sich selbst scheitern, rate ich aus eigener Erfahrung auch Folgendes: In der Familie und im Unternehmen zählen Qualität – nicht Quantität. Und: Seien Sie gelassener und gnädiger zu sich selbst. Schrauben Sie auch mal Ihre Ansprüche an sich selbst herunter. Und definieren Sie immer wieder Ihre Ziele und Werte. Seien Sie sich darüber im Klaren, was Sie als Mutter und als Führungskraft in welchem Tempo erreichen wollen und was sich für den Moment gerade realistisch und richtig anfühlt.

Und noch ein wichtiger Punkt: Arbeitende Mütter sind die wichtigsten Vorbilder für die eigenen Kinder und auch für die Gesellschaft insgesamt! Um ernsthaft den Widerspruch zwischen erfolgreicher Berufstätigkeit und Familie aufzulösen, müssen mehr Frauen Spitzenpositionen einnehmen. Wer seinen Kindern vermitteln möchte, dass sie prinzipiell unabhängig vom Geschlecht alles erreichen können, sollte dieses Modell auch selbst vorleben.

Was muss sich ändern, damit mehr Mütter in Führungspositionen kommen? Brauchen wir bald auch eine Mütterquote?

Wir sollten vor allem besonders Mütter in Spitzenpositionen deutlich sichtbarer machen. Damit wäre viel gewonnen. Denn: Wenn wir weder Frauen noch Mütter wie selbstverständlich in Führungspositionen sehen, dann glauben wir unbewusst, dass sie dort auch nicht hingehören.

Hilft der Fachkräftemangel?
Definitiv.

Hilft die Digitalisierung?
Sie trägt mit Sicherheit zur Flexibilisierung der Arbeitszeiten bei. Ein wichtiger Baustein für Mütter und auch Väter, sich beruflich zu engagieren. Aber Obacht! Die Technologie bedeutet auch, dass einen die Arbeit 24/7 verfolgt. Die Bilder von stillenden Karrieremüttern, die nebenbei eine berufliche E-Mail beantworten und gleichzeitig das Handy am Ohr haben, sind eher erschütternd als ermutigend.

Mein Rat hier: Multitasking-Fähigkeiten sind nicht immer von Vorteil. Im Gegenteil! Sowohl Gehirnforschung als auch Verhaltensökonomie beweisen: Wir erzielen bessere Ergebnisse und erlangen mehr Zufriedenheit, wenn wir uns jeweils auf eine Sache oder Situation konzentrieren. Das bedeutet auch Arbeits- und Familienzeit (Stichwort: Quality Time) strikt zu trennen.

Hilft der Trend zu mehr Familienbewusstsein?
Wenn dieser Trend auch die Unternehmen erreicht, ist allen geholfen – vor allem alleinerziehenden Müttern, die Karriere machen wollen. Für die ist der zeitliche, organisatorische und finanzielle Druck noch einmal erheblich höher.

Aus meiner eigenen Erfahrung sind drei Grundvoraussetzungen entscheidend, um mit Familie Karriere zu machen:

• Eine gute Betreuung des Kindes während der Arbeitszeit.
• Ein ergebnisorientiertes, familienfreundliches Arbeitsumfeld.
• Ein Partner, der die beruflichen Ambitionen unterstützt und die Elternrolle partnerschaftlich teilt.

Insofern ist der Trend zu mehr Familienbewusstsein generell für die Karriere von Müttern durchaus förderlich.

Alles eine Frage der Organisation?

Nein. Wer Karriere machen will, muss auf Zeit mit der Familie verzichten. Zu einer gleichwertigen Vereinbarkeit von Familie und Beruf wird es nie kommen. Wollen Sie trotz Beruf bei jeder Kindergarten- oder Schulveranstaltung dabei sind? Wollen Sie auch noch in der Schule ein Ehrenamt bekleiden? Als Klassenelternsprecherin oder im Elternbeirat? Immer da sein, wenn der Nachwuchs krank ist? Lieber keine Überstunden machen? Nicht auf Dienstreisen gehen? Dann wird es schwierig mit der Karriere. Zumindest so lange, wie die Kinder noch zu Hause leben. Aber all diese Fragen haben Sie ja bereits im zweiten Kapitel dieses Buches geklärt. Wenn nicht, sollten Sie sich diesen Teil nochmals vornehmen.

Und ja. Wer Kinder und Karriere will, muss sehr gut organisiert sein. Wer Kind und Karriere will, kann nicht schnell mal das kranke Kind von der Schule abholen. Die Betreuung inklusive der Notfallbetreuung muss also bis ins letzte Detail geplant und zu jeder Zeit abrufbar sein. Wer Kind und Karriere will, hat auch nicht immer Zeit, die anspruchsvolle Torte für die Schulfeier selbst zu backen. Aber der Bäcker aus der Nachbarschaft freut sich, wenn er Ihnen behilflich sein kann. Wer Karriere und Kinder vereinbaren will, sollte sich auch auf jeden Fall eine verlässliche Hilfe im Haushalt suchen. Ihre Kinder werden sich über die hierdurch gewonnene gemeinsame Zeit freuen.

Eine gute Organisation, aber auch das Delegieren von Aufgaben ist nicht nur im privaten Bereich wichtig für die Vereinbarkeit von familiären Aufgaben mit einer Führungsposition, sondern auch beruflich. Aber mehr dazu im folgenden Kapitel »Eltern haben Führungskompetenzen«.

Eltern haben Führungskompetenzen

Nur ganz wenige Frauen und noch weniger Mütter schaffen es in die oberste Führungsebene. In Unternehmen mit bis zu zehn Mitarbeiterinnen und Mitarbeitern liegt der Frauenanteil in einer Führungsposition bei 25,3 Prozent und nimmt dann kontinuierlich ab. So liegt der Anteil von Frauen in Führung bei Unternehmen mit 501 bis 1000 Mitarbeitenden bei lediglich 12,9 Prozent. Allerdings nimmt der Prozentsatz mit 16,9 wieder deutlich zu, wenn das Unternehmen mehr als 5000 Angestellte beschäftigt. So der Stand laut Statista im Jahr 2016. Insgesamt gibt es also schon mehr Frauen in Führung. Sicherlich auch ein Ergebnis der Quote, aber von diesen Frauen ist nur jede dritte auch Mutter. Noch immer müssen Mütter an zwei Fronten »kämpfen«: Sie müssen die Vorbehalte gegenüber Frauen und dann auch noch die gegenüber Müttern entkräften. Vorurteile, die ihnen aus der Gesellschaft entgegengebracht werden, und solche von Seiten der Unternehmen. Dabei bieten Mütter, wie Eltern allgemein, eine Fülle an Fähigkeiten, die für eine Führungsposition vorausgesetzt werden. Von einer Führungskraft verlangt man eine Vielzahl an sozialen Kompetenzen. Sie muss innerhalb ihres Bereiches eine Feedbackkultur etablieren und leben können. Sie muss Mitarbeiterinnen und Mitarbeiter motivieren und Entwicklungsmöglichkeiten aufzeigen können und immer mit allen im Gespräch bleiben. Fähigkeiten, die in einer solch ausgeprägten Form nicht von Fachkräften verlangt werden. Glaubt man Martin Wehrle, Karriereberater und Autor des Bestsellers »Herr Müller, Sie sind doch nicht schwanger?! Warum das Berufsleben einer Frau für jeden Mann ein Skandal wäre«, wirbt aber nur eine von 25 Müttern mit diesen durch ihre Mutterschaft erworbenen Kompetenzen. Die restlichen 24 entschuldigen sich dafür, ihr Arbeitsleben unterbrochen und ein Kind zur Welt gebracht zu haben. Eher kontraproduktiv, wenn es darum geht, Vorurteile zu entkräften. Und für Eltern gibt es gute Gründe, warum sie Vertrauen in die eigenen Führungskompetenzen haben können. Denn Elternsein ist die perfekte Managementschule:

Eltern trainieren Budgetverantwortung: Die meisten Eltern stehen noch am Anfang ihres Berufslebens, wenn der Nachwuchs geboren wird. Das Gehalt ist in dieser Zeit in aller Regel noch nicht so üppig. Mit dem vorhandenen Geld muss daher gut gewirtschaftet werden.

Eltern haben eine höhere Stresstoleranz: Rund 20 Prozent der Erwerbstätigen zwischen 25 und 39 Jahren sind eigenen Angaben zufolge von chronischem Stress betroffen. Laut DAK Gesundheitsreport 2014 ist diese Zahl bei Eltern genauso hoch wie bei Kinderlosen, trotz Mehrbelastung von Eltern durch die Kinderbetreuung.

Eltern sind tatkräftig: Drei deutsche Wirtschaftswissenschaftler verglichen die Produktivität von Ökonomen mit und ohne Kinder anhand ihrer Publikationslisten. Und siehe da: Ökonomen mit zwei Kindern sind über ihre gesamte Berufslaufbahn hinweg betrachtet produktiver als Kollegen mit einem oder keinem Kind (»Parenthood and Productivity of Highly Skilled Labor: Evidence from the Groves of Academe«, Matthias Krapf, Heinrich W. Ursprung, und Christian Zimmermann, 2014).

Für Eltern ist die Vorbildfunktion kein Neuland: Laut einer Forsa-Umfrage im Auftrag der Zeitschrift Eltern aus dem Jahr 2015 sind 99 Prozent der Eltern von bis zu neunjährigen Kindern der Überzeugung, dass sie die wichtigsten Vorbilder für ihre Kinder sind. Bei Eltern mit Kindern von bis zu zwölf Jahren reduziert sich der Prozentsatz auf 70 Prozent. Eltern sind es also gewohnt, darauf zu achten, dass sie mit gutem Beispiel vorangehen, um ihre Kinder – oder eben ihre Mitarbeiter – zu motivieren und ihnen zu zeigen, was sich gehört und was nicht.

Eltern sind wahre Organisationstalente: Elternschaft fordert Organisationsfähigkeiten. 55 Prozent der Eltern haben den Eindruck, dass sie mehr im Voraus planen, seit sie Kinder haben. 44 Prozent halten sich für besser organisiert als vor der Elternschaft, so das Ergebnis des Statistischen Bundesamtes aus dem Jahr 2015.

Eltern können besser priorisieren: Nur wer priorisieren kann, wird das »Unternehmen Familie« erfolgreich durch einen oftmals turbulenten Alltag führen können.

Eltern können motivieren: 76 Prozent der Eltern finden es wichtig, ihren Kindern beizubringen, gewissenhaft und ordentlich zu arbeiten – eine Tugend, die auch Führungskräfte bei ihren Mitarbeitern gern fördern (Statistisches Bundesamt 2015).

Eltern können führen: Kinder zu erziehen heißt nichts anderes als Kinder anzuleiten.

Befürchtungen von Arbeitgebern entkräften

Die zweite Frankfurter Karrierestudie der Professorinnen Yvonne Ziegler und Regine Graml hat gezeigt, dass Müttern selbst dann ein geringeres Karrierestreben angesagt wird, wenn diese bereits ihre Kompetenzen und ihren Karrierewillen unter Beweis gestellt haben. Um den Hauptbefürchtungen der Arbeitgeber gegenüber Müttern in Führungspositionen entgegenzuwirken, sollten Sie die Vorurteile kennen und Ihre Antworten parat haben.

Mütter sind weniger flexibel als Frauen ohne Kinder. Was heißt Flexibilität? Heißt das, dass Sie innerhalb Deutschlands bis international flexibel sein müssen? Heißt das, dass Sie zeitlich flexibel sein müssen? Herrscht im Unternehmen noch der Anwesenheitsmythos: Nur wer anwesend ist, bringt auch Leistung? Oder zählt die Leistung? Oder bedeutet Flexibilität, dass Sie ständig auf Dienstreisen sein müssen? Sie haben sich in Kapitel 1 bereits intensiv mit diesen Fragen auseinandergesetzt. Führen Sie sich Ihre Entscheidungen nochmals vor Augen. Auch haben Sie sich schon Gedanken über die Kinderbetreuung gemacht. Versichern Sie Ihrem Gegenüber, dass die Betreuung der Kinder geregelt ist, auch wenn diese kurzfristig erkranken.

Mütter wollen keine Karriere machen und sind insgesamt weniger engagiert im Job. Natürlich sind einer Mutter ihre Kinder wichtig. Natürlich steht die Familie im absoluten Ernstfall an erster Stelle. Aber wann kommt so ein Ernstfall wirklich vor? Meist haben sich die »Ernstfälle« schnell erledigt und Sie können zurück an die Arbeit. Zeigen Sie, dass Sie um das Vorurteil wissen. Dass Sie natürlich ihre Kinder lieben. Dass Sie aber eben auch Ihre Karriere lieben. Belegen Sie dies mit Beispielen aus Ihrem bisherigen Berufsleben. Zum Beispiel auch damit, dass Sie kürzer als der Durchschnitt der Mütter in Elternzeit waren.

Mütter von kleinen Kindern fehlen ständig, weil der Nachwuchs krank ist. Dieses Vorurteil wurde schon im Abschnitt »Vorurteile stimmen – oder auch nicht« entkräftet. Bei aller Führungskompetenz dürfen Sie aber nichtsdestotrotz auch gegenüber Ihrem zukünftigen Arbeitgeber Ihre Bedürfnisse kundtun. Es wäre nicht ehrlich zu behaupten, dass immer alles glatt laufen wird. Fragen Sie daher auch ruhig nach dem Unterstützungsangebot, welches Ihnen das Unternehmen bieten kann. Gibt es eine Notfallbetreuung? Können Sie von zu Hause aus arbeiten?

Führungskraft und Vaterschaft

Grundsätzlich haben Männer, und somit selbstverständlich auch die Väter, gegenüber Müttern Vorteile, wenn es um Führungspositionen geht. Während der Status Mutter in aller Regel ein Karrierehindernis darstellt, ist der Status Vater eher förderlich. Aber auch Männer sehen sich immer mehr mit den Herausforderungen der Vereinbarkeit von Familie und Beruf konfrontiert. Sie wünschen sich Frauen, die wirtschaftlich unabhängig sind und auch dann noch einer Erwerbstätigkeit nachgehen, wenn Kinder da sind. Auch wünschen sie sich mehr Zeit mit der Familie. Nur noch wenige Väter wollen reine Wochenendväter sein. Sie wollen aktiv am Familienleben teilnehmen.

Volker Baisch arbeitet schon seit vielen Jahren auf dem Gebiet der Väterförderung. Als zweifacher Vater ist ihm es wichtig, die Herausforderungen der Väter sichtbar zu machen und ihre Akzeptanz als aktive Väter in den Unternehmen zu steigern. Mit seinem Beratungsunternehmen Väter gGmbH hat er Einblicke in viele Unternehmen und stellt immer wieder fest, dass Väter in Führungspositionen bezüglich Elternzeit und Teilzeitmodellen häufig zurückhaltend sind. »Eine männliche Führungskraft, die das Modell der Arbeitszeitreduzierung für sich nutzt, gilt nach wie vor als Ausnahme«, weiß er zu berichten. Seiner Erfahrung nach steht diese eher »schüchterne« Haltung gegenüber Elternzeit und Teilzeitthemen oft im Zusammenhang mit der gelebten Führungskultur im Unternehmen. Eine offene Position gegenüber Eltern- und Teilzeit wird im Rahmen der Führungskultur in vielen Unternehmen immer noch nicht zugelassen. Aber Baisch sieht auch Licht am Ende des Tunnels:»Es formt sich eine Kultur, welche das flexible Arbeiten mit Teilzeitangeboten eher zulässt.«

Grundsätzlich sind Teilzeitmöglichkeiten für männliche Mitarbeiter aber weniger akzeptiert und Angebote werden häufig nicht zielgerichtet an die Väter kommuniziert.»Ein weiterer Grund für das Nichtnutzen von Eltern- und Teilzeit liegt«, so Baisch,»aber auch bei den Vätern. Viele Väter sind in dieser Auseinandersetzung nicht aktiv genug und trauen sich auch nicht, das Thema offen mit dem Vorgesetzten anzusprechen. Eine Reflexion und die ernsthafte Hinterfragung, was der Preis dafür ist, wenn man das eigene Kind nicht aufwachsen sieht, bleibt oft aus.« Dabei könnten nicht nur viele Führungskräfte davon profitieren, wenn sie ihre Arbeitszeit reduzieren und somit Zeit für sich selbst und die Familie fänden, sondern auch das Unternehmen. Diese bekämen motiviertere Mitarbeiter und gäben ein wichtiges Signal an mögliche neue Mitarbeiter.

Anders sieht es mit der Elternzeit aus, insbesondere in größeren Unternehmen. Hier wird inzwischen eine»Zwei-Monats-Elternzeit«-Kultur bei Vätern zugelassen, ohne dass diese berufliche Einbußen befürchten müssen. Das zeigen auch die Ergebnisse der Commerzbank-Studie 2015. Rund 90 Prozent der Väter, die zwei Monate Elternzeit für sich genutzt haben, berichten über keine erfahrenen Nachteile im Job. Baisch weiß aber auch, dass»das natürlich keine allgemeine Gültigkeit für alle Unternehmen hat. In Klein- und mittelständischen Unternehmen gibt es teilweise Fälle, die über eine subtile Reaktion auf die Inanspruchnahme der Elternzeit berichten. Manchmal wird diesen Vätern dann unterstellt, dass sie sich nicht engagierten, nicht loyal seien und wohl keine Karriereperspektiven mehr bestünden.« Statistiken zufolge glauben ein Drittel aller Väter an diese Benachteiligung. Baisch ist aber davon überzeugt: »Der tatsächliche prozentuale Anteil von benachteiligten Vätern ist viel geringer. Schließlich erfragen einige Väter gar nicht erst ihre Möglichkeit, in Elternzeit zu gehen, obwohl man heute auf viel mehr Verständnis und Angebote für Väter trifft. Nehmen Väter allerdings länger als zwei Monate Elternzeit, wird es nach wie vor schwierig. Besonders wenn man im Unternehmen Karriere machen möchte.«

Aber es gibt sie, die Unternehmen, die ihren Führungskräften, und damit auch explizit ihren männlichen, diverse Teilzeitmodelle anbieten.

Die HUK Coburg hat bei ihren Gruppenleitern eine Reduzierung der Wochenstunden eingeführt. Diese Arbeitszeitveränderung auf 28 bis 32 Wochenstunden im Rahmen der Führung wurde insbesondere von den männlichen Mitarbeitern positiv aufgenommen.

Vätern, die Karriere machen und gleichzeitig mehr Zeit mit der Familie verbringen möchten, rät Baisch:

- Bereiten Sie sich akribisch auf das Gespräch mit Ihrem oder Ihrer Vorgesetzten vor. Informieren Sie sich über Ihre rechtlichen Möglichkeiten, aber auch darüber, ob es für die Flexibilisierung der Arbeitszeit beziehungsweise für Teilzeit eine Betriebsvereinbarung gibt. Auch für Ihre Führungskraft kann es eine neue Situation sein. Je besser Sie vorbereitet sind, desto positiver wird das Gespräch verlaufen.
- Überlegen Sie genau, welche Aufgaben Sie abgeben können und welche Vorteile das eventuell sogar hat. Die Führungskraft sollte nicht den Eindruck haben, dass Sie zwar reduzieren, sie als Führungskraft jetzt aber mehr Arbeit hat.
- Sprechen Sie mit Kollegen, die schon das von Ihnen geplante Modell leben.
- Informieren Sie sich beim Betriebsrat.
- Ganz wichtig ist auch, dass Sie sich mit Ihrer Partnerin über diverse Varianten Ihres Modells einig werden, damit Sie im Fall der Fälle für Ihre Führungskraft auch noch eine Alternative in petto haben.
- Vereinbaren Sie eine Probezeit für das Modell. Vereinbaren Sie aber auch Termine für Feedbackgespräche, um eventuell nachzubessern.
- Kommunizieren Sie Ihr neues Modell gemeinsam mit der Führungskraft in Ihrem Team.
- Bleiben Sie stets auf der Sachebene. Gehen Sie nicht mit Ihrem Modell hausieren und versuchen Sie auf keinen Fall zu missionieren.

Sollten Ihnen von Kollegen Vorurteile entgegengebracht werden, empfiehlt Baisch, diese »an sich abtropfen zu lassen«. Oftmals verbirgt sich dahinter Neid. Auf keinen Fall sollten Betroffene dagegen wettern. Erst wenn die Sprüche der Kollegen unter die Gürtellinie gehen, ist es Zeit für ein persönliches Gespräch. Die Führungskraft sollte, wenn sich keine Lösung finden lässt, eingeschaltet werden.

Spezialfall Führung in Teilzeit

Noch sind die meisten davon überzeugt, dass nur wer sich voll und ganz dem Job widmet, auch Karriere machen kann. Doch immer mehr Unternehmen bieten auch ihren Führungskräften Teilzeitlösungen. Eines der bekanntesten Beispiele ist die Robert Bosch GmbH. 2011 hat das Unternehmen das Projekt »More« ins Leben gerufen. »More« steht für »Mindset Organisation Executives« und soll Führungskräfte dazu bewegen, flexible Arbeitszeitmodelle auszuprobieren. Die Nachhaltigkeit war bereits in der in Deutschland 2011 mit 150 Führungskräften erprobten Pilotphase groß. So entschieden sich nach der Testphase von einem Vierteljahr rund 80 Prozent der Teilnehmer für die Beibehaltung ihres Arbeitszeitmodells. Mittlerweile befindet sich das Projekt in der zweiten Auflage und bietet dieses Mal für weltweit 500 Führungskräfte die Möglichkeit, die Arbeitszeitmodelle bei Bosch zu testen. Das erklärte Ziel ist es, durch die Vorbildfunktion der Führungskräfte Vorbehalte gegenüber flexiblen Arbeitszeitmodellen abzubauen und den Wandel zu einer flexiblen und familienbewussten Arbeitskultur voranzubringen.

Interview

Brigitte Abrell war erst wenige Wochen Niederlassungsleiterin einer namhaften deutschen Versicherung, als sie schwanger wurde. Für sie war klar, dass sie auch mit Kind diese Position beibehalten wollte. 2003 eine noch eher ungewöhnliche Situation. 2010 hat sie sich mit ihrem Wissen nebenher selbstständig gemacht und berät heute Unternehmen, die für ihre Führungskräfte Teilzeitmodelle anbieten möchten. 2015 erschien ihr Buch

»Führen in Teilzeit«. Sie weiß also, was »Führen in Teilzeit« bedeutet – sowohl in der Praxis als auch in der Theorie.

Frau Abrell, was heißt Teilzeit bei einer Führungskraft? Wird dann aus einer 60-Stunden-Woche eine 40-Stunden-Woche?

Bei den meisten Führungskräften haben sich Teilzeitmodelle mit einem Arbeitsvolumen im vollzeitnahen Bereich ab etwa 75 Prozent der Normalarbeitszeit bewährt. Kann dieses Arbeitsvolumen nicht erbracht werden, sollte über ein Jobsharing nachgedacht werden.

Was waren die größten Herausforderungen bei der Führung in Teilzeit?

Die größte Herausforderung war, auch mit der neuen Arbeitszeit die Anforderungen des Arbeitsplatzes zu erfüllen, denn diese hatten sich durch meine Teilzeit nicht verändert. Ich musste möglichst schnell meinen Tätigkeitsbereich umorganisieren und meine Arbeitsweise optimieren. Aufgaben mussten delegiert, Abläufe neu gefunden und Vertretungsregelungen besprochen werden. Es lief am Anfang nicht immer rund und manche Lösung musste nachkorrigiert werden. Außerdem stand ich ständig unter Beobachtung. Mein Chef, meine Kollegen und auch mein Team wollten wissen, ob ich es in Teilzeit schaffen würde. Hinzu kam der Zeitdruck: Mit der Tagesmutter war eine bestimmte Abholzeit vereinbart. Diese konnte ich nicht nach Belieben überschreiten. Es hat einige Monate gedauert und Nerven gekostet, bis mein Arbeitsvolumen und meine Arbeitszeit zusammenpassten. Aber es hat sich gelohnt.

Was haben Sie aus diesen Erfahrungen gelernt? Und was raten Sie jungen Menschen, die eine Karriere anstreben und Kinder haben möchten?

Junge Menschen sollten sich bewusst damit auseinandersetzen, welches Lebensmodell sie anstreben und welche Auswirkungen sich daraus für ihr weiteres Leben ergeben. Dabei sollten sie sich nicht von althergebrachten Rollenbildern, sondern von ihren eigenen Werten und Vorstellungen leiten lassen. Familie und einen anspruchsvollen Beruf miteinander zu vereinbaren ist machbar. Voraussetzung ist, dass die Eltern bereit sind, sich auf dieses durchaus oft anstrengende, aber aus meiner Sicht lohnenswerte Lebensmodell einzulassen. Ihnen muss klar sein, dass sie ihre Lebens- und Arbeitsweise an die neue Herausforderung anpassen müssen. Insbesondere wenn die Kinder noch klein sind, wird ihre gesamte Kraft gefordert sein. Außerdem rate ich ihnen, Familiengründung und Karriereaufstieg möglichst zeitlich zu entzerren. Jede Phase ist für sich alleine schon anstrengend genug.

Inwieweit betrifft dies die Unternehmenskultur?
Kind plus Karriere ist nur machbar in einem familienfreundlichen Unternehmen. Dies gilt es bei der Wahl des Arbeitgebers zu berücksichtigen. Die Kultur im Unternehmen ist wesentlich für das Gelingen von Führung in Teilzeit. Es muss die Bereitschaft vorliegen, Gewohntes zu hinterfragen und im Bedarfsfall anzupassen. Die Unternehmensleitung muss signalisieren, dass Teilzeitmodelle auch im Führungsbereich erlaubt sind und die Umsetzung konsequent von der nachgeordneten Hierarchie eingefordert wird.

Welche Voraussetzungen muss eine Führungskraft mit sich bringen, damit sie führen kann, ohne ständig anwesend sein zu müssen?
Eine Führungskraft, die in Teilzeit führt, muss sehr gut organisiert sein, um in der kürzeren Arbeitszeit – und auch zu Hause – alle wesentlichen Aufgaben zu schaffen. Sie muss diszipliniert sein, um umzusetzen, was sie sich vorgenommen hat, und dabei auf ihre Perfektionsansprüche verzichten. Sie muss delegieren können, ohne den Überblick zu verlieren, und kommunikationsstark sein, um mit ihrem Team ohne ständige Präsenz in Kontakt zu bleiben und an alle wichtigen Informationen zu kommen. Sie sollte Mut und eine klare Vorstellung über die eigenen Lebensziele haben, um sich in ihrer Außenseiterrolle zu behaupten und Krisensituationen zu überstehen. Niemand muss diese Eigenschaften und Fähigkeiten in Perfektion von vornherein mitbringen. In vieles wächst man hinein und kann es lernen. Voraussetzung ist die Bereitschaft, sich fehlende Kenntnisse und Handlungsweise selbstständig anzueignen.

Gibt es bei Führen in Teilzeit auch so etwas wie eine Teilzeitfalle?
Eine Teilzeitfalle könnte sein, dass es in der Gesetzgebung zwar ein Recht auf Teilzeit, aber kein Rückkehrrecht auf eine Vollzeitstelle gibt. Wer vorhat, nur für eine befristete Zeit in Teilzeit zu arbeiten, sollte möglichst auf einen Vertrag mit einer von vornherein zeitlich begrenzten Reduzierung

der Arbeitszeit drängen. Außerdem empfehle ich, vor einer endgültigen Entscheidung mit dem Arbeitgeber sämtliche Folgen einer Teilzeit abzuklären, etwa die Auswirkungen auf Sonderzahlungen, Urlaubsansprüche, Altersversorgung, Teilnahme an Weiterbildungsmaßnahmen, Karriereaussichten und Rückkehrmöglichkeiten zur Vollzeit.

Kann eine Führungskraft, die Teilzeit arbeitet, die Karriereleiter weiter nach oben steigen?

Das kommt auf die individuellen Umstände an. Eine Karriere ist auch in Teilzeit nicht generell ausgeschlossen. Wenn ein Vorgesetzter das Engagement einer Führungskraft schätzt und sie über besondere Fähigkeiten und Erfahrungen verfügt, wird er versuchen, sie auch für eine neue Aufgabe zu gewinnen, und ihre Teilzeit dabei berücksichtigen. Teilzeitarbeit und Karriere sind stets in dem Maß miteinander vereinbar, in dem die beteiligten Akteure diesen Weg ermöglichen. Ich habe vor kurzem eine männliche Führungskraft interviewt, die in Teilzeit bereits zweimal befördert wurde.

Topsharing – geteilte Spitze

Topsharing ist nichts anderes als Jobsharing (siehe Kapitel 3 »Die Suche kann beginnen«) im Führungsbereich und eine Variante von Führen in Teilzeit. Zwei oder mehr Führungskräfte leiten dabei gemeinsam ein Team, wobei die Verantwortlichkeiten verbindlich geregelt sind. Die größte Herausforderung beim Topsharing ist es, geeignete Paarungen für die geteilte Führungsposition zu finden. Mehr als bei allen anderen Teilzeitvarianten ist die menschliche Komponente ausschlaggebend für das Gelingen. Voraussetzung ist die Bereitschaft der Beteiligten, partnerschaftlich miteinander zu arbeiten und nicht in Konkurrenz zueinander zu gehen. Einzelkämpfer sind für Topsharing nicht geeignet. Wenn die Voraussetzungen aber stimmen, sind die Erfahrungen mit dieser Teilzeitform positiv. Denn Jobsharing ist weitaus mehr als nur das Teilen einer Aufgabe. Jobsharing ist auch Mindsharing. Wenn zwei Mitarbeiterinnen oder Mitarbeiter sich einen Job teilen, bekommt der Arbeitgeber die Fähigkeiten von zwei Personen. Beide haben ihre Stärken und Schwächen und können sich gegenseitig optimal ergänzen. Viele Angestellte könnten im Zweierteam vieles noch viel besser machen. Ein weiterer Vorteil: Es ist immer jemand da. Topsharingpartner machen nie gleichzeitig Urlaub. Auch wenn einer von beiden krank ist, springt der andere ein. Es muss nie eine Vertretung gefunden werden, die sich erst noch in die Thematik einarbeiten muss.

Interview

2013 haben Lydia Hilberer und ich Christiane Haasis und Angela Nelissen interviewt. Beide sind Managerinnen aus Leidenschaft und mit ebenso viel Leidenschaft Mütter. Haasis hat eine Tochter, Nelissen drei Kinder im Alter zwischen vier und elf Jahren. Beide teilten sich seit etlichen Jahren einen Job. Gemeinsam führen sie als »Category Directors Savoury« die »grüne Sparte« von Unilever mit Marken wie Knorr und Bertolli. Sie ist eine der größten und einträglichsten Sparten ihres Arbeitgebers.

Haasis und Nelissen waren beide schon seit vielen Jahren bei Unilever und konnten eine erfolgreiche Karriere vorweisen, bevor sie sich für Jobsharing entschieden haben. Sie sind um die Welt gejettet, haben für ihre Karrieren gelebt, und das oftmals mehr als 40 Stunden pro Woche. Während ihrer gemeinsamen Topsharing-Zeit arbeiteten beide 60 Prozent und führten gemeinsam 40 Mitarbeiterinnen und Mitarbeiter. Nelissen montags bis mittwochs, Haasis donnerstags und freitags. Am Dienstag arbeiteten beide. Warum sie sich für das Modell Jobsharing entschieden hatten und wie sie es im Alltag umsetzten, verriet uns Angela Nelissen.

Welche Strategie haben Sie verfolgt, um Ihre Vorgesetzten von der Idee zu überzeugen?

Wir hatten damals eine Personalchefin. Ihr haben wir unser Modell zuerst angeboten. Sie fand die Idee toll. Aber unsere Geschäftsführerin musste auch zustimmen. Sie war zunächst nicht begeistert.

Welche Vorbehalte hatte Ihre Chefin?

Ihr sind Organisation und Strukturen sehr wichtig. Sie befürchtete, dass zwei Personen auf einer Position Unordnung bringen würden. Das hat sich dann in der Praxis aber nie so bewahrheitet. Wir haben ein gutes System. Unter anderem haben wir eine gemeinsame E-Mail-Adresse. Jede weiß immer alles. Beide erhalten immer alle Informationen.

Wie stimmen Sie sich untereinander ab, damit nicht beide alles machen?
Gemeinsam betreuen wir den Bereich »Savoury«, vor allen die Marken Knorr und Bertolli. Eine von uns macht hauptsächlich die Suppen, die andere die Saucen und Fixprodukte. Zusätzlich betreue ich noch die Schweiz und Christiane Österreich. Diese Teilbereiche und die jeweiligen Mitarbeiter verantworten wir individuell. Alles, was die übergreifende Strategie des Bereichs betrifft, machen wir gemeinsam. Einzelne Projekte teilen wir untereinander nach Neigung auf. Ich plane gerne die Teamworkshops und Christiane liegt die konzeptionelle Arbeit. Alle zwei Monate setzen wir uns zusammen und schauen, ob die Aufgaben noch ausgewogen aufgeteilt sind.

Wie stimmen Sie und Frau Haasis sich untereinander, aber auch mit den Kollegen und dem Team ab?
Wir haben einen detaillierten Plan, wann wer da ist. Beide sind wir immer mobil erreichbar, auch an den Tagen, an denen wir nicht arbeiten. Dann aber nur per SMS. Eine SMS ist schnell und kurz. Allerdings entscheide ich, wann ich auf mein Handy schaue, denn an meinen freien Tagen ist es lautlos gestellt. Ich schaue nur, wenn es in den Tagesablauf passt. E-Mails checke ich nur selten.

Viele Mitarbeiter werden an ihren Zielen gemessen. Ist das bei Ihnen auch so?
Ja. Wir haben uns das allerdings erkämpft. Wir haben uns dafür eingesetzt, dass wir gemeinsam für unsere Ziele beurteilt werden und damit auch den gleichen variablen Bonus bekommen – unabhängig von der individuellen Performance.

Welche Nachteile hat das Konzept?
Wir müssen sehr flexibel sein. Eigentlich habe ich freitags immer frei, aber es kann schon mal sein, dass ich dennoch an einem Freitag einspringen muss. Das heißt, nicht nur ich muss flexibel sein, auch meine

Tagesmutter. In aller Regel weiß ich eine Woche vorher, ob ich Freitag frei habe oder nicht. Aber ich weiß es nicht acht Wochen vorher. Aber auch an einem anderen freien Tag kann immer etwas sein. Wenn alle anderen nur an dem Tag können und ich nicht, dann mache ich das natürlich auch möglich. Auch muss man loslassen können. Wenn ich meine Arbeit übergebe, muss ich darauf vertrauen, dass meine Kollegin es genauso perfekt weiterführen wird. Für jemand, der sehr kontrollgetrieben ist, ist Jobsharing eher schwer bis unmöglich.

HR-Partner nutzen

Die Bezeichnungen Headhunter und Personalberater werden oftmals synonym verwendet, obwohl es einen kleinen, aber sehr feinen Unterschied gibt. Der Headhunter setzt sich ans Telefon und sucht so nach der idealen Besetzung – betreibt also »direct search«. Die Personalberaterin oder der Personalberater verfügt in aller Regel über eine Datenbank mit geeigneten Kandidatinnen und Kandidaten oder sucht diese mittels Anzeigen. Soweit zur Theorie. Die Praxis sieht mittlerweile anders aus. Der Fachkräftemangel hat dazu geführt, dass die Begriffe ineinander übergehen. Heute kommen auch Personalberater nicht mehr umhin, sich der Direktansprache zu bedienen.

Sind Sie auf der Suche nach Tipps für die eigene Karrierestrategie oder die Bewerbung? Oder legen Sie Wert drauf, dass die eigenen Interessen, wie etwa die Vereinbarkeit von Familie und Beruf, bei der Vermittlung berücksichtigt werden? Dann sind Sie bei einer Personalberatung falsch. In diesem Fall sind Sie bei einer Karriereberatung besser aufgehoben. Personalberater handeln im Interesse ihrer Auftragnehmer. Ihr Honorar beziehen sie von den Unternehmen und nicht von den Bewerbern.

Ganz anders sieht es bei den Karriereberatern aus. Hier steht der Mensch mit seinen Fähigkeiten im Mittelpunkt. Gemeinsam analysieren der Karriereberater und die wechselwillige Führungskraft die Fähigkeiten und erarbeiten, was die jeweilige Person einem Unternehmen als Mehrwert bieten kann. Gute Karriereberater arbeiten aber eng mit Personalberatern zusammen, um für ihre Kunden den passenden Job zu finden. Hierbei ist nicht das zukünftige Unternehmen der Auftraggeber, sondern Sie als Person. Zwar ist die Zusammenarbeit mit einem Karriereberater nicht preiswert, aber meistens amortisieren sich die Kosten bereits mit dem zweiten oder dritten Monatsgehalt.

Die passende Personalberatung finden

In aller Regel beauftragen Unternehmen für Neubesetzungen von Führungspositionen eine Personalberatung oder einen Headhunter. Wenn Sie aber selbst aktiv werden wollen, sollten Sie so früh wie möglich erste Kontakte zu Personalberatern knüpfen. Je länger man sich kennt, desto größer ist das Vertrauensverhältnis und desto besser kennt der Personalberater beziehungsweise die Personalberaterin Ihre Kompetenzen. Schicken Sie Ihre Vita aber nicht wahllos und massenhaft an Personalberatungen. Am besten ist es, sich eine Personalberatung zu suchen, die gute Unternehmenskontakte in die Branche hat, in der Sie tätig werden möchten. Außerdem ist es wichtig, dass

- Sie dem Personalberater oder der Personalberaterin vertrauen.
- die Beratung optimalerweise langjährige Beziehungen in die Unternehmen hat, in die sie vermittelt.
- das Beratungsunternehmen Ihr Kurzprofil immer mit Ihnen abstimmt, bevor es an Unternehmen weitergeleitet wird.
- Sie nur auf Positionen vermittelt werden, die zu Ihrer Qualifikation und zu Ihren Wünschen passen. Auch sollte die Personalberaterin oder der Personalberater darauf achten, dass Sie sich in dem Unternehmen noch entwickeln können. Erhalten Sie total abwegige Jobangebote, sollten Sie Abstand nehmen.
- das Unternehmen Mitglied in einem Branchenverband wie dem Bundesverband Personalvermittlung (BPV) ist. Obwohl es kein Gütesiegel für Personalberater gibt, steht dies für Seriosität.
- Sie nicht bezahlen müssen, um in die Datenbank aufgenommen zu

werden. Personalberatungen werden von den suchenden Unternehmen bezahlt.

Hat man die richtige Personalberatung gefunden, ist eine erste telefonische Kontaktaufnahme empfehlenswert. Werden Sie nach der Einreichung Ihrer Unterlagen zu einem ersten unverbindlichen Gespräch eingeladen, dann ist dieses, wie so oft, entscheidend für die weitere Vermittlung. Die gute Nachricht: Es gibt Standardfragen, auf die Sie sich vorbereiten können.

- Wie sieht Ihr derzeitiges Tätigkeitsfeld aus?
- Wo befindet sich Ihr Arbeitsfeld in der Unternehmensorganisation?
- Haben Sie Personalverantwortung?
- Welche Entscheidungskompetenzen haben Sie?
- Welche Perspektive sollte Ihnen Ihr zukünftiger Arbeitgeber bieten können?
- Was ist Ihr Alleinstellungsmerkmal?
- Welche Gehaltsvorstellungen haben Sie?
- Sind Sie bereit umzuziehen?

Für alle Gespräche gilt aber, dass Sie nichts auswendig lernen und stets authentisch bleiben sollten.

Interview

Sylvia Tarves ist Personalberaterin aus Hamburg und spezialisiert auf die Vermittlung von Frauen in Führungspositionen. In ihrer langjährigen Praxis hat sie viele Erfahrungen mit Müttern, die entweder bereits in einer Führungsposition sind oder eine solche anstreben, gemacht.

Gibt es Arbeitgeber, die bei ihrer Suche nach Führungskräften gezielt mit ihrem familienbewussten Angebot werben?
Ja. Familienbewusstsein ist zu einem wichtigen Instrument im Recruiting geworden. Im War for Talents wird es eingesetzt, nicht nur um Fach- und Führungskräfte zu halten, sondern vermehrt auch, um diese zu gewinnen. Allerdings sollte man genau hinschauen und sich nicht von großen Namen oder Versprechungen blenden lassen.

Der Fachkräftemangel, aber auch die Einführung der Quote und der allgemeine Trend zu mehr Diversity haben dafür gesorgt, dass Frauen auf dem Arbeitsmarkt bessere Aufstiegschancen haben als noch vor wenigen Jahren. Gilt das auch für Mütter?

Wenn die Mutter flexibel ist, sehe ich keinen Unterschied zwischen den Aufstiegschancen von Frauen ohne Kinder gegenüber berufstätigen Müttern. Aber nicht nur die Quote ist hilfreich. Es hilft auch, dass reduzierte Vollzeit – 80-Prozent-Arbeitszeitmodelle – immer beliebter und anerkannter wird. Viele Unternehmen arbeiten derzeit an flexiblen Arbeitszeitmodellen für Männer und Frauen. Die Teilzeitfalle besteht aber immer noch. Und leider lassen sich meines Erachtens noch immer zu viele Frauen darauf ein.

Wie sieht es bei Männern aus, die eine Führungsposition suchen, in der sie flexible Arbeitszeiten und Homeoffice fordern?

In den meisten »klassischen« Unternehmen ist das leider immer noch nicht richtig anerkannt. Ich bin aber optimistisch, dass sich das ändern wird. Insbesondere die jüngeren Männer fordern es gerade stark ein.

Welche Tipps haben Sie für diese Mütter und Väter, die auf der Karriereleiter nach oben wollen?

Sie sollten als gleichberechtigtes Team agieren und nicht in alte Rollenmuster verfallen.

Außerdem ist es wichtig, sich das richtige Unternehmen auszusuchen, das für Familien die passenden Arbeitszeitmodelle und Supportleistungen anbietet und über eine Unternehmenskultur verfügt, die das zulässt.

Die passende Karriereberatung finden

Bis zu 75 Prozent der offenen Stellen werden nicht mehr über öffentliche Ausschreibungen besetzt. Nicht nur die Personalberatungen, sondern auch Karriereberaterinnen und -berater haben oftmals Zugang zu diesem verdeckten Arbeitsmarkt – entweder direkt oder indirekt durch ihre Zusammenarbeit mit Personalberatungen. Wenn Sie auf der Karriereleiter nach oben auf der Suche nach einer Unterstützung sind, Tipps für den Bewerbungsprozess brauchen oder auf ein Assessment-Center vorbereitet werden wollen, sollten Sie sich an eine Karriereberatung wenden beziehungsweise sich für ein Karrierecoaching entschieden. Auch bei einem Karriereberater oder einer Karriereberaterin gilt: Sie müssen sich gegenseitig sympathisch finden. Ob er oder sie auf Ihre Branche spezialisiert ist, ist unwesentlich. Viel wichtiger ist die Prozessbegleitung – der Weg zum neuen Job. Finden Sie heraus, ob der Karriereberater darauf spezialisiert ist, Ihre Stärken so herauszuarbeiten, dass Sie diese auch auf dem Arbeitsmarkt zur Geltung bringen können. Hat er Zertifizierungen, zum Beispiel die nach AZAV für Transferleistungen, dann ist der Prozess geprüft. Optimal ist es, wenn er schon langjährige Erfahrung mit der erfolgreichen Positionierung auf dem Arbeitsmarkt hat und mit Personalberatern zusammenarbeitet. Werden Sie zu einem Kennenlerngespräch eingeladen, achten Sie darauf, ob Ihnen sinnvolle Rückfragen zu den von Ihnen gesetzten Zielen gestellt werden. Ganz wichtig: Bevor Sie sich entscheiden, klären Sie vorab die Kosten!

Mutterschaft war kein Thema

Daniela (42) ist Finanzchefin eines mittelständischen Unternehmens und will im Job weiterkommen. Bei ihrem derzeitigen Arbeitgeber hat sie die letzte Sprosse auf der Karriereleiter erreicht. Einen ersten Termin mit einer Karriereberaterin hatte Daniela schon. »Ich weiß, was ich will und welche Position mir als nächstes vorschwebt«, sagt sie. Mit der Beraterin hat sie daher in einem ersten Schritt ihr Profil auf den Karriereplattformen Xing und LinkedIn überarbeitet. Sie hofft so, von Headhuntern und Personalberatern gefunden zu werden. Parallel hat sie sich aber auch auf die Suche nach einem Personalberater oder Headhunter gemacht, der ihr bei der Suche nach einer neuen Herausforderung behilflich ist. »Der Umgang mit mir als Kandidatin war aus meiner Sicht in den meisten Fällen leider sehr unprofessionell«, sagt sie. Mal wurden ihre Daten offensichtlich nicht in einer Datenbank erfasst, mal wurden Fragen gestellt, die sie bereits ausführlich in ihren Unterlagen beantwortet hatte. Andere waren einfach nicht mehr zeitgemäß und stellten Fragen wie:»Aus welchen Familienverhältnissen stammen Sie? Welchen Beruf hatte Ihr Vater? Welchen Ihre Mutter?« Auch fehlte ihr ein konkretes Feedback, warum sie für eine bestimmte Position nicht in Frage kam. Nur in einem von vier Fällen wurde Kontakt gehalten.

Positiv aufgefallen ist Daniela, dass ihre Mutterschaft kein Thema zu sein scheint. »Ich habe den Eindruck, je höher ich auf der Karriereleiter nach oben steige, desto weniger ist die Tatsache, dass ich Mutter bin, ein Thema«, fasst die Mutter eines Erstklässlers ihre Erfahrungen zusammen.

Wenn der Headhunter dreimal klingelt

Bingo! Etwas Besseres kann Ihnen kaum passieren! Wenn ein Headhunter oder eine Headhunterin Sie anruft, haben Sie sich nicht nur die lästige Suche nach einer neuen Herausforderung gespart. Sie wissen auch gleich, dass man Sie kennt und um Ihre Fähigkeiten weiß. Dennoch ist ein Anruf noch keine Garantie für den Job und schon gar nicht dafür, dass Sie dort als Mutter oder auch Vater mit offenen Armen empfangen werden. Deshalb gilt:

Allzeit bereit
Ab 30 sollte man seine Bewerbungsunterlagen kontinuierlich pflegen. Das bedeutet, sich seines beruflichen Marktwertes bewusst zu sein und seine Chancen und Möglichkeiten abzustecken. Das ist immer wichtig, auch wenn man im Job steckt. Schließlich kann jederzeit der Headhunter anrufen. Wer hoch qualifiziert, erfahren und erfolgreich ist, ist für Arbeitgeber interessant, ob mit oder ohne Kind.

Qualifikation hat Vorfahrt
Gehen Sie niemals zuerst auf die persönlichen Rahmenbedingungen ein, die sich durch die Vereinbarkeit von Familie und Beruf ergeben. Ihre Qualifikationen und Kompetenzen sollten im Vordergrund stehen, ebenso wie die Anforderung, die der Job an Sie stellt.

Rahmenbedingungen abstecken
Wurden die Qualifikationen umfassend besprochen, ist es im Vorstellungsgespräch ganz normal und gewöhnlich, die Rahmenbedingungen abzustecken und folgende Fragen zu stellen:

- Bietet das Unternehmen Gleitzeit an? In welchem Rahmen bewegt sich diese?
- Gibt es die Möglichkeit, im Homeoffice zu arbeiten? Werden die Rahmenbedingungen, wie Laptop, Telefonkosten und Drucker, vom Arbeitgeber gestellt?
- Welche technischen Voraussetzungen, zum Beispiel ein ISDN-Anschluss, müssen von der Mitarbeiterin oder dem Mitarbeiter gestellt werden?
- In welchem Umfang ist Homeoffice möglich? Jederzeit, stundenweise oder auch tageweise?
- Wie flexibel kann das Arbeitszeitmodell gestaltet werden? Ist eine tägliche Anwesenheit erforderlich, wenn eine reduzierte Vollzeit vereinbart wird?
- Ist die Tätigkeit mit Reisen verbunden? Und wenn ja, in welchem Umfang
- Wie sind Überstunden geregelt? Kann man diese ansammeln und beispielsweise in den Schulferien »abfeiern«?
- Bietet das Unternehmen Unterstützung bei der Kinderbetreuung? Gibt es eine Notfallgruppe für Kinder, falls das Kind zum Beispiel in der eigenen Kita einen Schließtag hat?

Passen die Rahmenbedingungen?

Ihre Rahmenbedingungen haben Sie in Kapitel 1 abgesteckt. Jetzt geht es darum, die von Ihnen vorgegebenen mit denen des Unternehmens kompatibel zu machen. Passt die eine oder andere Rahmenbedingung nicht, machen Sie Vorschläge, zum Beispiel:»Ich habe leider erst einen Kita-Platz ab 9 Uhr, somit könnte ich zwar erst um 9.30 Uhr starten, dafür kann ich jedoch an zwei Tagen bereits um 7.30 Uhr beginnen. Mein Partner bringt dann das Kind in den Kindergarten.« Oder:»Ich kann alternativ zweimal in der Woche am Abend von 19 bis 21 Uhr im Homeoffice arbeiten.«

Wenn eine Reisetätigkeit erforderlich ist, könnte der Vorschlag lauten:»Es wäre für mich wichtig, frühzeitig die Termine planen zu können, um die Versorgung des Kindes zu organisieren.«

»Auf der Karriereleiter nach oben«
für Querleserinnen und Querleser

Ein Umdenken in der Gesellschaft, Wirtschaft und Politik führt dazu, dass immer mehr Frauen in Führungspositionen gelangen und dass Führung in Teilzeit möglich wird – auch für Männer.

Wer mit Kindern Karriere machen möchte, muss gut organisiert sein, darüber hinaus die eigene Karriere aber auch strategisch planen und die Spielregeln kennen. Für eine Karriere mit Kindern gibt es verschiedene Modelle. Diverse Unternehmen bieten bereits Führungspositionen in Teilzeit oder Topsharing-Modelle an.

Personalberatungen und Karrierecoaches können bei der Karriere hilfreich sein. Wichtig ist, dass sich diese in der von Ihnen favorisierten Branche auskennen und Kontakte haben.

Auch gegenüber Müttern und Vätern, die bereits bewiesen haben, dass sie Beruf und Familie erfolgreich vereinbaren können, gibt es noch Vorurteile. Wer sie kennt, kann im Bewerbungsgespräch bessere Antworten geben.

Ein Anruf eines Headhunters ist noch keine Garantie für den Job und schon gar nicht dafür, dass Sie dort als Mutter oder auch Vater mit offenen Armen empfangen werden. Auch hier gilt: Benennen Sie Ihre Anforderungen an den Arbeitgeber, seien Sie aber für Varianten Ihres Vereinbarkeitsmodells offen.

KAPITEL 8
DURCHSTARTEN IN PHASE DREI

Es gibt viele Gründe, schon in jungen Jahren durchzustarten. Es gibt aber auch gute Gründe, sich erst der Familie und dann dem Beruf zu widmen. Mit 40 noch mal so richtig durchzustarten ist nichts Ungewöhnliches mehr. Die Kinder sind aus dem Gröbsten raus und finden es oftmals sogar richtig schick, wenn sie sich mittags das Essen alleine zubereiten können. Endlich keine »lästige« Mutter, die am Mittagstisch fragt, wie die Schule war und welche Hausaufgaben es gibt. Kein »lästiger« Vater, der fragt, welche Prüfungen als nächstes anstehen. Niemand, der einen ermahnt, dass bei Tisch nicht mit dem Handy gespielt werden darf.

40 ist das neue 30. Es ist noch nicht lange her, da wurden viele Arbeitskräfte bereits mit 55 in den Ruhestand geschickt. Wir müssen heutzutage deutlich länger arbeiten. Das Rentenalter liegt bei 67 Jahren. Gleichzeitig standen die Chancen darauf, auch im Alter gesund und fit zu sein, noch nie so gut wie heute. Das Durchschnittsalter der Belegschaften in 60 Prozent der deutschen Unternehmen liegt zurzeit bei über 40 Jahren. Und diese Generation steht noch mitten im Leben, ist voller Energie und Tatendrang, hat ein enormes fachliches Wissen angehäuft und als Elternteil ein langjähriges Training absolviert, das jetzt noch mehr zum Tragen kommen kann. Die meisten von ihnen haben schon den einen oder anderen Misserfolg hinnehmen müssen. Ein Nachteil? Nein, ein Vorteil, denn sie wissen, wo die Fallen sind, und werden es tunlichst vermeiden, erneut hineinzutreten.

Aber auch der demografische Wandel trägt dazu bei, dass Fach- und Führungskräfte verstärkt in der Generation 40plus gesucht werden. Klaus Werle prophezeite schon 2007 das Ende des Jugendwahns. Unter dem Titel »Karriere 45 Plus: Auf der Langstrecke« schrieb er im *Manager Magazin*: »Der demografische Wandel hat auch gute Seiten: Der Jugendwahn ist vorbei, Erfahrung zählt wieder.« Bis 2030 werden dem

Arbeitsmarkt zehn Millionen Arbeitskräfte fehlen. Aber nicht nur deshalb ist es sinnvoll, auch ältere Menschen einzustellen. Die Alfons Diekmann GmbH beispielsweise hat erkannt, dass altersgemischte Teams gerade im Handwerk sehr erfolgreich arbeiten können. Denn bei der praktischen Arbeit ist der Wissenstransfer zwischen den Generationen besonders nachhaltig. Aber auch auf der Managementebene droht ein demografisch bedingter Braindrain (Talentschwund). Beste Voraussetzung also, um sich mit über 40 noch nicht zum alten Eisen zu zählen. Es muss ja auch nicht immer gleich eine Führungsposition sein.

Risiken und Nebenwirkungen

Wer sich dafür entscheidet, mehrere Jahre ausschließlich für die Familie da zu sein, sollte sich der damit verbundenen Risiken und Nebenwirkungen bewusst sein. Da diese in Kapitel 1 bereits ausführlich beschrieben wurden, hier die wichtigsten Aussagen nur noch einmal kurz und knapp: Leben Paare das traditionelle Familienmodell und bleibt die Frau mehrere Jahre bei den Kindern zu Hause, muss sie ein Leben lang mit großen finanziellen Einbußen rechnen. Altersarmut ist nicht von ungefähr vor allem ein weibliches Phänomen. Die Lohnschere von rund 25 Prozent zwischen erwerbstätigen Männern und Frauen ist ein Klacks gegen die 68 Prozent Pension Gap. Keiner wünscht sich eine Scheidung, aber die Zahlen sprechen für sich: 2016 wurden über 160 000 Ehen geschieden. Fast die Hälfte der Ehepaare, die sich 2016 scheiden ließen, hatte Kinder unter 18 Jahren. Bitter ist das insbesondere für die alleinerziehenden Mütter, die kein eigenes festes Einkommen haben.

Reife Leistung – Womit Ü40er auftrumpfen können

Ü40er sind wertvolle Mitarbeiterinnen und Mitarbeiter, aber auch gute Führungskräfte. Gehören Sie zu dieser Gruppe, sind Sie nicht nur über 40 Jahre alt, sondern haben auch über 40 Jahre Lebenserfahrung. Waren Sie zudem immer erwerbstätig – egal ob Teilzeit oder Vollzeit –, haben Sie auch mehr als 15 Jahre Berufserfahrung. Und mit aller Wahrscheinlichkeit haben Sie in diesen Jahren das eine oder andere berufliche Hoch oder auch Tief durchlebt. Eine Erfahrung, die Sie allen jüngeren Bewerberinnen und Bewerbern voraushaben. Zudem sind Ihre Kinder wahrscheinlich schon aus dem Gröbsten raus und Ihre Eltern hoffentlich (noch) kein Pflegefall. Es gibt also keinen Grund, sich als Bewerberin oder Bewerber zweiter Klasse zu fühlen. Führen Sie sich Ihre Vorteile klar vor Augen. Nur wenn Sie von Ihren eigenen Vorteilen überzeugt sind, können Sie auch Ihren potenziellen Arbeitgeber davon überzeugen.

Lebenserfahrung

Mit über 40 Jahren kann man auf einige Lebenserfahrung zurückblicken. Sie können daher vieles gelassener sehen als die jüngeren Generationen. Auch ein Vorteil der Ü40er: Sie wissen, was sie wollen und was nicht. Solange das noch nicht in Altersstarrsinn ausartet, ist das sowohl für Sie als auch den Arbeitgeber von Vorteil.

Konstanz und Loyalität

Die meisten haben mit 40plus ihre Familienplanung abgeschlossen. Das gibt dem Arbeitgeber eine gewisse Sicherheit. Vorurteile wie insbesondere die gegenüber jungen Frauen und Müttern mit kleinen Kindern, wie sie weiter vorne im Buch beschrieben wurden, können hier nicht mehr zum Tragen kommen. Diese Mitarbeiterinnen und Mitarbeiter werden nicht aufgrund von Erziehungszeiten ausfallen. Ganz im Gegenteil: Sie haben jetzt die Zeit und Flexibilität, auch mal länger zu bleiben, um sich so richtig in ein Thema hineinzuknien.

Außerdem möchten ältere Angestellte seltener noch mal den Arbeitgeber wechseln. Das macht sie loyal und erhöht nochmals die Konstanz.

Berufserfahrung

Die Erfahrung zählt. Viele 40plus-Arbeitskräfte verfügen über langjährige Erfahrungen im Berufsleben. Auch wenn Sie »nur« Teilzeit gearbeitet. Denn Teilzeit sagt nichts über die Fähigkeiten eines Menschen aus. Fähigkeiten, die »nur« 20 Stunden pro Woche eingesetzt werden, sind genauso gut wie die Fähigkeiten von jemandem, der sie 40 Stunden oder mehr einsetzt. Bestimmte Fähigkeiten verlernt man auch nicht. Selbst dann nicht, wenn man sie mehrere Jahre nicht nutzt. Denken Sie an das Radfahren. Halten Sie sich also immer vor Augen: Während die jungen Arbeitnehmerinnen und Arbeitnehmer mit neuen Methoden punkten können, kompensieren die Älteren mit ihrer breiteren Erfahrung. Denn nur neue Methoden bringt ein Unternehmen nicht weiter. Nur Erfahrung auch nicht. Aber der Mix macht es! Erfahrenere Mitarbeiter wissen, worauf sie achten müssen. Während viele junge den Wald vor lauter Bäumen nicht mehr sehen, erkennen ältere leichter einen roten Faden. Das erlaubt es ihnen, eher das Gesamtbild zu verstehen. In der Bewerbung sollten Sie also auf jeden Fall den Fokus auf Ihre Erfahrungen legen und den Nutzen für den zukünftigen Arbeitgeber herausarbeiten.

Souveränität – routiniert in schwierigen Situationen

Die besagten Hochs und Tief in Ihrem privaten, aber auch beruflichen Leben haben Sie über die Jahre souveräner werden lassen. Sie flippen nicht gleich aus, wenn Sie sich ungerecht behandelt fühlen. Sie lassen fünfe schon mal gerade sein. Eine Eigenschaft, die dem Arbeitgeber viel Zeit und Geld sparen kann. Überlegen Sie doch mal, wie viel Zeit Sie am Anfang Ihres Berufslebens darauf verwendet haben, sich über Dinge aufzuregen, die Sie nicht ändern konnten. Sie kennen den Spruch:»Gib mir die Gelassenheit, Dinge hinzunehmen, die ich nicht ändern kann, den Mut, Dinge zu ändern, die ich ändern kann, und die Weisheit, das eine vom anderen zu unterscheiden.« Mit über 40 Jahren sind Sie auf dem besten Weg, diese Weisheit für sich beanspruchen zu können.

Selbstbewusstsein – auf Augenhöhe mit Führungskräften und Kunden

Insbesondere wenn Sie Kinder erzogen haben oder noch immer erziehen, wissen Sie, wie man in schwierigen Situationen mit seinem Gegenüber umgeht. Sie wissen, bis zu welchem Punkt Sie »mitgehen« und ab wann es besser ist, ein Gespräch zu beenden. Das macht Sie auch im Umgang mit Kunden attraktiv. So fühlt sich beispielsweise ein älterer Bankkunde bei einer wesentlich jüngeren Betreuerin oftmals nicht so gut aufgehoben wie bei einer gleichaltrigen. Soviel zu Ihren Soft Skills. Was Ihre beruflichen Fähigkeiten angeht, kennen Sie Ihre Stärken und Schwächen. Sie können also zu jeder Zeit selbstbewusst auftreten. Ein großes Plus gegenüber Jüngeren.

Netzwerke

Egal ob Sie schon viele Jahre im Beruf sind oder sich die meiste Zeit um Ihre Familie gekümmert haben: Sie haben immer Netzwerke, die Sie bereits über viele Jahre hinweg pflegen. Sie wissen also nicht nur, wie Netzwerken funktioniert, Sie können außerdem ein großes Netzwerk mit in das Unternehmen bringen. Auch dies ist ein Vorteil, der Ihrem zukünftigen Arbeitgeber viel Zeit und Geld sparen kann.

Disziplin und Verantwortungsbewusstsein

Mit über 40 kennen Sie die Begriffe »Disziplin« und »Verantwortungsbewusstsein« nicht nur, sondern wissen sie auch mit Leben zu füllen. Allein schon die Tatsache, dass Sie Kinder großgezogen haben, zeigt, dass Sie wissen, wovon Sie sprechen. Die Erziehung des Nachwuchses erfordert zeitweise extrem viel Disziplin. Außerdem sind Sie meistens eher bereit, Verantwortung zu übernehmen. Eigenschaften, die vielen jüngeren Arbeitnehmern zumeist noch fehlen.

Zurück auf Start

Es gibt viele Menschen, die mit Anfang 40 und darüber noch einmal etwas ganz anderes machen wollen – unabhängig davon, ob sie Familienzeit hatten oder nicht. Es ist ein weit verbreitetes Phänomen, dass sich Menschen und insbesondere Frauen in diesem Alter fragen:»Ist es das schon gewesen? Möchte ich die nächsten 15 bis 20 Jahre noch so weitermachen?« Viele wünschen sich spätestens jetzt einen Beruf, der ihrem Leben Sinn gibt. Eine Aufgabe, mit der sie sich besser identifizieren können. Aber ein Berufswechsel ist das eine. Nach einer längeren Auszeit wieder in den Beruf einzusteigen, das andere.

Wie gut die Chancen stehen, auch jenseits der 40 noch einmal etwas ganz anderes zu machen, zeigt sich daran, dass sich immer mehr Unternehmen für ältere Fach- und Führungskräfte öffnen, wie Lanxess mit seinem Traineeprogramm für Wiedereinsteigerinnen, die BBBank in Karlsruhe mit ihrem Ausbildungsprogramm für Wiedereinsteigerinnen und Berufsumsteiger oder die Elektrofirma Alfons Diekmann GmbH mit ihrem Projekt»Perspektive 50plus«. Mit der»Job40plus« gibt es sogar erste Jobmessen für Arbeitnehmer jenseits der 40, und immer mehr Karriere- und Personalberater spezialisieren sich auf diese Altersgruppe.

Neustart nach der Familiengründung

Mit 48 Jahren haben viele Menschen die Hälfte ihres Erwerbslebens hinter sich und steuern innerlich auf die Rente zu. Nicht so Eva Schorpp. Als Auszubildende startete sie 2013 bei der BBBank in Karlsruhe neu durch und machte 2014 ihren Abschluss als Bankkauffrau. Bis zum gesetzlichen Rentenalter liegen noch knapp 20 Jahre Erwerbsleben vor ihr. Zeit genug für eine Karriere.

»Den Auszubildenden unseres Programms ›Zeit für Veränderung – Meine Karriere beginnt jetzt‹ stehen grundsätzlich alle Wege im Unternehmen offen. Sei es im Vertrieb, als Experte im Personal- oder Projektmanagement oder als Filialleitung«, erklärt Sibylle König, Personalleiterin bei der BBBank. Sie hat das Programm vor einem Jahr mit ins Leben gerufen und ist stolz auf den Erfolg.»Im Ausbildungsjahrgang 2012 starteten 50 junge Auszubildende und weitere sechs Personen im Rahmen des neuen Ausbildungsprogramms«, berichtet sie.»Das erfordert eine gute Vorbereitung. Fragen wie: ›Wo muss ich loslassen? Was kommt Neues auf mich zu? Was wird sich vielleicht seltsam anfühlen?‹ wurden mit den Auszubildenden im Voraus besprochen. Es ist sehr wichtig, mit allen Beteiligten in den Dialog zu gehen: mit den Auszubildenden des Programms, aber auch mit den Mitauszubildenden und den Ausbildern, die durchaus 20 Jahre jünger sein können. Das Gleiche gilt für die Berufsschullehrer. Auch diese haben wir beraten und informiert und stehen während der gesamten Berufsschulzeit mit ihnen in Kontakt. Schließlich hat jemand, der zum Beispiel drei Schulkinder erzogen hat, einen anderen pädagogischen Anspruch als jemand, der direkt von der Schule kommt.« Offenheit und die Bereitschaft zu lernen sind die beiden Grundvoraussetzungen, die hier jeder mitbringen muss. Denn: ›Auch der 45-jährige Azubi fängt bei null an. Niemand zaubert eine Baufinanzierung aus dem Hut‹, so König.

Bewusst wurde das Programm in der ersten Runde ausschließlich in Karlsruhe angeboten. Hier haben Unternehmenszentrale und Berufsschule ihren Sitz. Zudem ist die Kollegin, die die Auszubildenden persönlich betreut, vor Ort. Sie sollte die Auszubildenden des Programms von Anfang an eng begleiten.»Wir wollten, dass sie die Ausbildung als Gruppenerlebnis wahrnehmen. Menschen mit längerer Lebenserfahrung lernen anders. Sie bilden zum Beispiel Lerngruppen und sollten dazu die Gelegenheit finden.«

Mittlerweile ist das Programm überall gut angekommen, bei den Mitauszubildenden und den Berufsschullehrern. So gut, dass es bundesweit auf alle Standorte der BBBank ausgeweitet wurde. Auch die Kunden reagieren begeistert. So berichtet Eva Schorpp, dass sie sich unsicher war, wie die Kunden sich verhalten würden. Doch schon nach den ersten Wochen war klar, dass die Kunden ihren Mut und die Courage zum Neustart sehr schätzen.»Da spielen vor allem der respektvolle Umgang mit Menschen sowie die Lebenserfahrung eine große Rolle. Als älterer, erfahrener Mensch kann man meistens gut auf andere Menschen, Kollegen und Kunden zugehen und ihre Bedürfnisse einschätzen«, so Eva Schorpp.

53 Jahre alt war die älteste Auszubildende der ersten Runde. Sie studierte ehemals Betriebswirtschaftslehre und zog danach drei Kinder groß. Eine andere hatte ein abgeschlossenes Jurastudium in der Tasche

und ebenfalls Kinder großgezogen. Auch eine junge Deutschlehrerin aus Lettland lernt nun Bankkauffrau in Karlsruhe. Ihre Ausbildung wurde in Deutschland nicht anerkannt, und als alleinerziehende Mutter muss sie für das Familieneinkommen sorgen. »Wir sind offen für weitere Zielgruppen«, sagt Sibylle König. »Wir wollen grundsätzlich Menschen, die neu anfangen, eine Chance geben.«

Einen etwas anderen Neustart bot das Spezialchemie-Unternehmen Lanxess. Mit einem einmalig angebotenen Senior-Traineeprogramm richtete sich das Unternehmen 2012 in erster Linie an hochqualifizierte Akademikerinnen und Akademiker, die nach einer langen Familienphase in den Beruf zurückkehren wollten. Es erschloß sich damit einen Personenkreis, dessen fachliches und persönliches Potenzial bisher kaum beachtet wurde. Ziel war es dabei auch, die Berufs- und Lebenserfahrung dieser Gruppe stärker zu nutzen. Denn die Teilnehmerinnen und Teilnehmer bringen nicht nur den persönlichen Wunsch mit, ihre bestehende Lebenssituation durch den beruflichen Wiedereinstieg zu verändern – was mit sehr viel Motivation und Energie verbunden ist –, die Senior Trainees überzeugten zusätzlich mit beeindruckenden Lebensläufen, zahlreichen Zusatzqualifikationen wie Ehrenämter, Auslandserfahrung, Organisationstalent, hoher Flexibilität sowie Lernbereitschaft und Offenheit.

Von den zwölf Senior Trainees wurden zehn übernommen. Bis heute sind noch neun im Konzern tätig. Also ein durchaus erfolgreiches Projekt!

Interview

Aurelia Reckziegel war eine Teilnehmerin des Senior-Traineeprogramms von Lanxess. Frau Reckziegel ist promovierte Chemikerin, verheiratet und hat zwei Kinder, die bei ihrem Wiedereinstieg fünf und sieben Jahre alt waren.

Wie haben Sie persönlich Ihre beruflichen Chancen nach der langen Auszeit beurteilt?

Ich habe sehr viele Absagen auf meine Bewerbungen bekommen. Nach sieben Jahren Familienzeit hat man sehr schlechte Chancen auf dem Arbeitsmarkt. Ich habe mich daher zunächst nicht getraut, mich nochmals zu bewerben, weil ich mir keine Chancen ausgerechnet habe.

Wie und wann haben Sie von dem Senior-Traineeprogramm erfahren?
Was war Ihre erste Reaktion darauf?

Über eine Freundin habe ich von dem Programm erfahren. Sie hat die große Anzeige in der Zeitung gesehen und meinte, dass ich genau dem gesuchten Profil entspreche. Meine erste Reaktion war, dass ich wahrscheinlich keine Chance haben werde, aber dann habe ich mir gesagt, dass es auf eine Bewerbung mehr oder weniger auch nicht ankommt – und es hat tatsächlich geklappt.

Was haben Sie sich von dem Senior-Traineeprogramm versprochen?
Mit welchen Zielen sind Sie gestartet?

Das Senior-Traineeprogramm hat mir die Möglichkeit geboten, wieder in meinem Beruf als Chemikerin Fuß zu fassen und trotz der sieben Jahre Auszeit einer adäquaten Tätigkeit nachzukommen.

Wie schwer ist es, nach einer so langen Auszeit zurück ins Berufsleben zu finden?

Ich bin überrascht, dass es mir nicht schwergefallen ist. Für die fachlichen Inhalte benötige ich noch Zeit. Aber was die Denkweise und die Fähigkeit betrifft, Probleme zu lösen, hatte ich alles sehr schnell wieder parat. Mittlerweile kann ich sogar schon wieder eine gewisse Routine feststellen.

Mussten Sie die Betreuung Ihrer Kinder aufgrund des Traineeprogramms umorganisieren?

Da mein Mann auch voll berufstätig ist, haben wir jetzt eine Kinderfrau für unsere zwei Kinder. Zusätzlich habe ich aufgrund der flexiblen Arbeitszeiten immer die Möglichkeit, spontan auf familiäre Situationen zu reagieren. Das heißt, dass ich durchaus mal etwas später anfangen oder auch früher gehen kann und dafür im Gegenzug an einem anderen Tag etwas länger bleibe.

Ü40er müssen sich anders bewerben

Sich als Ü40 vorschriftsgemäß in den Bewerberstapel einzureihen, hat wenig Sinn. Die Gefahr, dass Ihre Bewerbung schon aussortiert wird, bevor sie überhaupt richtig begutachtet wurde, ist groß. Viele Personaler laden noch immer nach »Schema F« ein und das bedeutet: Alle, die älter als Mitte 30 sind, fallen raus. Selbst dann, wenn sie die passende Ausbildung und einschlägige Berufserfahrungen auf einer ähnlichen Position haben sollten. Besser ist es, als Ü40er etwas forscher an die Sache zu gehen. Knüpfen Sie an alte Kenntnisse und ihre Berufserfahrung an und frischen Sie diese mit den Erkenntnissen aus der jetzige Zeit auf. Dann heißt es: Mutig sein. Aktivieren Sie alte Kontakte. Sie haben eine interessante Stellenausschreibung gefunden? Finden Sie den Fachvorgesetzten heraus und rufen Sie ihn an. Wenn Sie dann im ersten Satz Ihres Bewerbungsschreibens auf dieses Gespräch eingehen, werden Sie nicht gleich aussortiert werden. Gehen Sie auf Recruitingmessen und sprechen dort die Personaler an. Schnuppern Sie als Praktikantin oder Praktikant in Unternehmen hinein. Das hat auch den charmanten Vorteil, dass Sie sehen können, ob die Firmenkultur zu ihnen passt. Denn auch wenn Ihre Kinder zumindest krankheitsbedingt aus dem Gröbsten heraus sein sollten, werden Sie noch von Zeit zu Zeit wegen Ihrer Kinder etwas mehr Flexibilität benötigen. Sind Sie in einer Pflegesituation, benötigen Sie dafür mehr Freiräume.

»Durchstarten in Phase 3«
für Querleserinnen und Querleser

40 ist das neue 30. Auch wenn die Kinder aus dem Gröbsten heraus sind, ist noch ein Wiedereinstieg oder eine Karriere möglich. Es gibt Arbeitgeber, die auch Ü40ern Ausbildungsplätze oder Traineeprogramme anbieten.

Ü40er haben Qualitäten, die sie für Arbeitgeber sehr wertvoll machen.

Für Ü40er ist der persönliche Kontakt zum potenziellen Arbeitgeber sehr wichtig.

Bei der Bewerbung müssen Ü40er den Fokus auf ihre Errungenschaften und weniger auf einzelne berufliche Stationen setzen.

ALLES WIRD GUT!

Auch wenn das Bild der Familie in Deutschland noch stark traditionell geprägt ist und Untersuchungen zufolge nur jede(r) fünfte Angestellte in einem familienbewussten Unternehmen arbeitet, bewegt sich gerade sehr viel – sowohl in der Gesellschaft als auch in der Politik und in der Wirtschaft. Junge Eltern fordern Rahmenbedingungen für mehr Partnerschaftlichkeit. Sie wollen ihre beruflichen und familiären Aufgaben gleichberechtigt untereinander aufteilen. Weg vom Familienernährer-Dazuverdienerin-Modell hin zu einem Modell, in dem beide beides machen. Die steigende Zahl von Vätern, die Elternzeit nehmen, gepaart mit dem großen Wunsch der Väter nach weniger Arbeitsstunden auf der einen Seite und dem Wunsch der Frauen nach finanzieller Unabhängigkeit auf der anderen Seite wird dazu führen, dass zukünftig Kinder eine Herausforderung sowohl für die Mütter als auch für die Väter sein werden. Laut einer Umfrage der Unternehmensberatung Roland Berger unter deutschen Topmanagern aus dem Jahr 2015 geht mehr als jeder Dritte davon aus, dass der Wunsch junger Eltern nach partnerschaftlichen Modellen weiter wachsen und in fünf bis zehn Jahren eine gleichberechtigte Aufgabenteilung der Standard sein wird. Die schlechte Nachricht: Leider sind 80 Prozent der Befragten der Meinung, dass die Unternehmen darauf noch nicht gut vorbereitet sind. Die gute Nachricht: Es ist noch sehr viel Potenzial vorhanden. Politik, Wirtschaft und Gewerkschaften haben das erkannt und im gleichen Jahr das Memorandum »Familie und Arbeitswelt – Die NEUE Vereinbarkeit« unterzeichnet. Ihr damit zum Ausdruck gebrachtes gemeinsames Verständnis: Die Arbeitswelt muss modernisiert werden – hin zu einer familienbewussten, lebensphasenorientierten Arbeitszeitgestaltung, die den Ansprüchen der Arbeitnehmerinnen und Arbeitnehmer, aber auch den betrieblichen Erfordernissen gerecht wird. Konkret bedeutet das: mehr individuelle, bedarfsgerechte Angebote für die Vereinbarkeit, Nutzung der Digitalisierung sowie bewusste Einbeziehung von Vätern und Pflegenden. Vorangetrieben wird die neue Vereinbarkeit durch die Megatrends Individualisierung von Lebensmodellen und Digitalisierung. Wie die Studie »Vereinbarkeit 2020« zeigt, ist für Beschäftigte eine Vereinbarkeit von Familie, Privatleben und Beruf und die entsprechende Unternehmenskultur von zentraler Bedeutung, unabhängig davon, ob die Beschäftigten familiäre Verpflichtungen haben oder nicht. Die individuellen Lebensentwürfe werden immer heterogener. Wer hätte noch vor wenigen Jahren gedacht, dass man vom Strand in Indonesien aus Geld verdienen kann? Wer hätte gedacht, dass es irgendwann einmal schon fast selbstverständlich wird, ein ganzes Jahr Auszeit zu nehmen? Dass immer mehr Arbeitnehmerinnen und Arbeitnehmer neben ihrem Job Bestätigung zum Beispiel in einer Selbstständigkeit suchen? All diese unterschiedlichen Lebensentwürfe erfordern eine familien- und lebensphasenbewusste Personalpolitik. Eine Personalpolitik, die jungen Müttern und Vätern, die Familie und Beruf vereinbaren wollen, sehr zugute kommen wird. Die Autorinnen der Studie sind sich sicher: »Das ›Clustern‹ der familien- und lebensphasenbewussten Personalpolitik funktioniert nicht nach dem Prinzip ›Wer bietet mehr‹, sondern ›Wer bietet das für mich Passende‹. Dies sichert nicht nur die Effektivität und die optimale Potenzialnutzung für Arbeitgeber, sondern ist hochattraktiv für aktuelle und zukünftige Mitarbeiterinnen und Mitarbeiter.« Die Unternehmen werden sich also bewegen müssen. Vielleicht noch nicht heute und auch nicht morgen, aber spätestens übermorgen. Nämlich dann, wenn der Fachkräftemangel überall spürbar wird, und das dauert nicht mehr lange. Prognosen zufolge spätestens 2030.

Dem Wunsch nach individuellen Lebensentwürfen und somit einer besseren Vereinbarkeit von Beruf und Familie kommt der Megatrend Digitalisierung zugute. Die Digitalisierung bietet ganz neue zeitlich und örtlich flexible Arbeitsmodelle, deren Potenziale in den meisten Unternehmen noch nicht voll ausgeschöpft sind, allen voran die Möglichkeiten für das Arbeiten im Homeoffice. Nur 6 Prozent aller berufstätigen Eltern mit minderjährigen Kindern arbeiten mithilfe digitaler Endgeräte und des Internets (auch) zu Hause. Dabei könnten sich 25 Prozent ein solches Arbeitsmodell vorstellen, so das Ergebnis der Studie »Digitalisierung – Chancen und Herausforderungen für die partnerschaftliche Vereinbarkeit von Familie und Beruf«. Größte Herausforderung: Der noch immer vorherrschende Anwesenheitsmythos muss überwunden werden. Führungskräfte müssen lernen, ihre Mitarbeiterinnen und Mitarbeiter nach dem Ergebnis zu beurteilen und auf Distanz zu führen. Letzteres wird vorangetrieben durch einen Trend, den immer mehr Unternehmen aus Kostengründen für sich entdecken: Es gibt keine festen Arbeitsplätze mehr für alle Angestellten. In der Lufthansa-Zentrale beispielsweise gibt es nur noch für zwei von drei Angestellten Platz im Büro. Morgens suchen sich die Anwesenden einen Schreibtisch und verlassen diesen abends wieder ordentlich aufgeräumt. Lufthansa spart Geld und gleichzeitig bricht diese Arbeitsform den Anwesenheitsmythos, fördert das Arbeiten im Homeoffice und zwingt die Führungskräfte dazu, ihren Führungsstil zu anzupassen. Und dies ist nur ein Beispiel von vielen. Zusammenfassend lässt sich also sagen: Alles wird gut!

LITERATUR

7leads GmbH, *Immer noch Neuland? (Version 1.2) – Deutschlands KMU haben Nachholbedarf im Internet*, Berlin 2016.

Alhanas, Christoph und Peter M. Wald, *2014 Candidate Experience Studie*, meta HR Unternehmensberatung GmbH und stellenanzeigen.de GmbH & Co. KG, Berlin und München 2014.

A.T. Kearney GmbH, *Nur Mut! Wie familienfreundliche Unternehmen zur Vereinbarkeit von Beruf und Familie beitragen*, Ergebnisse der zweiten Arbeitnehmerbefragung, A.T. Kearney 361° – Die Welt unserer Kinder, Düsseldorf 2014.

A.T. Kearney GmbH, *Mehr Aufbegehren. Mehr Vereinbarkeit!*, Hamburg 2016.

A.T. Kearney GmbH, *Vereinbarkeit von Familie und Beruf*, Ergebnisse Mitarbeiterbefragung, Hamburg 2013.

Baisch, Volker und Harald Seehausen, *Väter bei der Commerzbank: Ein Kulturwandel entsteht. Die Commerzbank-Väter-Studie 2015*, Frankfurt/M. 2015.

Bayerisches Staatsministerium für Arbeit und Sozialordnung, Familie und Frauen, *Mit Elternkompetenzen gewinnen. Chancen eröffnen, Fachkräfte sichern*, München 2012.

berufundfamilie Service GmbH, *Vereinbarkeit 2020. Eine Studie zu familien- und lebensphasenbewusster Personalpolitik im Zeitalter der Individualisierung*, Frankfurt 2015.

Bilen, Stefanie, *Mut zu Kindern und Karriere – 40 Working Moms erzählen, wie es funktionieren kann*. Frankfurter Allgemeine Buch, Frankfurt/M. 2016.

Bohnet, Iris, *What Works. Wie Verhaltensdesign die Gleichstellung revolutionieren kann*. C.H. Beck, München 2017.

Brigitte-Studie, *Mein Leben, mein Job & ich*, Hamburg 2017.

Brigitte-Studie, *Frauen auf dem Sprung* (Erhebungszeitraum Herbst 2007).

Brigitte-Studie, *Frauen auf dem Sprung. Das Update* (Erhebungszeitraum Frühjahr 2009).

Bruch, Heike, Josef A. Fischer und Jessica Färber, *Top Job-Trendstudie 2015: Arbeitgeberattraktivität von innen betrachtet – eine Geschlechter- und Generationenfrage*, Konstanz 2015.

Bundesagentur für Arbeit, *Blickpunkt Arbeitsmarkt – Fachkräfteengpassanalyse*, Nürnberg 2016.

Bundesministerium für Familie, Senioren, Frauen und Jugend (BMFSFJ), *Digitalisierung – Chancen und Herausforderungen für die partnerschaftliche Vereinbarkeit von Familie und Beruf*, Expertise der Roland Berger GmbH im Rahmen des Unternehmensprogramms Erfolgsfaktor Familie, Berlin 2016.

BMFSFJ, *Mit Familienfreundlichkeit Personal gewinnen, Leitfaden für Personalmarketing mit dem Erfolgsfaktor Familie*, Berlin 2016 (2. Auflage).

BMFSFJ, *Haushaltsnahe Dienstleistungen: Bedarfe und Motive beim beruflichen Wiedereinstieg*, Berlin 2012.

BMFSFJ, *Familienfreundlichkeit – Erfolgsfaktor für Arbeitgeberattraktivität*, Kurzfassung, Berlin 2010.

BMFSFJ, *Unternehmensmonitor Familienfreundlichkeit 2016*, Berlin 2016; *Unternehmensmonitor 2006*, Berlin 2006.

BMFSFJ, *Familie und Arbeitswelt – Die NEUE Vereinbarkeit*, Berlin 2015.

BMFSFJ, *Familienfreundliche Unternehmenskultur: Der entscheidende Erfolgsfaktor für die Vereinbarkeit von Familie und Beruf*, Berlin 2017.

BMFSFJ, *Mit Home-Office-Modellen Familie und Beruf gut vereinbaren: Fakten, Vorteile, Herausforderungen, Tipps*, Berlin 2014.

BMFSFJ, *Memorandum Familie und Arbeitswelt, Die NEUE Vereinbarkeit*, Berlin 2015.

BMFSFJ, *Fortschrittindex 2017, Erfolge auf dem Weg zur NEUEN Vereinbarkeit*, Berlin 2017.

Deutsche Presse-Agentur, Studie: *Deutschland fehlen im Jahr 2020 1,8 Millionen Arbeitskräfte*, 21.5.2015.

Fthenakis, Wassilios E., *Väter, Bd. 2, Zur Vater-Kind-Beziehung in verschiedenen Familienstrukturen*, dtv, München 1988.

Fürstenberg Institut, *Fürstenberg Performance-Index 2011*, Pressemitteilung, 31.5.2011.

ICR, *Recruiting Trends 2017*, Mannheim 2017.

Institut für Demoskopie Allensbach, *Weichenstellungen für die Aufgabenteilung in Familie und Beruf,* 2015.

Institut für Demoskopie Allensbach, *Monitor Familienleben 2013,* Allensbach 2013.

Köcher, Renate, *Die Vereinbarkeit von Familie und Beruf aus Sicht der deutschen Unternehmen,* Vortrag »Unternehmenstag Erfolgsfaktor Familie, Berlin 6.9.2009.

Lask, Joachim E. und Ralph Kriechbaum, *Gute Eltern sind bessere Mitarbeiter.* Springer Verlag, Berlin 2017.

Mundlos, Christina, *Mütter unerwünscht. Mobbing, Sexismus und Diskriminierung am Arbeitsplatz.* Tectum Sachbuch, Marburg 2017.

Roland Berger Strategy Consultants GmbH, *Die NEUE Vereinbarkeit. Warum Deutschland einen Qualitätssprung bei der Vereinbarkeit von Beruf und Familie braucht,* München 2014.

Sachverständigenkommission zum zweiten Gleichstellungsbericht der Bundesregierung und Institut für Sozialarbeit und Sozialpädagogik e.v., *Erwerbs- und Sorgearbeit gemeinsam neu gestalten: Gutachten für den Zweiten Gleichstellungsbericht der Bundesregierung,* Berlin 2017.

Theisen, Sascha, Manfred Böcker, Bauke Visser, Marcus Fischer und Sandra Petschar, *Club der Gleichen,* Edition Stellenanzeigen, Oktober 2016.

Väter gGmbH, *Trendstudie »Moderne Väter«,* Hamburg 2012.

Wippermann, Carsten, *Was junge Frauen wollen – Lebensrealitäten und familien- und gleichstellungspolitische Erwartungen von Frauen zwischen 18 und 40 Jahren.* Friedrich-Ebert-Stiftung, Berlin 2016 (2. Auflage).

Wippermann, Carsten, *Transparenz für mehr Entgeltgleichheit – Einflüsse auf den Gender Pay Gap* (Berufswahl, Arbeitsmarkt, Partnerschaft, Rollenstereotype) und Perspektiven der Bevölkerung für Lohngerechtigkeit zwischen Frauen und Männern, BMFSFJ, Berlin 2015.

Wippermann, Carsten, *Mitten im Leben: Wünsche und Lebenswirklichkeiten von Frauen zwischen 30 und 50 Jahren.* BMFSFJ, Berlin 2016.

Ziegler, Yvonne, Regine Graml und Caprice Weissenrieder, *Karriereperspektiven berufstätiger Mütter – 1. Frankfurter Karrierestudie.* Cuvillier Verlag Göttingen, Göttingen 2015.

DANKSAGUNG

Mit diesem Buch geht mein Traum in Erfüllung. Was will ich mehr? Ganz klar: Danke sagen! Danke an all die Menschen, die mich zu dem gemacht haben, was ich bin: Mutter, berufstätige Frau, Ehefrau, Tochter, Freundin und so vieles mehr. Danke Tristan. Danke Jan Hendrik. Danke Julian. Danke Max. Danke, Jungs! Ihr seid es, die mein Leben reich machen! Danke auch an meinen Mann, der immer an mich glaubt und mich immer wieder aufbaut, wenn ich mal wieder verzweifelt bin, weil ich eben doch nicht »mal eben die Welt retten« kann. Aber vielleicht gelingt es mir mit diesem Buch ja doch ein wenig.

Danke aber auch an all die Menschen, die mich seit mehr oder weniger vielen Jahren begleiten und mich auf Händen getragen haben, als ich eine ganz andere Art der »Vereinbarkeit« zu stemmen hatte. Danke, Marita, Judith, Steffi, Nicole, Sabine, Barbara und noch so viele mehr!

Danke Lydia Hilberer – weltbeste (ehemalige) Kollegin. Gemeinsam hatten wir die Idee zu diesem Ratgeber. Gemeinsam hatten wir auch schon einiges geschrieben. Dann kam das Leben dazwischen …

Danke Sylvia Schaab, für die Unterstützung bei der Erstellung des Exposés.

Mein ganz besonderer Dank gilt meiner wunderbaren Lektorin Danja Hetjens. Danke für dieses Buch! Danke für die hilf- und lehrreichen Tipps. Danke für die Geduld. Danke für den Spaß.

REGISTER

Abrell, Brigitte 202

Accenture 36 f.

Adecco 109

Adecco Stellenindex 109

Alfons Diekmann GmbH 216, 220

Alleinerziehend 19, 45, 58 f., 80, 82,
113, 136, 162 f., 193, 216, 222,

Alleinverdienermodell 48 f.

Allgemeines Gleichbehandlungsgesetz
(AGG) 161

Alnatura 113

Altersarmut 21 f., 216

Arbeitsbelastung 110, 146

Arbeitsteilung 17, 30, 48

Arbeitszeiterfassung 32, 143

Arbeitszeitmodell 46, 114, 116, 137 f.,
148, 178, 199, 201, 210, 213,

Audit 14, 94–98, 100–102, 132

Audit Beruf und Familie 14, 95, 97

Auffangnetz 59

Aufgabenteilung 47, 53, 225

Augenhöhe 11, 13, 169, 219

Au-pair 60, 62 f., 67–70, 76, 79, 88, 172

Ausfallzeit 39

Babysitter 23, 51, 64, 66, 76, 79, 92,
142

Baisch, Volker 198–201

Barbara Lutz Index Management
GmbH 185

BASF 96–98

Basler AG 118

Bayernwerk AG 114 f.

BBBank 220 f.

Belegplatz 64 f., 73, 77

Bertelsmann Stiftung 14, 98 f., 105, 152

»berufundfamilie« (Zertifikat) 94–97,
100

berufundfamilie gGmbH 95 f., 117

»Bester Arbeitgeber« (Zertifikat) 94

Betreuung 18–20, 22, 23–24, 28, 31, 35,
42, 45 f., 47–49, 51, 53, 55 f., 58–81,
84 f., 87 f., 92, 96 f., 100, 102, 105,
107, 115 f., 121, 141, 144, 151, 157,
160–162, 164–166, 168, 170–175, 179,
182 f., 188, 193 f., 196–198, 213, 223

Betreuungsbonus 23

Betreuungseinrichtung 60, 100

Betreuungskosten 56, 78–80

Betriebskindergarten 65, 131

Betriebsklima 93, 111, 125

Betriebsrat 130, 200

Betriebsvereinbarung 40, 44, 143, 178,
200

Bewerber 15, 97, 100, 107 f., 113, 117,
122–126, 128, 134, 148, 154–156, 161,
164, 167, 170 f., 175, 181, 207, 217,
224

Bewertungsplattform 123, 125, 132

Bilen, Stefanie 184

Bitkom 134

BMW 121 f.

Böhner, Florian 157, 175

Bohnet, Iris 150

Bundesagentur für Arbeit 57, 122, 138

Bundesministerium für Familie,
Senioren, Frauen und Jugend
(BMFSFJ) 11, 57, 80

Bundesverband Personalvermittler
(BPV) 208 f.

Candidate Journey (Studie) 108
Chancengleichheit 102 f.
Churchill, Winston 155
Commerzbank 199
Corporate Blog siehe Unternehmens-
blog 116, 118, 123, 160, 169
Coworking Space 45
creditform 104
»CSR Jobs Award« (Auszeich-
nung) 104

DAK Gesundheitsreport 196
Datev 61
DB Akademie 38
Demenz 84, 87
»Demografie Exzellenz Award«
(Auszeichnung) 103
Deutsche Industrie- und Handels-
kammer (DIHK) 14, 100
Deutsches Institut für Wirtschaft 42
DZ Bank 56 f.

easySoft. GmbH 178
econnects 159
Ejot 89
Eltern-Kind-Zimmer 67, 115, 180
Elternzeit 11, 13, 29, 35, 41, 43, 56,
60–62, 93 f., 102 f., 113, 115 f., 129 f.,
136, 147, 149 f., 158–162, 171–173,
180 f., 184, 186 f., 198–200, 225
Employee Assistance Program
(EAP) 87
Employer Branding 14, 107 f., 125
Employer Telling (Studie) 109
Entwicklungspotenzial 95, 192
Erwerbsunterbrechung 21
»Erfolgsfaktor Familie« (Netz-
werk) 14, 99 f., 107

Fachkräftemangel 13, 21, 107, 164, 193,
207, 210, 226
Famany 105, 126
Familienbewusstsein 14 f., 93–97,
101, 106–108, 112, 116, 125 f., 128,
132, 135, 149, 164, 175–179, 181,
193, 209
Familienbild 12
»Familienfreundliches Unternehmen«
(Siegel) 14, 100, 114
Familienfreundlichkeit 14 f., 93 f., 96,
98 f., 101, 108 f., 116, 119, 123, 125,
165
Familienpflegezeitgesetz 90 f.
Familienplanung 17, 62, 171, 174, 217
Familienzeit 11, 21, 31, 193, 220, 222
famPlus 75
Fangfrage 149, 167, 169, 172
Ferienbetreuung 32, 66, 75, 78, 115
Ferienzeit 59, 61, 65 f., 75, 78
Flexibilität 18, 30, 32, 34, 37, 39, 41 f.,
52, 56, 63 f., 76–78, 110 f., 155, 162,
185, 197, 217, 222, 224
Fluktuation 15, 93, 115, 139, 146
Förderung 80, 91, 101, 103, 157, 198
Forschungszentrum Familienpolitik
(FFP) 15, 93
Fortschrittsindex 2017 14 f.
Fragen, unerlaubte 167–176
Frankfurter Karrierestudie 12, 152,
183, 197
Frauen auf dem Sprung (Studie) 184
Freistellung 42, 86, 91, 113
Freizeit 20, 27, 35, 37, 39, 48, 83, 87,
139 f., 144, 178, 180
Frustfalle 12
Führungserfahrung 158
Führungskraft 81, 89, 98, 117, 120, 129,
138 f., 152 f., 157, 160, 177, 179–181,
183, 186, 188–192, 195, 197–204,
208–210, 215, 217, 219 f., 227
Führungskräfteentwicklung 98

Führungsposition 18, 21, 117, 129, 139, 152, 179, 182–184, 187, 190–195, 197–199, 204, 208 f., 214, 216
Führungstyp 179
Fürstenberg Institut 15

Ganztagsschule 73, 78
Geschäftsbericht 119, 121
Gewissen, schlechtes 24–26, 55, 84, 89
Gleitzeit 18, 31 f., 163, 178, 213
Gleitzone 69
Graml, Regine 197
Great Place to Work® 94, 100 f.
Großeltern 60, 64, 66, 70, 76 f., 83
Grube, Meral 157
Gütertrennung 22

Haasis, Christiane 205–207
Hamburgisches Weltwirtschaftsinstitut (HWWI) 15
Hans-Böckler-Stiftung 47
Hausarbeit 27, 30, 68, 83, 87
Haushalt 22, 24, 27 f., 34, 37, 47 f., 50, 52–55, 57, 59, 68–70, 79, 82–85, 112, 137, 141, 194
Haushaltshilfe 19, 55, 57, 88, 194
Headhunter 207 f., 211 f., 214
Hertie-Stiftung 14, 94 f.
Homeoffice 31, 42–46, 58, 67, 114, 133, 143 f., 157, 179 f., 210, 213, 226 f.
Hort 48, 59 f., 64, 72 f., 75, 78 f.
HR siehe Personalabteilung

ICR Recruiting Trends 122, 191
Institut für Demoskopie (IfD) Allensbach 11, 153

Jahresarbeitszeit 31, 32, 39
Jobbörse 109, 122
Jobmesse 122, 128, 220
Jobsharing 37–39, 46, 144–148, 184, 202, 204 f., 207

Jobsharingmodell 18, 38, 133, 146, 148
juggleHUB 45 f.
Karriere 11 f., 18, 20 f., 23, 31, 35, 48, 88, 109, 112, 134, 150–152, 158 f., 182, 186 f., 189 f., 193–195, 198, 200–205, 214, 220, 224
Karriereberater 159, 207 f., 210 f., 214, 220
Karriereknick 152, 185
Karriereleiter 182, 189, 191, 204, 210–212
Karrieremesse 97, 128
Karriereperspektiven berufstätiger Mütter (Studie) 12, 152, 183 f., 197
Kernarbeitszeit 31, 111, 179
Kinderbetreuung 17, 19 f., 22 f., 35, 45–48, 51, 53, 60 f., 63, 65–70, 72–76, 78–81, 96 f., 102, 105, 107, 115 f., 141, 151, 164, 168, 175, 179, 182 f., 188, 196 f., 231
Kinderfrau 63 f., 66, 69, 76, 79, 172, 223
Kindergarten 31, 35, 56, 65, 71, 73, 77, 79, 81, 115, 131, 194, 213
Kinderkrippe 56, 65, 71, 73, 77, 80 f., 97, 115, 172
Kindermädchen siehe Kinderfrau
Kindertagesstätte (Kita) 18, 35, 41, 46, 51, 54, 56, 60–67, 69, 71 f., 74 f., 77, 79 f., 92, 96, 125, 144, 172, 176 f., 183, 213
Kita-Gutschein 72
KitaPlus 80
Komfortzone 48
Kommunikation 60, 95, 98, 116, 118, 120, 124, 126, 132, 143, 145, 148, 155, 159, 172, 203
Kommunikationsprofi 108
Kompetenz 135 f, 140, 152–155, 158, 161, 180 f., 194 f., 197 f., 208, 212, Konfliktpotenzial 55

König, Sybille 220, 222
Kununu 94, 104, 126
Kurzzeitpflege 91

Langzeitkonto 32 f.
Lanxess 220, 222
Lask, Joachim E. 153 f., 179,
Laudert GmbH & Co. KG 114
Lebensarbeitszeitkonto 32
Leihgroßeltern siehe Leihoma/-opa
Leihoma / -opa 64, 70, 77
Leitbild 119
Lohnlücke 21
Lohnschere 216
Lohnungleichheit 21
Lutz, Barbara 185

Machtverhältnis 49
Mann + Hummel 188
Markenbotschafter 135
Maurer, Christiane 172
Meeting 45, 178, 186
Merck 74
Microsoft 191
Mindset Organisation Executives
    (MORE) 201
Minijob 57, 69, 79
Minijobzentrale 57, 69
Minikita 65, 74 f.
Mitarbeiterzeitung 120
Mittelständler 100, 108, 114, 156
Mobilität 110
Monitor Familienleben 11
Mütterquote 192

Nachhaltigkeitsbericht 119, 121 f.
Nanny siehe Kinderfrau
Nau, Andreas 178
Nelissen, Angela 205–207
Netzwerk 14, 24, 27, 37, 59, 66 f., 88,
    94, 100, 113, 122 f., 133–136, 141, 148,
    183, 219

Notfallbetreuung 67, 78, 194, 198
Nur Mut, Väter (Studie)

Och, Andrea 190–193
Office Performance Index (PEP) 152
Organisation 33, 27, 46, 48, 67, 90,
    94 f., 98, 102–104, 111, 119, 141, 146,
    172 f., 194, 196, 201, 206, 209, 222
Otto Heinemann Preis 89, 105

Partner 17–25, 28 f., 35, 38, 47–51, 53–
    55, 57, 63, 66 f., 79, 89 f., 92, 99 f.,
    117 f., 120, 126, 129 f., 133, 144 f., 148,
    151, 162, 168–170, 172 f., 182, 184,
    188, 190, 192 f., 200, 204 f., 207, 213,
    225, 227
Pension Gap 216
PEP-Institut 152
Personalabteilung 36, 127, 157
Personalberater 207–209, 211, 220
Personaler 30, 134, 148, 150, 153, 155–
    157, 161, 164, 167, 175 f., 224
Personalpolitik 15, 93, 96, 99 f., 105,
    164, 226
Personalrat 130, 143
»Perspektive 50plus« 220
petaFuel GmbH 75
Pflege 12 f., 15, 33, 42, 47, 56–58, 60,
    65 f., 69–71, 77, 79, 81–92, 100,
    105–107, 114–116, 119, 121, 125, 132,
    212, 217, 219, 224, 226
Pflegebedürftigkeit 81, 85 f.
Pflegegrad 85, 88 f., 91
Pflegekasse 84 f., 88, 91
Pflegezeit 33, 42, 90 f.
Pflegezeitgesetz 90 f.
Plan B 92, 176
Praktikant 125, 224
Priorität 12, 20, 26 f., 46, 48, 159
Problembewusstsein 122
Produktitivät 15, 39, 43, 93, 146, 196
Profil 133–137, 148, 155, 208, 211, 223

Qualifikation 39, 135, 149, 159 f., 169, 173, 179–181, 208, 212 f., 222
Quality Time 193

R+V Versicherung 116
Rahmenbedingung 12, 43, 56, 104, 157, 182, 190, 212 f., 235
Rechtsanspruch 42, 60, 72, 90
Reckziegel, Aurelia 222
Recruitingmesse 224
Reif, Andrea 160 f.
Reisetätigkeit 67, 214
Rente 19, 21, 23, 40, 55, 57 f., 69, 84, 93, 147, 215, 220
Rentenausgleich 23
Rheingold 152
Robert Bosch GmbH 61, 112, 137, 139, 201
Roland Berger 99, 225
Rollenbild 62, 149, 203
Rollenmuster 50, 210
Rückkehrrecht 40, 204

Sandberg, Sheryl 51
Scheidung 216
Schorpp, Eva 220 f.
sira Projekte GmbH 75
Social-Media-Atlas 123
Social-Media-Strategie 126
Souveränität 218
spectrumK GmbH 105
Staudinger, Nicole 174
Stellenanzeige 12, 94, 109–111, 122, 132

Tageseltern siehe Tagesmutter/-vater
Tagesmutter/-vater 37, 60, 62, 65, 67, 69–71, 77, 166, 172 f., 176, 202, 207
Tandem 18, 37 f., 144–148
Tandempartner 38, 144 f.
Tandemploy 145 f.
Tarifvertrag 35, 40, 44

Tarves, Sylvia 209
Teilzeit 11 f., 18 f., 21, 30, 33 f., 36–41, 47, 59, 90, 96, 102 f., 110, 113 f., 117, 129, 133, 137–141, 144–146, 148–151, 155, 158, 160, 172 f., 179, 181, 183, 191, 199–205, 210, 214, 217 f.
Teilzeit, vollzeitnahe 34, 183, 202
Teilzeitfalle 204, 210
Telearbeit 26, 31, 43–45, 56, 89, 96, 115, 141–144, 148, 152, 178,
ter Horst, Annemette 159
Topsharing 18, 204 f., 214
»Total E-Quality« (Zertifikat) 94, 102 f.
Traditionsunternehmen 112
Trevisto AG 157

Ü40 217, 224
Überstunden 34 f., 37, 110, 153 f., 163, 176, 178, 194, 213
UNICUM 104
Unilever 205
Unternehmensauftritt 112
Unternehmensblog 116, 118
Unternehmenskultur 13, 67, 95, 97, 102 f., 105 f., 108, 125, 129 f., 132, 164, 179, 181, 203, 210, 226
Unternehmensphilosophie 105, 119
Unternehmenspublikation 119 f.

Väter gGmbH 11, 95 f., 199
Vaterschaft 198
Vereinbarkeit 2020 (Studie) 117, 226
Vereinbarkeitsmodell 46, 132, 214
Verhinderungspflege 88
Versicherungsschutz 40
Vertrauensarbeitszeit 32, 178
Vier-Tage-Woche 29
Vollzeit 18 f., 21, 31, 33–37, 39 f., 46–48, 69, 110, 133, 136 f., 139 f., 143 f., 146, 148–150, 155, 160, 172, 183, 202, 204, 210, 213, 217

Vorstellungsgespräch 38, 62, 120, 127,
134, 137, 149, 156, 164, 168, 174, 176,
181 f., 213
Vorurteil 138 f., 149, 151–153, 157, 159,
181, 183, 195, 197 f., 201, 214, 217

Wandel, demografischer 13, 21, 93, 215
War for Talents 13 f., 93, 209
Wehrle, Martin 195
Weissenbacher, Emese 188–190
Weiterbildung 108 f., 158 f., 179, 204
Werle, Klaus 215
Wiedereinstieg 20–22, 36 f., 113, 115,
157, 169 f., 172–174, 186, 222, 224

Wiedereinstiegscoach 169, 172
Win-win-Situation 70, 153
Wirtschafts- und Sozialwissenschaft-
liches Institut (WSI) 47
Wissenstransfer 147, 2s16
Wochenarbeitsplan 54
Work-Life-Balance 39, 101, 104, 108,
121, 125, 157
Work-Life-Management 97

Zeitmanagement 142, 145, 154, 192
Ziegler, Yvonne 185–187, 197
Zuverlässigkeit 154